全国高等职业教育“十三五”规划教材
中国电子教育学会推荐教材
全国高等院校“+互联网”系列精品教材

计算机应用基础

主　编　刘来权
副主编　雷燕瑞　曾波霞　吴杨玲
　　　　白　蕾　周让明
主　审　肖友荣

電子工業出版社
Publishing House of Electronics Industry
北京 · BEIJING

内容简介

本书是按照全国计算机等级考试一级“计算机基础及 MS Office 应用”新大纲要求，结合近几年的计算机应用基础课程改革成果进行编写的。本书共设有 11 个项目、30 个任务，主要内容包括二进制、算法、计算机体系结构、选购计算机、安装操作系统、对硬盘分区、安装外设、管理文件和文件夹、美化系统、收发邮件、信息检索、文字处理软件应用、电子表格软件应用、演示文稿软件应用、系统备份与还原、优化系统、数据恢复、病毒清除与防范、修改 PDF 文件、调整相片尺寸、切换视频中英文字幕等。

本书反映职场化、实践化、微课化的教学特色，将计算机应用知识与项目任务有机融合，图文并茂，实用性强，为海南省精品在线开放课程计算机应用基础的配套教材。

本书为高等职业本专科院校计算机应用基础课程的教材，也可作为开放大学、成人教育、自学考试、中职学校、培训班的教材，以及自学者与计算机爱好者的参考书。

本书提供免费的电子教学课件、评价反馈参考答案等资源，详见前言。

图书在版编目（CIP）数据

计算机应用基础 / 刘来权主编. —北京：电子工业出版社，2019.9

全国高等院校“+互联网”系列精品教材

ISBN 978-7-121-36908-7

Ⅰ. ①计…　Ⅱ. ①刘…　Ⅲ. ①电子计算机－高等学校－教材　Ⅳ. ①TP3

中国版本图书馆 CIP 数据核字（2019）第 122764 号

责任编辑：陈健德（E-mail：chenjd@phei.com.cn）

印　　刷：三河市华成印务有限公司

装　　订：三河市华成印务有限公司

出版发行：电子工业出版社

北京市海淀区万寿路 173 信箱　邮编　100036

开　　本：787×1 092　1/16　印张：14.75　字数：377.6 千字

版　　次：2019 年 9 月第 1 版

印　　次：2021 年 7 月第 4 次印刷

定　　价：48.00 元

凡所购买电子工业出版社图书有缺损问题，请向购买书店调换。若书店售缺，请与本社发行部联系，联系及邮购电话：（010）88254888，88258888。

质量投诉请发邮件至 zlts@phei.com.cn，盗版侵权举报请发邮件至 dbqq@phei.com.cn。

本书咨询联系方式：chenjd@phei.com.cn。

前　　言

计算机应用基础是高职院校的一门公共基础课程。学生在中学阶段已经通过信息技术课程对计算机有了一定的认识，在大学阶段要面对计算机应用的新要求及全国计算机等级考试一级“计算机基础及 MS Office 应用”新大纲要求，为有效衔接中等教育和高等教育计算机应用基础课程内容，备考和顺利通过相应的全国计算机等级考试，切实提升学生的计算机应用能力编写本书。

近年来，随着高等职业教育的不断发展，“互联网+职业教育”已深入人心，立体化、混合式教学已被广泛应用，课程教学逐渐体现出职场化、实践化、微课化的特色：

(1) 职场化。以职场最常见的工作任务为切入点，重组知识和技能点，通过学习目标、任务描述、任务分析、任务导学、实施步骤、评价反馈等，再现解决任务的过程，重在培养学生解决问题的能力。

(2) 实践化。通过思维导图梳理知识和技能体系，建立已有认知与各项目任务内容的关联，并通过对 30 个典型职场化任务的分析与实施、拓展训练，进一步提升学生的实践能力。

(3) 微课化。可以通过多个优质的微视频开展教学，为学生提供灵活的课前学习准备，系统梳理中学课程的知识和技能，并融入和掌握大学阶段的新知识。

本书共设有 11 个项目、30 个任务，主要内容包括二进制、算法、计算机体系结构、选购计算机、安装操作系统、对硬盘分区、安装外设、管理文件和文件夹、美化系统、收发邮件、信息检索、文字处理软件应用、电子表格软件应用、演示文稿软件应用、系统备份与还原、优化系统、数据恢复、病毒清除与防范、修改 PDF 文件、调整相片尺寸、切换视频中英文字幕等。

本书为高等职业本专科院校计算机应用基础课程的教材，也可作为开放大学、成人教育、自学考试、中职学校、培训班的教材，以及自学者与计算机爱好者的参考书。

建议通过“课前、课中、课后”三个环节对本课程组织开展教学。课前通过观看微视频、思维导图，熟悉知识和技能脉络；课中通过设置职场任务情境，按照学习目标与任务实施步骤，学习和掌握相关知识与技能；课后通过拓展训练和评价反馈引导学生强化实践能力，并引发进一步的思考。建议教师以任务活动为载体，充分调动学生的积极性，实施游戏、探究等教学法，通过学生亲自参与来促进认知。教师可以根据学生的实际情况，自行选择不同难度的项目任务进行练习。

本书由刘来权任主编，负责全书的框架构建、统稿和定稿，并设计每个项目的思维导图；由雷燕瑞、曾波霞、吴杨玲、白蕾、周让明任副主编；由海南省教学名师、海南省精品在线开放课程负责人肖友荣教授进行主审。具体编写分工为：项目 1、项目 5～7 由刘来权编写，项目 2 的任务 2.1～2.3 和项目 8 由曾波霞编写，项目 2 的任务 2.4～2.6 由陈帅编写，项目 3～项目 4 由吴杨玲编写，项目 9 由雷燕瑞编写，项目 10 由白蕾编写，项目 11 和附录由周让明编写。

本书配套的微视频来自海南省精品在线开放课程计算机应用基础，由肖友荣教授主持，由海南软件职业技术学院、海南外国语职业学院、海南经贸职业技术学院、琼台师范学院、三亚航空旅游职业学院等多所高校具有多年一线计算机教学经验的教师共同研制完成。参与在线课程资源研制的主要人员包括：肖友荣、蒋燕翔、刘露思、柳善文、黄霞、杨琼、陈艺卓、周让明、周宝富、潘育勤、刘厦、郑全军等。

在本书编写过程中，海南软件职业技术学院领导给予了大力支持，教务处李维涛处长、严丽丽处长、徐靖喻科长、网络工程学院杨登攀副院长、动画学院张克亮副院长给予了无私的支持与帮助；电子工业出版社陈健德主任给予了细致的指导与帮助；同时参考了许多专家、学者的著作和大量文献资料，有部分资料源于网络，未标明作者和出处且无从查核，在此一并表示感谢。

为了方便教师教学，本书还配有免费的电子教学课件、评价反馈参考答案，请有此需要的教师登录华信教育资源网（http://www.hxedu.com.cn）免费注册后再进行下载，在有问题时请在网站留言或与电子工业出版社联系（E-mail:hxedu@phei.com.cn）。扫一扫书中的二维码可阅看或下载相应的教学资源。

由于编者水平有限，书中难免有疏漏和不足之处，恳请广大读者及专家批评指正。

编者

扫一扫看 ASCII 表

扫一扫看 MS OFFICE2010 常用快捷键

扫一扫看 Windows 7 的快捷键

目 录

项目 1 认识计算机

思维导图

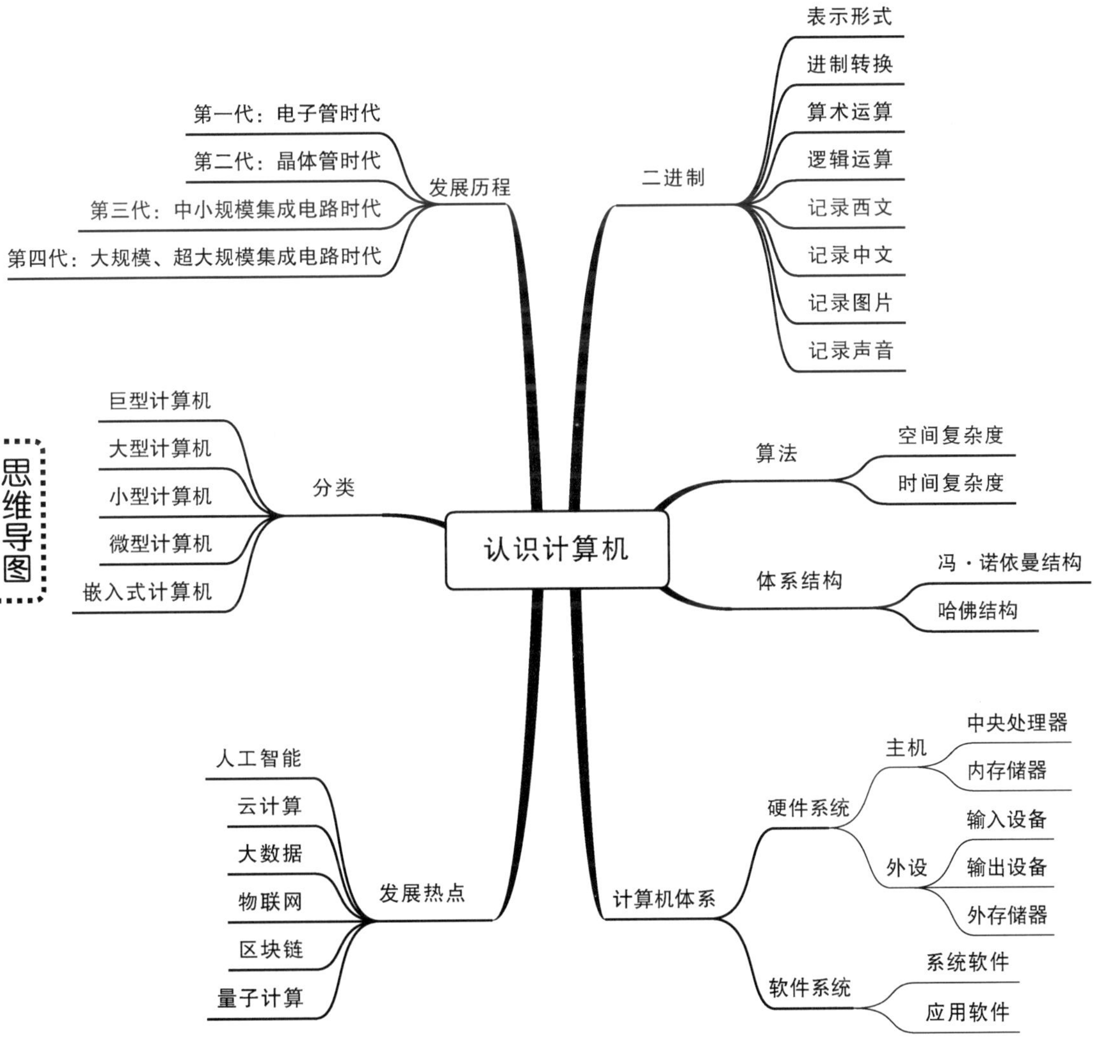

科学是运用范畴、定理和定律等思维形式反映现实世界中各种现象的本质和运动规律的知识体系。理论科学、实验科学和计算科学是推动人类文明进步和科技发展的三大科学，计算科学包括计算理论、算法、硬件和软件等。

计算思维作为人类科学思维的基本方式之一，就是利用计算机科学的基础概念去求解问题、设计系统、理解人类行为的一系列思维活动。计算思维通过抽象化和自动化等方式，在生物学、脑科学、化学、经济学、艺术等领域得到了广泛的运用。

任务 1.1　找出有毒水瓶

学习目标

您完成本学习任务后，应当能够：

（1）理解二进制的思想；

（2）掌握二进制的表示形式；

（3）掌握二进制的算术运算和逻辑运算；

（4）掌握二进制与八进制、十进制、十六进制的转换方法。

任务描述

小海被困在沙漠里。这里有 8 瓶矿泉水，其中一瓶有毒，任何动物只要喝一滴有毒水就会在 12 小时内死亡。为了尽快地找出有毒的矿泉水，小海开始抓老鼠检验试饮，需要尽快地找出有毒的水瓶。

任务分析

小海有下面两种最直接的方案，对应的优缺点也显而易见，如表 1.1.1 所示。

表 1.1.1　方案对比

方案序号	优　点	缺　点
1	需要老鼠多	耗时少
2	耗时多	需要老鼠少

方案 1：抓 8 只老鼠，每只老鼠选择一瓶试饮，死了老鼠对应的那瓶就是有毒的水。

方案 2：抓一只老鼠，逐瓶试饮矿泉水，每试饮完一瓶就等待 12 小时，如果老鼠没有死就继续试饮下一瓶，直到找出有毒的水瓶。

老鼠和时间作为两种不同的资源，对于完成本任务不可或缺。是否有耗时少、需要老鼠也少的解决方案呢？对于矿泉水而言，具有“无毒”或“有毒”两种状态，对于老鼠而言，具有“活”或“不活”两种状态，如果用 0 表示“无毒”和“活”，用 1 表示“有毒”和“不活”。

3 只老鼠的（死/活）状态组合有 2^3=8 种，刚好可以与 8 瓶水的（有毒/无毒）状态对应，由此可以用 3 只老鼠试饮 8 瓶水来确认哪一瓶是有毒水，使得资源利用达到最大化，这其中利用了二进制的思想。

任务导学

二进制是计算技术中广泛采用的一种数制，用 0 和 1 两个数码来表示数，进位规则是“逢二进一”，借位规则是“借一当二”。计算机（俗称电脑）中的二进制与电路中的开关状态相吻合，用 1 来表示“开”，用 0 来表示“关”，非常地简单方便，易于用电子方式实现。

1.1.1　二进制的算术运算

扫一扫看数制及其转换微视频

二进制数的算术运算包括：加、减、乘、除四则运算。

1. 二进制数的加法

根据“逢二进一”的规则，二进制加法的法则为：

0+0=0

0+1=1+0=1

1+1=10（进位为 1）

1+1+1=11（进位为 1）

例如：1110 和 1011 的相加过程如下：

$$\begin{array}{r} 1\ 1\ 1\ 0 \\ +\ 1\ 0\ 1\ 1 \\ \hline 1\ 1\ 0\ 0\ 1 \end{array}$$

2. 二进制数的减法

根据“借一有二”的规则，二进制数减法的法则为：

0−0=0

1−1=0

1−0=1

0−1=1（借位为 1）

例如：1101 减去 1011 的过程如下：

$$\begin{array}{r} 1\ 1\ 0\ 1 \\ -\ 1\ 0\ 1\ 1 \\ \hline 0\ 0\ 1\ 0 \end{array}$$

3. 二进制数的乘法

二进制数的乘法过程可仿照十进制数的乘法进行。但由于二进制数只有 0 或 1 两种可能的乘数位，导致二进制数的乘法更为简单。二进制数的乘法法则为：

0×0=0

0×1=1×0=0

1×1=1

例如：1001 和 1010 相乘的过程如下：

$$\begin{array}{r} 1\ 0\ 0\ 1 \\ \times\ 1\ 0\ 1\ 0 \\ \hline 0\ 0\ 0\ 0 \\ 1\ 0\ 0\ 1\ \ \ \\ 0\ 0\ 0\ 0\ \ \ \ \ \ \\ 1\ 0\ 0\ 1\ \ \ \ \ \ \ \ \ \\ \hline 1\ 0\ 1\ 1\ 0\ 1\ 0 \end{array}$$

4. 二进制数的除法

二进制数的除法与十进制数的除法很类似。可先从被除数的最高位开始，将被除数（或中间余数）与除数相比较，若被除数（或中间余数）大于除数，则用被除数（或中间余数）减去除数，商为 1，并得到相减之后的中间余数，否则商为 0。再将被除数的下一位下移补充到中间余数的末位，重复以上过程，就可得到所要求的各位商数和最终的余数。

例如：100110÷110 的过程如下：

```
             0 0 0 1 1 0
           ______________
    1 1 0 ) 1 0 0 1 1 0
              1 1 0
           ______________
              0 1 1 1
                1 1 0
           ______________
                    1 0
```

所以，100110÷110=110 余 10。

1.1.2 二进制的逻辑运算

二进制数的逻辑运算包括“与”“或”“非”“异或”运算。

1. 逻辑“与”运算

逻辑“与”运算又称为逻辑乘，常用符号“×”或“·”或“∧”表示。“与”运算的规则为：

$$0\times1=0 \text{ 或 } 0\cdot1=0 \text{ 或 } 0\wedge1=0$$
$$1\times0=0 \text{ 或 } 1\cdot0=0 \text{ 或 } 1\wedge0=0$$
$$1\times1=1 \text{ 或 } 1\cdot1=1 \text{ 或 } 1\wedge1=1$$

可见，两个相“与”的逻辑变量中，只要有一个为 0，“与”运算的结果就为 0。仅当两个变量都为 1 时，“与”运算的结果才为 1。

2. 逻辑“或”运算

逻辑“或”运算又称为逻辑加，常用符号“+”或“∨”来表示。逻辑“或”运算的规则为：

$$0+0=0 \text{ 或 } 0\vee0=0$$
$$0+1=1 \text{ 或 } 0\vee1=1$$
$$1+0=1 \text{ 或 } 1\vee0=1$$
$$1+1=1 \text{ 或 } 1\vee1=1$$

可见，两个相“或”的逻辑变量中，只要有一个为 1，“或”运算的结果就为 1。仅当两个变量都为 0 时，“或”运算的结果才为 0。计算时，要特别注意逻辑“或”和算术运算加法的区别。

3. 逻辑“非”运算

逻辑“非”运算又称为逻辑否定，常用字符上加“·”或“-”表示，它实际上就是将原逻辑变量的状态求反，其运算规则为：

$$\dot{0}=1 \quad \text{和} \quad \dot{1}=0$$

可见，逻辑变量为 0 时，“非”运算的结果为 1；逻辑变量为 1 时，“非”运算的结果为 0。

4．逻辑“异或”运算

逻辑“异或”运算，常用符号“ ⊕ ”或“XOR”来表示，其运算规则为：

$$0\oplus 0=0 \quad 或 \quad 0\ \text{XOR}\ 0=0$$
$$0\oplus 1=1 \quad 或 \quad 0\ \text{XOR}\ 1=1$$
$$1\oplus 0=1 \quad 或 \quad 1\ \text{XOR}\ 0=1$$
$$1\oplus 1=0 \quad 或 \quad 1\ \text{XOR}\ 1=0$$

可见，两个逻辑运算变量取值相同时，“异或”的结果为 0；取值相异时，“异或”的结果为 1。

以上为逻辑变量只有一位时逻辑“与”“或”“非”“异或”运算的运算规则。当逻辑变量为多位时，可在两个逻辑变量对应位之间按上述规则进行运算。特别注意，所有的逻辑运算都是按位进行的。

1.1.3　各进制的数值转换

在实际应用中，二进制不利于人们日常的记录和交流，为此经常用八进制、十六进制、十进制表示二进制。八进制包含 0～7 共 8 个数字，十六进制包含 0～9、A～F 共 16 个数与字母。

1．各种进制数的表示

二进制数 11111111，可以表示为 $(11111111)_2$ 或 $(11111111)_B$。
八进制数 11111111，可以表示为 $(11111111)_8$ 或 $(11111111)_O$。
十进制数 11111111，可以表示为 $(11111111)_{10}$ 或 $(11111111)_D$。
十六进制数 11111111，可以表示为 $(11111111)_{16}$ 或 $(11111111)_H$。

2．各种进制数转换为十进制数

采用下面表达式表示一个任意进制数转为十进制数 X：

$$X=a_nN^n+\cdots+a_0+b_1N^{-1}+\cdots+b_mN^{-m}$$

其中，N 是计数制的基数（进制数）；a_n 和 b_m 可以是 0、1、…、N-1 中的任一个数，它是由 X 的数值决定的。

对任意进制的数按权展开计算，就可以将其转换为十进制数，例如，$(918)_H=9*16^2+1*16^1+8*16^0=2304+16+8=(2328)_{10}$。

3．二进制数转换为八进制数

从低位开始每连续三位数按照表 1.1.2 转换为一位八进制数。

表 1.1.2　二进制数与八进制数的转换

二进制数	八进制数	二进制数	八进制数	二进制数	八进制数	二进制数	八进制数
000	0	010	2	100	4	110	6
001	1	011	3	101	5	111	7

例如，$(11101101)_2=(\underset{3}{\underline{11}}\ \underset{5}{\underline{101}}\ \underset{5}{\underline{101}})_2=(355)_8$。

4．八进制数转换为二进制数

按照表 1.1.2 将每一位八进制数展开为三位的二进制数，例如，$(426.37)_8$ 转换成二进制数的方法为：$(426.37)_8=(\underset{4}{\underline{100}}\ \underset{2}{\underline{010}}\ \underset{6}{\underline{110}}.\underset{3}{\underline{011}}\ \underset{7}{\underline{111}})_2$

5．二进制数转换为十六进制数

从低位开始每连续四位数按照表 1.1.3 转换为一位十六进制数。

表 1.1.3　二进制数与十六进制数的转换

二进制数	十六进制数	二进制数	十六进制数	二进制数	十六进制数	二进制数	十六进制数
0000	0	0100	4	1000	8	1100	C
0001	1	0101	5	1001	9	1101	D
0010	2	0110	6	1010	A	1110	E
0011	3	0111	7	1011	B	1111	F

例如，$(10110111)_B=(\underset{B}{\underline{1011}}\ \underset{7}{\underline{0111}})_B=(B7)_H=(B7)_{16}$。

6．十六进制数转换为二进制数

按照表 1.1.3 将每一位十六进制数展开为四位的二进制数，例如：$(5A3.9E)_{16}$ 转换成二进制数的方法为：$(5A3.9E)_{16}=(\underset{5}{\underline{0101}}\ \underset{A}{\underline{1010}}\ \underset{3}{\underline{0011}}.\underset{9}{\underline{1001}}\ \underset{E}{\underline{1110}})_2$

7．十进制数转换为其它进制数

十进制数的整数部分采用“除进制取余法”，小数部分采用“乘进制取整法”。

（1）50 转换为二进制数的方法如下，结果为 101000：

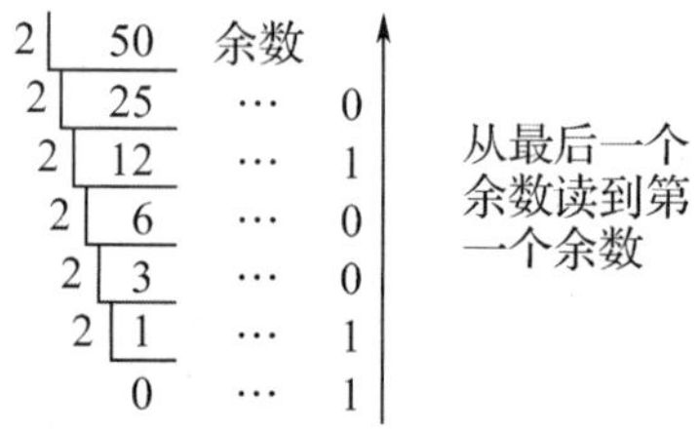

（2）150 转换为八进制数的方法如下，结果为 226：

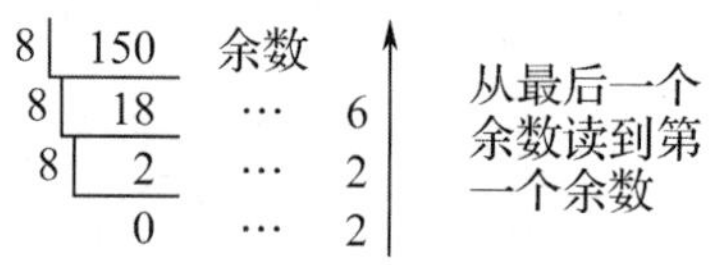

（3）150 转换为十六进制数的方法如下，结果为 96：

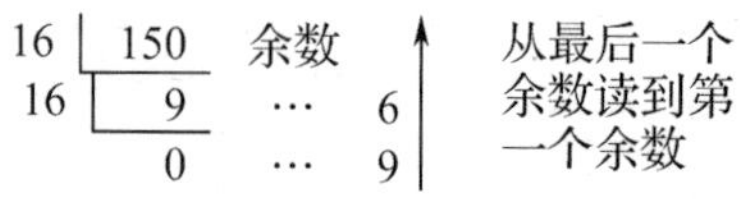

1.1.4 原码、反码、补码

在计算机中对数据进行运算操作时，为了把符号位和数字位一起编码，并提高计算效率，设计了多种数表示方法，如原码、补码、反码等。

原码表示法规定：原码其实就是二进制定点表示法，即最高位为符号位，“0”表示正，“1”表示负，其余位表示数值的大小。

反码表示法规定：正数的反码与其原码相同；负数的反码是对其原码逐位取反，但符号位除外。

补码表示法规定：正数的补码与其原码相同；负数的补码是在其反码的末位加1。

1. 原码

在数值前直接加一个符号位的表示法。例如，+7和-7的符号位数值位表示为：$[+7]_{原}$=00000111B，$[-7]_{原}$=10000111B。

小贴士 （1）0的原码有两种形式：$[+0]_{原}$=00000000B，$[-0]_{原}$=10000000B。
（2）8位二进制数原码的表示范围为：-127～+127。

2. 反码

正数：正数的反码与原码相同。

负数：负数的反码，符号位为“1”，数值部分按位取反。

例如，+7和-7的符号位、数值位表示为：$[+7]_{反}$=00000111B，$[-7]_{反}$=11111000B。

小贴士 （1）0的反码也有两种形式：$[+0]_{反}$=00000000B，$[-0]_{反}$=11111111B。
（2）8位二进制数反码的表示范围为：-127～+127。

3. 补码

模的概念：把一个计量单位称之为模或模数。例如，时钟是以12进制进行计数循环的，即以12为模。在时钟上，时针加上（正拨）12的整数位或减去（反拨）12的整数位，时针的位置不变。14点钟在舍去模12后，成为（下午）2点钟。从0点出发逆时针拨10格即减去10小时，也可看成从0点出发顺时针拨2格（加上2小时），即2点。因此，在模12的前提下，-10可映射为+2。由此可见，对于一个模数为12的循环系统来说，加2和减10的效果是一样的；因此，在以12为模的系统中，凡是减10的运算都可以用加2来代替，这就把减法问题转化成加法问题了（注：计算机的硬件结构中只有加法器，所以大部分的运算都必须最终转换为加法）。10和2对模12而言互为补数。

同理，计算机的运算部件与寄存器都有一定字长的限制（假设字长为8位），因此它的运算也是一种模运算。当计数器计满8位也就是256个数后会产生溢出，又从头开始计数。产生溢出时的量就是计数器的模，显然，8位二进制数，它的模数为2^8=256。在计算中，两个互补的数称为“补码”。

补码的表示方法：

正数：正数的补码和原码相同。

负数：负数的补码则是符号位为“1”，数值部分按位取反后再在末位（最低位）加1。也就是“反码+1”。

例如，+7 和−7 的符号位、数值位表示为：$[+7]_{补}$=00000111B，$[-7]_{补}$=11111001B。

补码在微型计算机中是一种重要的编码形式，采用补码后，可以方便地将减法运算转化成加法运算，运算过程得到简化。正数的补码即是它所表示数的真值，而负数的补码的数值部分却不是它所表示数的真值。采用补码进行运算，所得结果仍为补码。

小贴士 0 的补码只有一个，即 $[0]_{补}$=00000000B。

小贴士 字长为 8 位的数的补码所表示的范围为：−128～+127；在进行补码运算时，应注意所得结果不应超过补码所能表示数的范围。

实施步骤

（1）为 8 瓶水用三位二进制编码，即 000、001、010、011、100、101、110、111。

（2）因为 8 瓶水的编号只有三位，故找 3 只老鼠，用 M_i（i=1、2、3）表示。

（3）设计一个 9 行 5 列的表格，M_1、M_2、M_3 代表对应的 3 只老鼠，将 8 瓶水和对应的编号填入各行，如表 1.1.4 所示

（4）安排 3 只老鼠分别只喝表 1.1.4 对应列标志为 1 的水，如老鼠 M_1 只喝第 5～8 瓶水，并在“执行情况记录”列登记，防止漏喝、错喝、多喝、少喝。

（5）12 小时后，将老鼠饮水后的死活情况登记在表 1.1.4“M_1、M_2、M_3”下方空白处，结果如表 1.1.5 所示。

表 1.1.4　老鼠饮水安排

老鼠 / 水	M_1	M_2	M_3	执行情况记录
第 1 瓶水	0	0	0	
第 2 瓶水	0	0	1	
第 3 瓶水	0	1	0	
第 4 瓶水	0	1	1	
第 5 瓶水	1	0	0	
第 6 瓶水	1	0	1	
第 7 瓶水	1	1	0	
第 8 瓶水	1	1	1	

表 1.1.5　老鼠饮水中毒登记

老鼠 / 水	M_1	M_2	M_3	执行情况记录
	活	死	死	
第 1 瓶水	0	0	0	√
第 2 瓶水	0	0	1	√
第 3 瓶水	0	1	0	√
第 4 瓶水	0	1	1	√
第 5 瓶水	1	0	0	√
第 6 瓶水	1	0	1	√
第 7 瓶水	1	1	0	√
第 8 瓶水	1	1	1	√

（6）根据老鼠最后的死活情况判断有毒的水。M_i（i=1、2、3）=0 表示活着，M_i（i=1、2、3）=1 表示不活，3 只老鼠对应的 M_i 值是 011，则表示第 4 瓶水有毒。

评价反馈

1．填空题

（1）$(10110111)_2$=（　　）$_8$=（　　）$_{16}$=（　　）$_{10}$

（2）122=（　　　　）$_2$=（　　）$_8$=（　　）$_{16}$

（3）$(10110111)_{补}$=（　　　　）

（4）$(10110111)_{反}$=（　　　　　　　）

2. 思考题

（1）如果在 8 瓶水中有 1 瓶有毒，任何动物品尝有毒水后 12 小时内死亡，除本任务中提及的三种解决方案是否还有其他解决方案？

（2）如果在 1 000 瓶水中有 1 瓶有毒，任何动物品尝有毒水后 12 小时内死亡，要在最短时间内找出有毒水瓶，至少需要多少只老鼠？

任务 1.2　按成绩排序

学习目标

您完成本学习任务后，应当能够:

（1）了解常见的计算机排序方法（算法）;

（2）理解不同排序方法的效率差异;

（3）熟悉计算机排序与人排序的思维差异。

任务描述

某初中三年级一班第一组的 10 名同学的信息技术课程成绩为[90，70，66，87，45，99，91，78，86，92]，请用计算机的思维方式，为以上 10 个成绩数据按照从小到大排序。

任务分析

数值在计算机中都是以二进制形式存储的，如数值 90 在计算机中被存储为“00111010”，但为了便于人类识别与操作，一般都以十进制呈现，所以人们在计算机上看到的仍然是“90”。计算机经常要对大量的数值进行算术运算和逻辑运算，排序也是其中的一种。

排序是人们经常见到的问题，排序问题在计算科学中也占有很重要的地位。科学家们对排序算法的研究也从未终止，提出了很多种排序算法，如插入排序法、冒泡排序法、希尔排序法等。

对于少量的数据排序，人一眼看过去，或许马上就能将排序结果说出来。但是如果数据量很大呢，如有 1 000 个数据呢？恐怕就很少有人能直接说出排序后的结果了，所以这就需要科学的排序方法。利用科学的方法，不管有多少个数据，都可以按照既定的程序和方法排序。其实对于少量的数据而言，人脑也通过一定的程序和方法进行了排序，然后才说出的结果。

任务导学

1.2.1　算法与排序

算法（Algorithm）是指解题方案的准确而完整的描述，是一系列解决问题的清晰指令，算法代表着用系统的方法描述解决问题的策略机制。也就是说，能够对一定规范的输入，在有限时间内获得所要求的输出。在计算机中对数值进行具体排序的描述就是算法，主要有以下三种。

1. 选择排序

选择排序（Selection Sort），是一种简单直观的排序算法。它的工作原理：首先在未排序的序列中找到最小（大）元素，存放到排序序列的起始位置，然后，再从剩余的未排序元素中继续寻找最小（大）元素，然后放到已排序序列的末尾。以此类推，直到所有元素均排序完毕，示例如图 1.2.1 所示。

	[49	38	65	97	76	13	27	49]
第1轮	13	[38	65	97	76	49	27	49]
第2轮	13	27	[65	97	76	49	38	49]
第3轮	13	27	38	[97	76	49	65	49]
第4轮	13	27	38	49	[76	97	65	49]
第5轮	13	27	38	49	49	[97	65	76]
第6轮	13	27	38	49	49	65	[97	76]
第7轮	13	27	38	49	49	65	76	[97]

图 1.2.1　选择排序示例

2. 插入排序

插入排序（Insertion Sort），是一种简单直观的排序算法。它的工作原理：通过逐步构建有序序列来实现，对于未排序的元素，在已排序序列中从后向前扫描，找到相应的位置并插入。对上面的示例，采用插入排序的方法，如图 1.2.2 所示。

	[49]	38	65	97	76	13	27	49
第1轮	[38	49]	65	97	76	13	27	49
第2轮	[38	49	65]	97	76	13	27	49
第3轮	[38	49	65	97]	76	13	27	49
第4轮	[38	49	65	76	97]	13	27	49
第5轮	[13	38	49	65	76	97]	27	49
第6轮	[13	27	38	49	65	76	97]	49
第7轮	[13	27	38	49	49	65	76	97]

图 1.2.2　插入排序示例

3. 冒泡排序

冒泡排序（Bubble Sort），是一种简单的排序算法。它重复地比较相邻的两个元素，如果它们的顺序错误就把它们交换过来，直到没有再需要交换时为止，也就是说该数列已经排序完成。这个算法的名字由来是因为越小的元素会在交换过程中慢慢“浮”到数列的顶端。对上面的示例，采用冒泡排序的方法如图 1.2.3 所示。

除了以上三种简单的排序算法外，还有很多种排序算法，如二分插入排序、希尔排序、鸡尾酒排序、快速排序、堆排序、归并排序、桶排序、计数排序和基数排序等，每种排序算

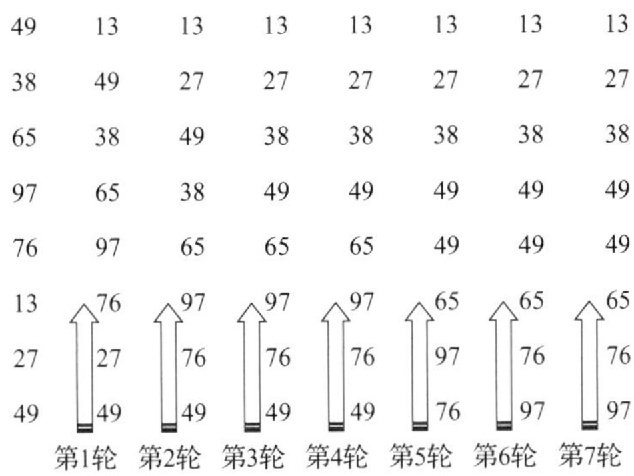

图 1.2.3　冒泡排序示例

法的复杂度不同，即所耗用的时间等资源不同，稳定性也不同，于是在选择算法的时候必须要考虑效率。

1.2.2　算法的复杂度

对于各种算法，需要的存储空间和运算的次数不尽相同，被称之为算法复杂度，包括空间复杂度和时间复杂度。空间复杂度（Space Complexity）是对一个算法在运行过程中临时占用存储空间大小的量度，记做 $S(n)=O(f(n))$。时间复杂度（Time Complexity）是指执行算法所需要的计算工作量，记做 $T(n)=O(f(n))$。常见排序算法的复杂度如表 1.2.1 所示。

表 1.2.1　常见排序算法的复杂度

常见排序算法	最差时间分析	平均时间复杂度	稳定度	空间复杂度
冒泡排序	$O(n^2)$	$O(n^2)$	稳定	$O(1)$
快速排序	$O(n^2)$	$O(n*\log_2 n)$	不稳定	$O(\log_2 n)$～$O(n)$
选择排序	$O(n^2)$	$O(n^2)$	稳定	$O(1)$
二叉树排序	$O(n^2)$	$O(n*\log_2 n)$	不稳定	$O(n)$
插入排序	$O(n^2)$	$O(n^2)$	稳定	$O(1)$
堆排序	$O(n*\log_2 n)$	$O(n*\log_2 n)$	不稳定	$O(1)$
希尔排序	$O(n*\log_2 n)$	$O(n*\log_2 n)$	不稳定	$O(1)$

实施步骤

（1）先准备 10 个盒子，用来存放[90，70，66，87，45，99，91，78，86，92]数据，如图 1.2.4 所示。

90	70	66	87	45	99	91	78	86	92

图 1.2.4　未排序的数据

（2）再准备 10 个空盒子，用来存放排序后的数据，如图 1.2.5 所示。

图 1.2.5 用于存放排序后数据的空盒子

（3）利用选择排序法对成绩进行排序。拿出第一个盒子中的数据[90]，按照选择排序法将它逐次与其他盒子中的数据比较，如果比对方大则进行互换，直到与每一个数据比较完毕，经过 9 次比较，手中拿到的是最小数据 45，将其放在第一个空盒子，如图 1.2.6 所示。

	90	70	87	66	99	91	78	86	92
45									

图 1.2.6 第一轮排序后效果

（4）按照以上的方法逐次把剩余数据的最小数据拿出放在第一个空盒子中。

（5）最终这些空盒子中数的顺序就是排序后的顺序，如图 1.2.7 所示。

45	66	70	78	86	87	90	91	92	99

图 1.2.7 经过 9 轮排序后的结果

评价反馈

1. 填空题

（1）常见的排序方法有____。

（2）利用插入排序法对[90，70，66，87，45，99，91，78，86，92]进行排序，填写图 1.2.8 中的空格。

90	70	66	87	45	99	91	78	86	92

图 1.2.8

2. 思考题

（1）在本任务中对 10 个成绩数据进行排序，占用了 10 个盒子，每个盒子相当于内存中的一个字节，可否用更少的盒子完成排序？即降低排序算法的空间复杂度。

（2）用计算机排序和人手工排序有什么差异？

（3）通过网络查阅文献或阅读相关图书，除了排序算法，还有哪些算法？

任务 1.3 绘制计算机体系结构图

学习目标

您完成本学习任务后，应当能够：

（1）熟悉计算机的体系结构；

（2）熟悉计算机的运行原理；

（3）了解文字、图像、声音的存储方式。

任务描述

众所周知，计算机的运行速度非常快，它是怎么运行的呢？请绘制计算机的结构示意框图，并说明计算机的内部运行方式。

任务分析

计算机有一个科学的逻辑体系结构，目前常见的计算机采用冯•诺依曼结构。计算机由硬件和软件来实现，不同的软件和硬件有截然不同的效率。现有 600 万个数据需要进行运算，如果一个人用计算器计算，按照每 5 秒钟计算 1 次，一人每天工作 24 小时，连续工作一年多才可以计算完成；而对于计算机来说，瞬间即可完成。我国的超级计算机——太湖之光，最高运算速度达到 12.5 亿亿次/秒，即太湖之光计算机运算 1 秒的运算量相当于 13 亿人用计算器算 10 年才能完成的量。

任务导学

1.3.1 计算机的基本结构

计算是人类长期探索自然后总结出的一系列方法，计算机之所以称为“电脑”，就是因为计算机模拟了人脑的计算思维方式。我们对人进行运算的方式进行抽象后，不难发现，对人脑处理信息来说就是“输入——处理——输出”的过程，那么对人脑所做的运算而言，具体又是如何的呢？我们都知道人的大脑是所有器官中最复杂的，也是所有神经系统的中枢。它是控制人身体各部分的“司令部”，在人脑中有用于记忆的神经元，也有主要负责算术运算的左脑。对于人脑计算数据的过程可以理解为，在大脑的控制下通过眼睛、耳朵等获得输入信息，由神经元记忆，然后由左脑进行运算，运算结果通过语言或手势等输出。由此可见，人脑处理信息的示意流程如图 1.3.1 所示。

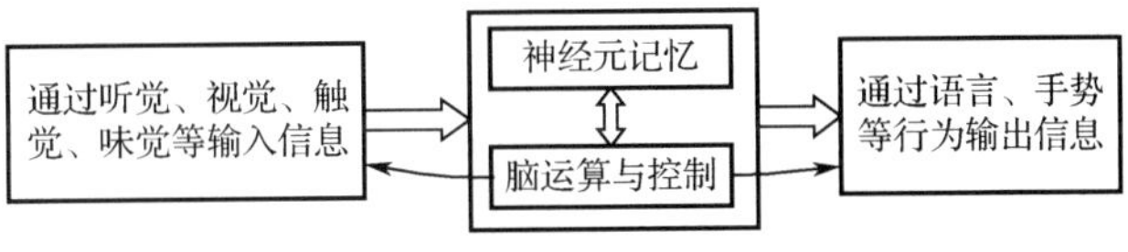

图 1.3.1 人脑处理信息的示意流程

在 1946 年，美籍匈牙利科学家冯 • 诺依曼提出了计算机基本体系结构，如图 1.3.2 所示，这个结构也被称之为冯 • 诺依曼结构。此结构确定了计算机的五大组成部分和基本工作方式，冯 • 诺依曼被称为计算机之父。

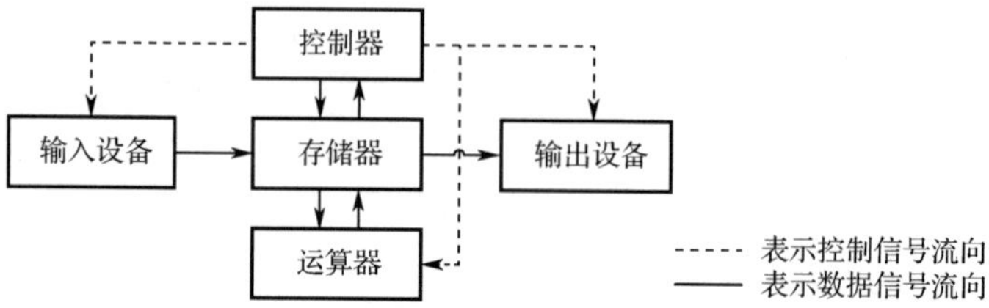

图 1.3.2　计算机的基本体系结构

根据冯 • 诺依曼结构构成的计算机，必须能够实现如下功能：

（1）必须要能通过输入设备把指令和数据输入计算机；

（2）必须具有长期存储指令、数据、运算中间结果和最终结果的能力；

（3）能够完成各种算术、逻辑运算和数据传送等数据加工能力；

（4）能够按照要求将运算结果输出给用户。

1.3.2　指令和数据的存储

指令（即控制信号）和数据在计算机中是如何存储的？因为电子计算机是由电路组成的，电路只有开路与断路两种稳定状态，磁具有南极和北极两种稳定状态，所以选用二进制，即只有“0”和“1”两个数字，逢二进位。二进制具有运算规则简单、运算方便的特点。

1．计量单位

为便于存储和计量，将每一位数的单位记为 1 位（bit），每 8 位（bit）记为 1 字节（Byte，B），每 2 字节记为 1 个字（Word），如图 1.3.3 所示。

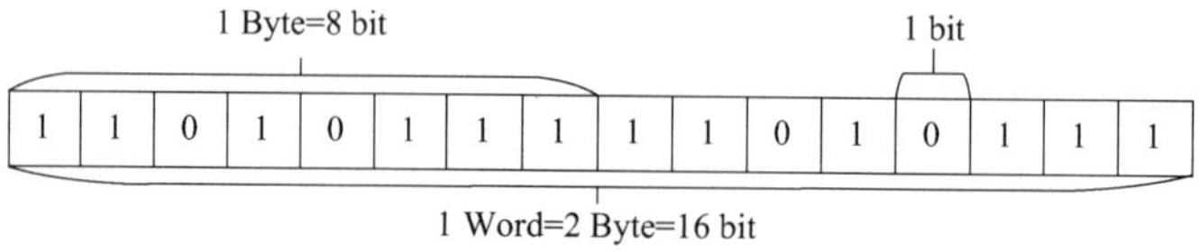

图 1.3.3　计量单位

通常用到的单位还有 KB、MB 和 GB，每 2^{10} 字节（1 024 B）记为 1 KB，每 1 024 KB 记为 1 MB，每 1 024 MB 记为 1 GB，每 1 024 GB 记为 1 TB。它们与字节的关系是：

$$1\ KB=2^{10}\ B=1\ 024\ B \qquad 1\ MB=2^{10}\ KB=2^{20}\ B \qquad 1\ GB=2^{10}\ MB=2^{20}\ KB=2^{30}\ B$$

2．西文的存储方式

为了将现实中的数字、字母、符号等用二进制记录，在 1967 年，由美国国家标准学会制定了 ASCII（American Standard Code for Information Interchange，美国信息交换标准代码），每个字符占用 8 bit。该标准后被国际标准化组织（International Organization for Standardization，ISO）和国际电工委员会（International Electrotechnical Commission，IEC）定为国际标准，其最新版本为 ISO/IEC 10 646：2017。

3．中文的存储方式

因为ASCII表示的文字非常有限，不能表示中国、日本和韩国等国家的大量象形文字。国家标准总局于1981年5月1日开始实施了国家标准《信息交换用汉字编码字符集》（GB 2312—1980），共收录6 763个汉字、682个非汉字图形字符（包括拉丁字母、希腊字母、日文平假名及片假名字母、俄语西里尔字母在内的全角字符），该标准中的每个字符占用2 Byte。全国信息技术标准化技术委员会于1995年12月制定了《汉字内码扩展规范》（简称GBK，即“国标”“扩展”汉语拼音的第一个字母），GBK向下与GB 2312编码兼容，向上支持ASCII码（ISO IEC 10646.1），包含23 940个码位，共收入21 886个汉字和图形符号。

4．图像的存储方式

不管多么美丽的图像，都是由一个一个像素点组成的，每个像素点是不能再分割的单一色块，那么对于一幅图像，只要记录每个像素点的颜色，即可记录整幅图像，如图1.3.4所示。而对于每个像素点的颜色，如何记录呢？根据三原色原理，任何颜色都是由三原色（红色、绿色、蓝色）按照一定比例组成的，那么任何一个像素点的颜色就可以记录为三种颜色的混合。假如每种颜色用1 Byte记录，即用1 Byte表示某种颜色的256种明暗程度，则一个像素点就可以用3 Byte（24 bit）记录，其中1 Byte记录红色、1 Byte记录记录绿色、1 Byte记录蓝色。例如，一幅长1 920像素、宽1 080像素的彩色图像，采用24 bit记录颜色，需要1 920*1 080*24 bit= 1 920*1 080*3 B=6 075 KB≈5.9 MB。

扫一扫看像素点的三原色

扫一扫看图像中的像素点放大后效果

图1.3.4　图像的存储方式

5．声音的记录方式

根据物理中的声波理论，声音是通过声波来传递的，如图1.3.5所示。记录声音，就是把声波采集量化后进行记录，需要播放声音的时候，再还原为声波。

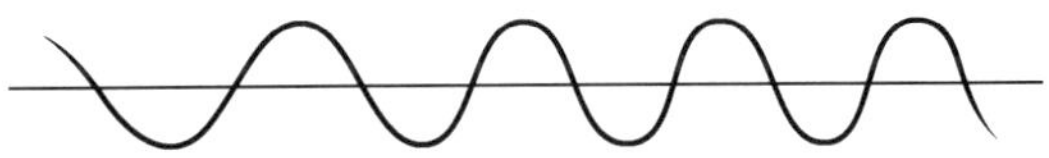

图1.3.5　声波

（1）声音的采集：按照一定的频率对声波的振幅进行采集，如按照44.1 kHz采集，就是每秒钟在声波上采集44 100个振幅点，采集的频率越高，最终恢复的声音就越真实，当然需要花费的时间就越长，占用的存储空间也越大。

（2）声音的量化：就是把采集到的振幅点量化后进行记录，例如，可以用8 bit记录一个采集点，也可以用16 bit记录一个采集点，还可以用24 bit记录一个采集点。量化后的数位越多，最终恢复的声音就越真实，当然需要花费的时间就越长，占用的存储空间也越大。例如，一段5分钟的单声道音乐，用44.1 kHz的采样频率，用16 bit量化后进行记录，则占用5分钟*60秒*44.1 kHz*16 bit=5*60*44.1*1 000*2 Byte≈25 839.8 KB≈25.23 MB的存储空间。

1.3.3 计算机硬件

计算机的基本结构按照冯·诺依曼结构，那么具体上一台计算机的硬件有哪些？

计算机硬件（Computer hardware），是指计算机系统中由电子、机械和光电元件等组成的各种物理装置的总称。按照冯·诺依曼结构，计算机由输入设备、输出设备、控制器、运算器和存储器组成，其中控制器和运算器是计算机最核心的组成部分，硬件厂商把这两部分集成在了一起，称之为中央处理器（CPU）；为了提高工作效率，存储器被分为内存储器和外存储器，外存储器用于长期保存数据，内存储器用于临时存储数据，所有数据只有调入内存储器后才可以被处理。计算机一般应该包括以下硬件。

扫一扫看计算机硬件系统组成微视频

1. 主机

（1）CPU（控制器、运算器）；

（2）内存储器（ROM、RAM、Cache 等），简称内存。

2. 外部设备

（1）输入设备：键盘、鼠标、扫描仪、照相机等；

（2）输出设备：显示器、打印机、绘图仪等；

（3）外存储器：有光盘、优盘、硬盘等，简称外存。

3. 其他设备

（1）电源：为计算机提供稳定的电源输入；

（2）主板：利用总线将 CPU 和各种控制器、接口相连，从而使得各种设备得以集成为一个整体；

（3）机箱：保护计算机的设备。

扫一扫看计算机软件系统的组成与功能微视频

1.3.4 计算机软件

计算机软件（Software）也称“软件”，是指计算机系统中的程序及其文档，程序是计算任务的处理对象和处理规则的描述；文档是为便于了解程序所需的说明性资料。程序必须装入机器内部才能工作，文档一般是给人看的，不一定装入机器。

计算机软件总体上分为系统软件和应用软件两大类：

（1）系统软件（System Software），是指控制和协调计算机及外部设备，支持应用软件开发和运行的系统，是无需用户干预的各种程序的集合，主要功能是调度、监控和维护计算机系统；负责管理计算机系统中各种独立的硬件，使得它们可以协调工作。系统软件使得计算机使用者和其他软件将计算机当做一个整体而不需要顾及底层每个硬件是如何工作的。系统软件包括操作系统（如 Windows、Linux、UNIX 等）、编译解释系统、系统服务程序、数据库系统等；

（2）应用软件（Application Software），是与系统软件相对应的，是用户可以使用的各种程序设计语言，以及用各种程序设计语言编制的应用程序的集合。应用软件是为满足用户不同领域、不同问题的应用需求而提供的那部分软件，如文字处理软件、游戏软件、企业管理软件等。

1.3.5 总线

总线（Bus）是计算机各种功能部件之间传送信息的公共通信干线，它是由导线组成的传输线束，按照计算机所传输的信息种类，计算机的总线可以划分为数据总线、地址总线和控制总线，分别用来传输数据、数据地址和控制信号。总线是一种内部结构，它是 CPU、内存、输入和输出设备传递信息的公用通道，主机的各个部件通过总线相连接，外部设备通过相应的接口电路再与总线相连接，从而形成了计算机硬件系统。总线连接示意如图 1.3.5 所示。

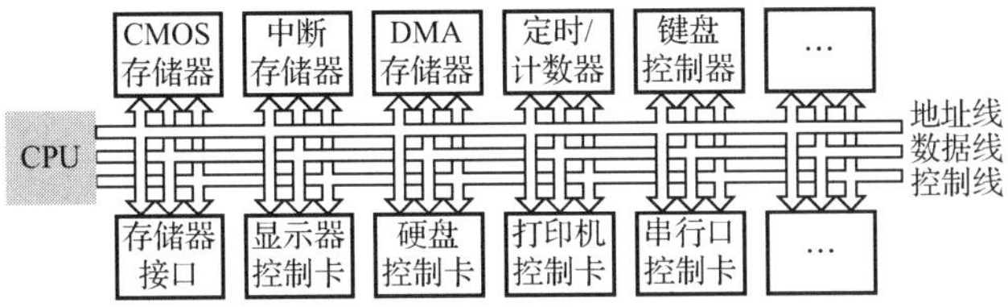

图 1.3.5　总线连接示意

1.3.6　计算机的类型

扫一扫看计算机的发展特点与分类微视频

计算机可以按不同的角度和属性进行分类。其中按照性能可将计算机分为巨型计算机、大型计算机、小型计算机、微型计算机、嵌入式计算机等。

1. 巨型计算机

巨型计算机（Supercomputer）又称超级计算机，是计算机中功能最强、运算速度最快、存储容量最大的一类计算机，多用于国家高科技领域和尖端技术的研究，是国家科技发展水平和综合国力的重要标志。

巨型计算机主要用来承担重大的科学研究、国防尖端技术和国民经济领域的大型计算课题及数据处理任务，如大范围天气预报、整理卫星照片、探索原子核物理、研究洲际导弹和宇宙飞船、制订国民经济的发展计划等。我国的超级计算机主要包括天河、银河、曙光、太湖等系列。“天河三号”原型机全部采用自主创新的硬件和软件，包括飞腾 CPU、天河高速互联通信、麒麟操作系统等，如图 1.3.6 所示。其浮点计算处理能力达到 10 的 18 次方，是“天河一号”的 200 倍，其存储规模是“天河一号”的 100 倍，它工作 1 小时相当于 13 亿人上万年的工作量。

图 1.3.6　天河巨型计算机

2. 大型计算机

大型计算机（Mainframe Computer）是用来处理大容量数据的机器。它的运算速度快、存储容量大、联网通信功能完善、可靠性高、安全性好，但价格比较贵，一般用于为大中型企、事业单位（如银行、机场等）的数据提供集中的存储、管理和处理，承担企业级服务器的功能，同时为许多用户执行信息处理任务。浪潮大型计算机已应用于许多企、事业单位，天梭 M13 计算机如图 1.3.7 所示。

3. 小型计算机

小型计算机（Minicomputer）是相对于大型计算机而言的。小型计算机的硬件和软件系统的规模比较小，但价格低、可靠性高、便于维护和使用，一般为中小型企、事业单位或某一部门所用。浪潮小型计算机在市场上有比较大的影响，天梭 K1 计算机如图 1.3.8 所示。

图 1.3.7　浪潮天梭 M13 计算机

图 1.3.8　浪潮天梭 K1 计算机

4. 微型计算机

微型计算机（Personal Computer）又称微机、个人计算机、微电脑、PC 等，是第四代计算机时期出现的一个新机种，是由大规模集成电路组成的、体积较小的电子计算机。它是以微处理器为基础，配以内存储器及输入/输出（I/O）接口电路和相应的辅助电路而构成的裸机，体积小、灵活性大、价格便宜、使用方便。常见的微型计算机如联想微型计算机见图 1.3.9 所示。

把微型计算机集成在一个芯片上即构成单片微型计算机（Single Chip Microcomputer），简称单片机。

5. 嵌入式计算机

嵌入式计算机（Embedded Computer）也称嵌入式系统，是一种以应用为中心、以微处理器为基础，软件和硬件可裁剪的，适应于某种类应用系统对功能、可靠性、成本、体积、功耗等综合性能严格要求的专用计算机系统。现在，它几乎已嵌入人们实际生活中的所有电器设备中，如掌上电脑、计算器、电视机顶盒、手机、数字电视、多媒体播放器、汽车、微波炉、数字相机、家庭自动化系统、电梯、空调、安防系统、自动售货机、蜂窝式电话、工业自动化仪表、医疗仪器、导航仪（见图 1.3.10 所示）等。

图 1.3.9　联想微型计算机

图 1.3.10　嵌入式计算机——导航仪

实施步骤

（1）绘制五个空白框，如图 1.3.11 所示。

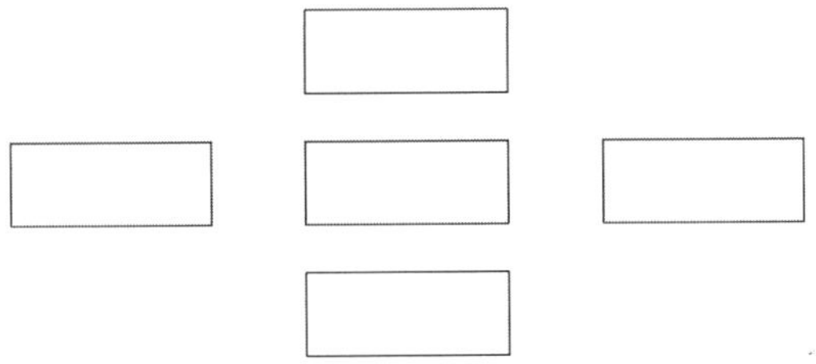

图 1.3.11　绘制计算机结构框图

（2）在五个空白框中填入计算机的基本体系结构的五大组成部分，如图 1.3.12 所示。

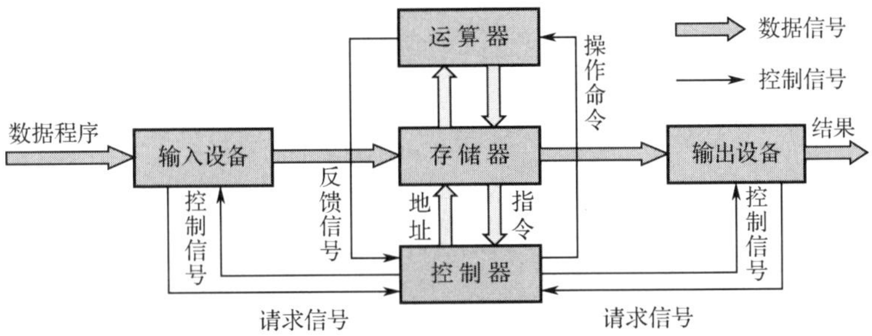

图 1.3.12　冯诺依曼结构框图

（3）为五大组成部分之间绘制数据信号和控制信号流向，如图 1.3.12 所示。

（4）举例解释计算机的基本体系结构与工作原理。

评价反馈

1. 计算题

（1）一幅长为 800 像素、宽为 600 像素的 bmp 格式图片，采用 24 位真彩色记录，需要多大的存储空间？

（2）一段 3 分钟的 wav 格式双声道音乐，采用 22.4 kHz 的采样频率，用 16 位量化后进行记录，需要多大的存储空间？

2. 填空题

查询资料后填写表 1.3.1。

表 1.3.1　计算机的发展阶段

时代划分	第一代计算机	第二代计算机	第三代计算机	第四代计算机
时间				
主机电子元件				
运算速度				

3. 思考题

（1）计算机的体系结构只有冯·诺依曼体系结构吗？

（2）什么是摩尔定律？

项目2 搭建工作环境

思维导图

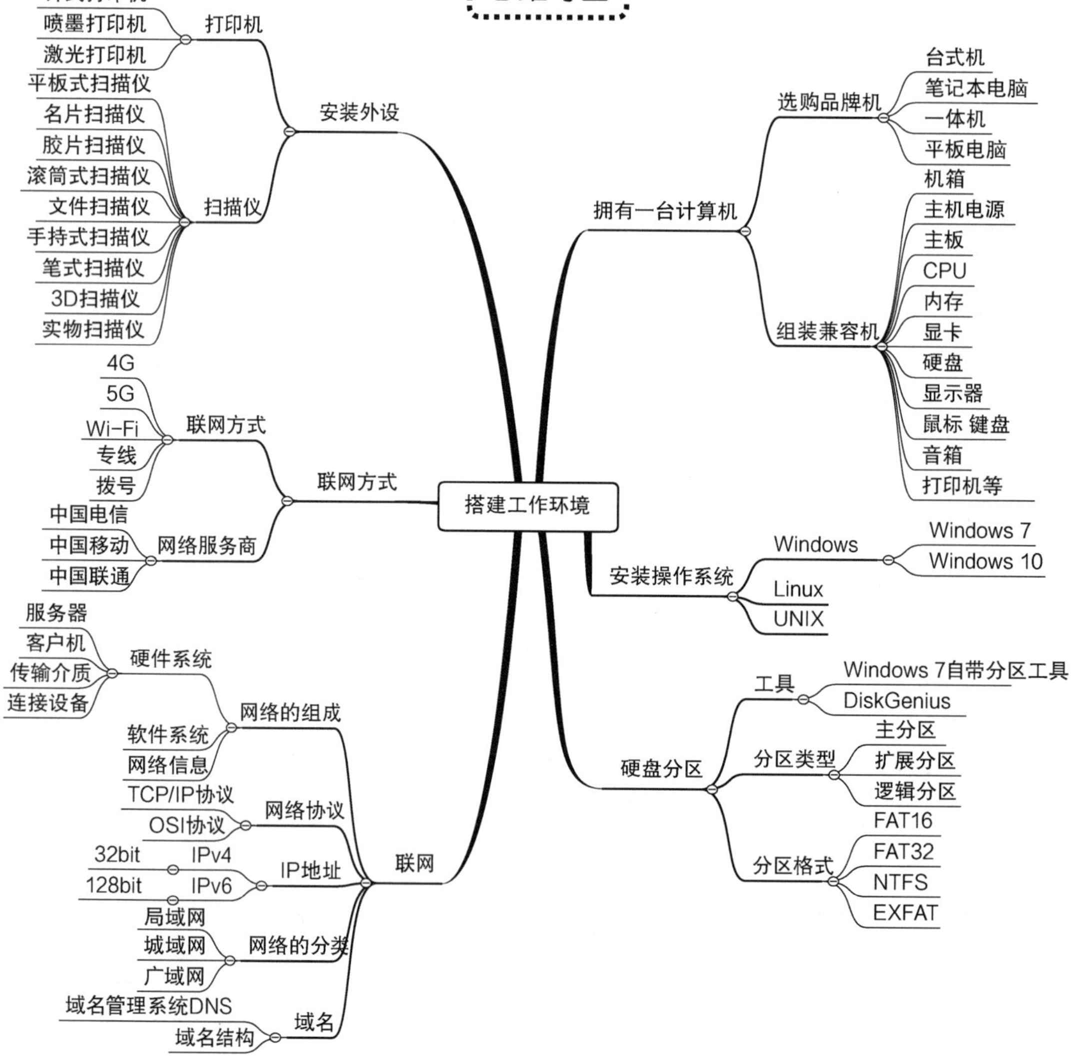

在信息技术高速发展的今天，个人计算机已经渗透到人们生活的每个角落，特别是作为一种工作、学习、娱乐的工具已进入寻常百姓家。现在可以通过 Wi-Fi、4G、5G 等技术，将个人计算机、手机、连入因特网（Internet），在广袤无际的互联网络中获取资讯、购物、娱乐、学习等。

现在已进入信息化时代，工作和学习都离不开计算机，购置一台属于自己的计算机，安装好合适的软件，配备必要的打印机等设备，接入因特网，将使您的工作与学习事半功倍。

任务 2.1　选购一台品牌机

学习目标

您完成本学习任务后，应当能够：

（1）了解各种个人计算机；

（2）熟悉个人计算机的用途；

（3）熟悉品牌机和兼容机的优缺点；

（4）熟悉台式机和笔记本的优缺点；

（5）在教师的指导下，能选择适合自己的计算机。

任务描述

小海刚就读大学，以前都用手机学习和娱乐。大学需要学习很多专业应用软件，还要处理很多学习文档，手机显然已经无法满足需要，小海准备购置一台计算机。

任务分析

当前制造计算机的厂家很多，各种计算机型号更是目不暇接。要想选购一台适合自己的计算机，就要了解计算机的类型，根据自己的预算和学习软件对计算机性能的要求，选择适合自己用的计算机型号，然后通过网络平台或实体店完成购买。

任务导学

2.1.1　常见的个人计算机类型

自 1946 年第一台计算机 ENIAC 在美国宾夕法尼亚大学问世以来，先后经历了多个发展阶段。现在所说的计算机通常是指个人计算机（Personal Computer，PC），它主要分为台式机、笔记本电脑、一体机和平板电脑几种类型。

1．台式机

台式机也叫台式电脑，是一种主机和显示器等设备相分离的计算机，通常情况下所说的计算机就是指台式机。相对于其他类型的个人计算机，其体积较大，构成部件相对独立，一般需要放置在桌子或者专用工作台上，因此被称为台式机。多数家用和办公用的计算机都是台式机，如图 2.1.1 所

图 2.1.1　台式机

示。台式机具有以下特性：

（1）散热性好。台式机的机箱具有空间大、通风条件好的特点，因此具有良好的散热性，这是笔记本电脑所不具备的。

（2）扩展性好。台式机的机箱拆卸容易，方便用户硬件升级。台式机机箱中有多个光盘驱动器（简称光驱）插槽、硬盘驱动器插槽等，非常方便用户日后升级硬件。

（3）保护性好。台式机的机箱全方位保护硬件不受灰尘侵害。

（4）操作方便。台式机的开关键和重启键，以及 USB 和音频接口都装在机箱的前置面板上，方便用户使用操作。

2．笔记本电脑

笔记本电脑（Notebook），也称为手提电脑或膝上电脑，是一种小型、可携带的个人计算机，通常重 1～3 公斤。笔记本电脑根据主要用途常分为以下四种类型。

（1）**商务笔记本电脑：**电池续航时间长、轻便，如图 2.1.2 所示。

（2）**学生笔记本电脑：**外观中庸、性价比高、较重，如图 2.1.3 所示。

图 2.1.2　商务笔记本电脑

图 2.1.3　学生笔记本电脑

（3）**游戏笔记本电脑：**外观时尚炫酷、性能超群、较重、价格较高，如图 2.1.4 所示。

（4）**特殊用途笔记本电脑：**服务于专业人士，可在酷暑、严寒、低气压、强辐射或战争等恶劣环境下使用，比较笨重，如图 2.1.5 所示。

图 2.1.4　游戏笔记本电脑

图 2.1.5　特殊用途笔记本电脑

3. 一体机

图 2.1.6 一体机

一体机的芯片和主板与显示器集成在一起，因此只要将键盘和鼠标连接到显示器上，计算机就能使用，如图 2.1.6 所示。

一体机具有以下优点：

（1）**连接简约。**最简洁优化的线路连接方式，只需要一根电源线就可以完成连接，减少了音箱线、摄像头线、视频线、网线等线的使用。

（2）**节省空间。**比传统分体台式机更纤细，一体机可节省最多 70%的桌面空间。

（3）**绿色环保。**一体机更节能环保，耗电仅为传统台式机的 1/3，且电磁辐射更小。

（4）**潮流时尚。**一体机简约、时尚的实体化设计，更符合现代人节约家居空间和追求美观的宗旨。

一体机也具有以下一些缺点：

（1）**维修不方便。**若有接触不良或者其他问题，必须拆开显示器后盖进行检查。

（2）**使用寿命较短。**由于把硬件都集中到显示器中，导致散热较慢，元件在高温下容易老化，因而寿命会缩短。

（3）**实用性不强。**一般情况下机子的配置不高，而且不方便升级。

4. 平板电脑

图 2.1.7 平板电脑

平板电脑（Tablet Personal Computer）是一款无须翻盖、功能完整的小型个人计算机，如图 2.1.7 所示。其构成组件与笔记本电脑基本相同，以触摸屏作为基本的输入设备，允许用户通过触控笔、数字笔或人的手指来进行操作，而不是通过传统的键盘或鼠标。

平板电脑具有以下一些优点：

（1）**便携移动。**它比笔记本电脑体积更小，重量更轻，并可随时转移它的使用场所，具有移动灵活性。

（2）**功能强大。**具备数字墨水和手写识别输入功能，以及强大的笔输入识别、语音识别和手势识别能力。

（3）**特有的操作系统。**苹果公司的 IPAD 安装 IOS，其他品牌的平板电脑大多安装安卓系统，采用触摸式操作，可以手写输入文字等。

2.1.2 品牌机和兼容机

品牌机是指有注册商标的整机，是计算机公司将计算机配件组装好后进行整体销售，并提供技术支持及售后服务的计算机，如方正、长城、联想、华硕等厂家提供的品牌机。

兼容机是指按用户要求选购配件组装而成的计算机，具有较高的性价比。下面对两种机型进行比较，方便不同的用户选购。

（1）**兼容性与稳定性：**每一台品牌机的出厂都经过严格测试（通过严格和规范的工序和手段进行检测），因此其稳定性和兼容性都有保障，很少出现硬件不兼容的现象；而兼容机是在成百上千种的配件中选取其中的几个来组装完成，无法保证足够的兼容性。所以在兼容性和稳定性方面品牌机占优势。

（2）**产品搭配灵活性：**产品搭配灵活性也就是配件选择的自由程序，兼容机就具有品牌机不可比拟的优势。由于不少用户自行选择硬件或者由经销商帮助选择硬件，根据自己的喜好和要求来组装。而品牌机的生产数量往往都是数以万计，不可能因为个别用户的要求，专门为其变更配置生产一台计算机。因此在产品搭配灵活性方面兼容机占优势。

（3）**价格比较：**同配置的兼容机往往比品牌机便宜几百甚至数千元，主要是由于品牌机的价格包含了正版软件捆绑费用和厂家的售后服务费用。另外，购买兼容机时可以砍价，比购买品牌机要灵活得多。

（4）**售后服务：**部分消费者最关心的往往不是该产品的性能，而是该产品的售后服务。品牌机的服务质量有保障，一般厂商都提供 1 年以上的质保服务，并且有厂商的免费技术支持电话。而兼容机一般只提供配件质保期，且键盘、鼠标和光驱这类易损产品质保期一般只有 3 个月，也不提供上门服务。

实施步骤

（1）明确用途。在购买计算机前，必须首先明确购买计算机的用途、主要应用软件对系统的要求，以及电源续航时间要求等。

（2）设定预算。根据自己的经济能力，确定为购置计算机可以支出的费用额度。

（3）确定电脑类型。根据性能要求和预算以及个人喜好，确定购买笔记本电脑、台式机还是一体机。

（4）形成多套方案。登录京东（http://www.jd.com）、淘宝天猫（http://www.tmall.com）、苏宁（http://www.suning.com）等电商平台或本地电脑城、电脑商店，了解品牌、型号、服务、价格，形成多套采购方案。

（5）确定采购方案。在老师或有经验的朋友帮助下，确定最终采购方案，并完成采购。

评价反馈

1．选择题

（1）个人计算机的应用领域有（　　）。

A．炒股　　B．商务办公　　C．图形设计　　D．游戏娱乐

（2）常见的个人计算机类型有（　　）。

A．台式机　　B．笔记本电脑　　C．一体机　　D．平板电脑

2．思考题

（1）兼容机和品牌机相比各有什么优缺点？

（2）品牌机一般有哪些保修服务，如何报修？

任务 2.2　组装一台兼容机

学习目标

您完成本学习任务后，应当能够：

（1）熟悉计算机的各种硬件组成；

（2）掌握选购各种硬件设备的技巧；

（3）在教师的指导下，完成一套适合自己的装机方案。

任务描述

小海发现品牌机虽然性能稳定、服务周到，但是价格比较贵，性价比最好的还是兼容机。为了展示一下自己的专业性，小海决定先攒钱，再与各配件销售商斗智砍价，购买各种硬件，组装一台性价比较高的兼容机。

任务分析

要通过攒机的方式组装一台兼容机，就需要对各计算机硬件的功能和参数有一定的了解。根据预算和学习工作软件的性能需求，选购相应的硬件，然后进行整机组装，并对组装的兼容机进行反复测试，以确保良好的运行效果。当前信息产业为微机提供 CPU 的厂家主要有 Intel 和 AMD 等公司，不同的 CPU 对应于不同的主板，也就是说 Intel 主板不能安装 AMD 的 CPU。不同型号的内存对应的主板也不相同。

任务导学

2.2.1　主机

主机是安装在机箱内的计算机硬件的集合，主要由 CPU、主板、内存、显卡、硬盘、光盘驱动器、主机电源和机箱 8 部分组成，如图 2.2.1 所示。

（1）**CPU：**CPU 也称为中央处理器，是计算机的数据处理中心和执行单位，它具体负责计算机内数据的运算和处理，与主板一起控制协调其他设备的工作，如图 2.2.2 所示。

（2）主板：从外观上看，主板是一块矩形的电路板，其上布满了各种电子元器件、插座、插槽和各种外部接口，它能为计算机的所有部件提供插槽和接口，并通过其中的线路统一协调所有部件的工作，如图 2.2.3 所示。

（3）内存：内存是计算机的内部存储器，也叫主存储器，是计算机用来临时存放数据的地方，也是 CPU 处理数据的中转站，内存的容量和存取速度直接影响计算机处理数据的速度，如图 2.2.4 所示。

（4）显卡：显卡又称为显示适配器或图形加速卡，其功能主要是将计算机的数字信号转换成显示器能够识别的信号（模拟信号或数字信号），并将其处理和输出，如图 2.2.5 所示。

（5）硬盘：它是计算机中最大的存储设备，通常用于存放永久的数据和程序。常见的硬盘有机械硬盘和固态硬盘，分别如图 2.2.6 的左、右图所示。

图 2.2.1　主机

图 2.2.2　CPU

图 2.2.3　主板

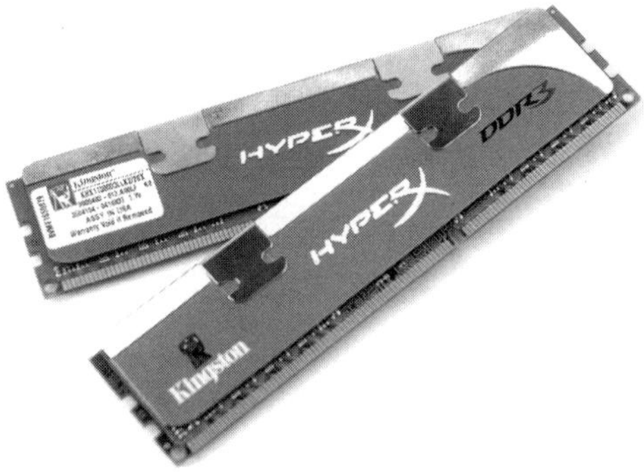

图 2.2.4　内存

图 2.2.5　显卡

图 2.2.6　硬盘

（6）光盘驱动器： 简称光驱，是一种读取光盘存储信息的设备，如图 2.2.7 所示。光盘驱动器中存储数据的介质为光盘，其特点是容量大、成本低和保存时间长。光驱又分为只读型和带刻录光盘功能型。

（7）主机电源： 也称为电源供应器，它为计算机的正常运行提供所需要的电力。电源能够通过不同的接口为主板、硬盘和光驱等计算机部件提供所需电力，如图 2.2.8 所示。

（8）机箱： 是安装和放置各种计算机部件的装置，它将主机部件整合在一起，并起到防尘和防止损坏的作用，如图 2.2.9 所示。

图 2.2.7 光驱

图 2.2.8 主机电源

2.2.2 显示器

显示器是计算机的主要输出设备，它的作用是将显卡输出的信号（模拟信号或数字信号）以肉眼可见的形式表现出来。目前常见的显示器是液晶显示器（LCD 显示器），如图 2.2.10 所示。

图 2.2.9 机箱

图 2.2.10 液晶显示器

2.2.3 鼠标和键盘

鼠标是计算机的主要输入设备之一，是随着图形操作界面而产生的，因为其外形与老鼠类似，所以被称为鼠标。图 2.2.11 所示为无线鼠标。

键盘是计算机的另一种主要输入设备，是人和计算机进行交流的主要工具，如图 2.2.12 所示。

图 2.2.11 无线鼠标

图 2.2.12 键盘

2.2.4 常用外部设备

1. 音箱

音箱可直接连接到计算机的音频输出接口，并将声卡传输的音频信号输出为人们可以听到的声音，如图 2.2.13 所示。

2．打印机

打印机作为计算机的一种输出设备，主要用于文字和图像的打印输出。常见的打印机有喷墨打印机和激光打印机，如图 2.2.14 所示为彩色喷墨打印机，图 2.2.15 所示为激光打印机。

图 2.2.13　音箱

图 2.2.14　彩色喷墨打印机

3．扫描仪

扫描仪作为计算机的一种输入设备，主要功能是将纸质文字和图像扫描成电子文件，文字扫描后也可以通过 OCR 软件进行识别变成可编辑的文字，如图 2.2.16 所示。

图 2.2.15　激光打印机

图 2.2.16　扫描仪

4．耳机

耳机作为计算机的一种输出设备，一般用于个人用户，如图 2.2.17 所示。

5．摄像头

摄像头作为一种常见的输入设备，它主要为计算机提供实时的视频图像，实现视频信息交流，如图 2.2.18 所示。

图 2.2.17　耳机

图 2.2.18　摄像头

6．移动存储设备

移动存储设备包括优盘（又称 U 盘）和移动硬盘，这类设备即插即用，容量也能满足人们的不同需求，现在已成为电脑必不可少的附属配件。优盘和移动硬盘的存储空间和传输速度对价格的影响较大，优盘如图 2.2.19 所示，移动硬盘如图 2.2.20 所示。

图 2.2.19　优盘

图 2.2.20　移动硬盘

实施步骤

1. 确定需求

攒机以前必须先想清楚使用计算机的目的，有哪些具体的功能要求。在此时，配件的哪些功能是必须满足的，哪些功能是基本满足即可的，一定要有针对性。只有这样才能从众多厂商铺天盖地的广告中脱离出来，避免被其误导。

2. 确定预算

在明确了具体的功能需求后，便需要考虑整台计算机的购买预算了，具体价位因个人的经济承受能力不同必然会有所变化。但无论怎样，用户心中都要对各种配件有一个明确的价格底线，这样才能保证在装机过程中不被商家所左右。

3. 确定攒机方案

通过网络、实体店了解各配件的性能、质保、价格等，形成若干套攒机方案，填写表 2.2.1。在老师或有经验的朋友帮助下，确定最合适的一套方案。

表 2.2.1　攒机配件明细

配　件	品牌型号	价　格	备　注
CPU			
主板			
内存			
硬盘			
显示器			
显卡			
声卡			
网卡			
光驱			
键鼠			
机箱			
耳机			
音箱			

4. 购买配件组装计算机

按照最后确定的攒机配件明细购置配件。在整个装机过程中，应该全程跟踪验货，并在各配件测试都没有问题，以及开票、填写具体配置的保修卡等后，才能付款。最后准备好螺丝刀等工具，对已选购的计算机配件进行组装、检查，以确保正确安装和接线。

评价反馈

1. 选择题

（1）优盘的主要指标有（　　）。

A. 容量　　B. 接口　　C. 颜色　　D. 重量

（2）影响计算机运行速度的主要指标有（　　）。

A. CPU 频率　　B. 内存大小　　C. 硬盘容量　　D. 机箱大小

2. 思考题

（1）32 GB 的优盘实际的存储容量是多少？为什么？

（2）如何在组装或维修计算机时避免静电？

任务 2.3　安装计算机操作系统

扫一扫看操作系统概述微视频

学习目标

您完成本学习任务后，应当能够：

（1）了解计算机操作系统；

（2）熟悉 Windows 7 计算机操作系统的硬件要求；

（3）学会安装 Windows 7 操作系统。

任务描述

小海终于完成了计算机的组装，看着崭新漂亮的计算机，准备开始好好玩一下自己装配的计算机，可这样的计算机仅仅是一台裸机，根本无法使用，原来需要安装计算机操作系统，才可以使用它。

任务分析

操作系统（Operating System，OS），是管理计算机硬件与软件资源的计算机程序，同时也是计算机系统的内核与基石。用户只有通过操作系统才可以控制与使用计算机硬件和软件资源。常见的国外计算机操作系统有 Windows、Mac OS X、UNIX、Linux 等操作系统，手机操作系统有 Android、iOS 等。我国自主开发的计算机操作系统近年来已取得很大的成绩，主要有华为鸿蒙（HMOS）、深度（Deepin）、中标麒麟（Neokylin）、优麒麟（Ubuntukylin）、威科乐恩（WiOS）、恩普等；手机操作系统有华为 EMUI、小米 MIUI、魅族 Flyme 等。

不同的应用软件需要相应的操作系统来支撑，目前应用最广泛的操作系统是 Microsoft（简写为 MS，中文名为微软）公司的 Windows，它可以支持海量的应用软件，本书将主要以 Windows 7 为主来进行介绍。

任务导学

扫一扫看 Windows 7 概述微视频

2.3.1　Windows 7 的版本

Windows 7 目前在零售市场上主要有 6 个版本，分别为 Windows 7 Starter（简易版）、Windows 7 HomeBasic（家庭普通版）、Windows 7 HomePremium（家庭高级版）、Windows 7 Professional（专业版）、Windows 7 Enterprise（企业版）和 Windows 7 Ultimate（旗舰版）。

1. Windows 7 Starter

Windows 7 简易版也称为初级版，其简单易用，保留了熟悉的 Windows 系统的特点和兼容性，并吸收了在可靠性和响应速度方面的最新技术，可以加入家庭组（HomeGroup），任务栏有很大的变化，也有 JumpLists 菜单，但没有 Aero，缺少玻璃特效等功能。

2. Windows 7 HomeBasic

Windows 7 家庭普通版也称家庭基础版，可以更快、更方便地访问使用最频繁的程序和文档，其主要新特性有无限应用程序、增强视觉体验（仍无 Aero）、高级网络支持（ad\hoc 无线网络和互联网连接支持 ICS）、移动中心（MobilityCenter）。其缺少的功能有玻璃特效功能、实时缩略图预览、因特网连接共享，不支持应用主题，该版本仅用在新兴市场。

3. Windows 7 HomePremium

Windows 7 家庭高级版是家庭普通版的加强版本，使用它可以轻松地欣赏和共享用户喜爱的电视界面、照片、视频和音乐等，有 AeroGlass 高级界面、高级窗口导航、改进的多媒体格式支持、媒体中心和媒体流增加（包括 Play To）技术、多点触摸、更好的手写识别等，而且包含有玻璃功能、触控功能、多媒体功能，而且可以组建家庭网络组，该版本的操作系统在全球范围内投放使用。

4. Windows 7 Professional

Windows 7 专业版具备各种商务功能，并拥有家庭高级版卓越的媒体和娱乐功能，替代了 Vista 系统下的商业版，具有加强的网络功能，比如域加入、高级备份功能、位置感知打印、脱机文件夹、移动中心（Mobility Center）和演示模式（Professional Mode）等功能，该版本在全球范围内投放使用。

5. Windows 7 Enterprise

Windows 7 企业版提供一系列企业级增加功能，如 BitLocker、内置和外置驱动器数据保护、APPLocker、锁定非授权软件运行、DirectAccess、无缝连接基于 WindowsServer 2008 R2 的企业网络、BranchCache 和 WindowsServer 2008 R2 网络缓存等，而且包含 Virtualization Enhancements（增强虚拟化）、Management（管理）、Compatibility and Deployment（兼容性和部署）和 VHD 引导支持等功能。

6. Windows 7 Ultimate

Windows 7 旗舰版是各个版本中最为灵活和强大的一个版本，其消耗的硬件资源也是最大的，可以在 35 种语言中任意进行选择，也可以使用 BitLocker 对数据进行加密等，该版本的操作系统在全球范围内投放。

2.3.2 Windows 7 的硬件要求

Windows 7 的功能很强大，同时它对硬件的配置要求也要大于其他操作系统。如果用户准备在计算机中安装并正常使用 Windows 7 操作系统，那么应先检查计算机的硬件配置是否满足安装 Windows 7 的最低配置要求。

1. CPU 配置要求

目前市场上所有中端以上的 CPU 一般都能满足 Windows 7 的基本要求，但要想让其更好地发挥优势，CPU 的主频应该达到 1 GHz。另外 Windows 7 操作系统有 32 位和 64 位两种版本，如果安装 64 位的版本，而需要使用支持 64 位运算的 CPU。

2. 显卡配置要求

Windows 7 拥有全新的、华丽的图形界面和外观，因此对显卡的配置要求稍微高些，要保证显卡支持 DirectX9，显存最好大于 128 MB。

3. 内存配置要求

Windows 7 系统要求计算机至少需要配置 512 MB 的内存，来支持系统运行以及普通软件的运行需求。为有效地使用 Windows 7 的先进功能，系统内存最好是 1 GB DDR2 以上（64 位系统需要 2 GB 及以上），如果平时安装应用软件很多并对硬件要求较高，最好新计算机还要留有再加装内存的空间。

4. 硬盘配置要求

安装 32 位的 Windows 7 操作系统的硬盘最低要求为 16 GB 以上的空间；如果准备安装 64 位的 Windows 7 操作系统，最低需要 20 GB 以上的可用空间。

实施步骤

1. 获取系统盘

可以从微软公司购置正版操作系统光盘，也可以从微软官方网站直接下载系统光盘的镜像文件，然后刻录为安装光盘；也可以刻录到优盘，做成系统优盘。

2. 运行安装程序

（1）连接好主机电源，按下“启动”按钮，首先进入 BIOS 程序，将启动顺序设置为“从光盘启动”，关机后将系统安装盘插入光驱，再重新启动计算机后，当屏幕显示“Press any key to boot from CD or DVD…”信息时，按下键盘上的 Enter 键，如图 2.3.1 所示。

图 2.3.1　从光盘启动

（2）进入“Windows is loading files…”界面，显示加载安装程序的进度，如图 2.3.2 所示。

图 2.3.2　加载安装程序进度

（3）文件加载完成后，弹出“安装 Windows”对话框，这时已启动安装程序，如图 2.3.3 所示。

3．复制系统安装文件

启动安装程序后，用户可以开始安装 Windows 7 系统，即进入复制系统安装文件的环节，步骤如下。

（1）在“安装 Windows”对话框中，①设置安装语言信息；②设置时间和货币格式信息；③设置键盘和输入方法信息；④用鼠标左键单击（简称单击）“下一步”按钮，如图 2.3.4 所示。

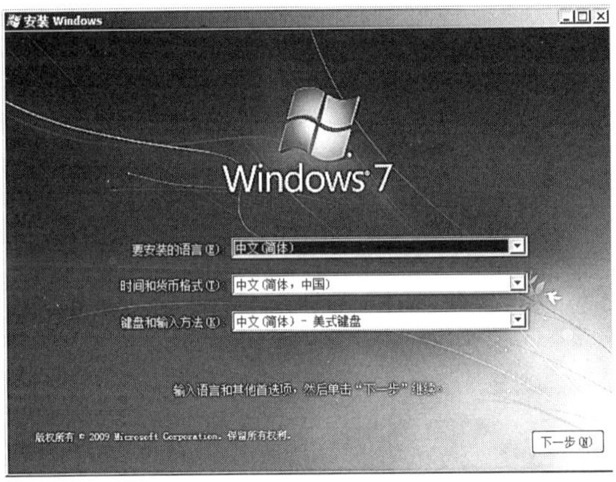

图 2.3.3　“安装 Windows”对话框

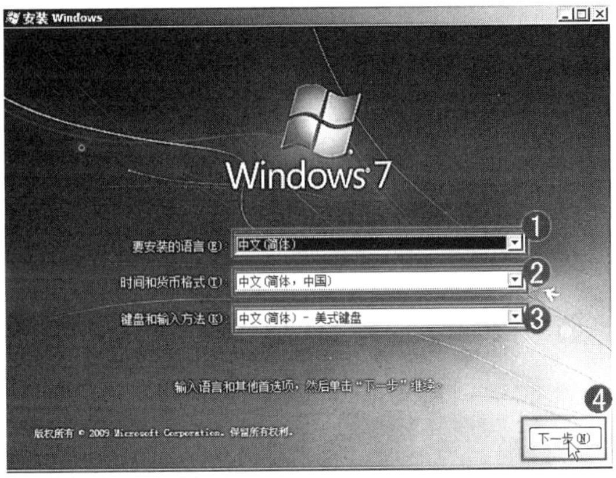

图 2.3.4　设置信息

（2）进入 Windows 7 安装界面，单击“现在安装”按钮，如图 2.3.5 所示。

（3）进入下一个界面，在界面中显示“安装程序正在启动…”信息，如图 2.3.6 所示。

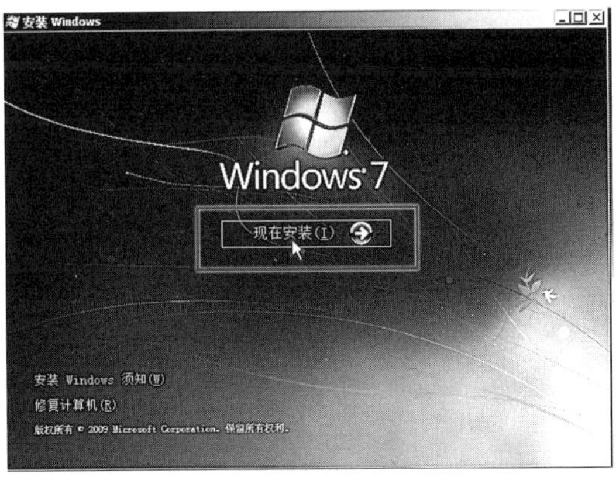

图 2.3.5　安装界面

图 2.3.6　安装程序正在启动

（4）进入“选择要安装的操作系统”界面，①选择准备安装的操作系统版本，如选择“Windows 7 64 位 旗舰版”选项；②单击“下一步”按钮，如图 2.3.7 所示。

（5）进入“请阅读许可条款”界面，仔细阅读许可条款，①选择“我接受许可条款”复选项；②单击“下一步”按钮，如图 2.3.8 所示。

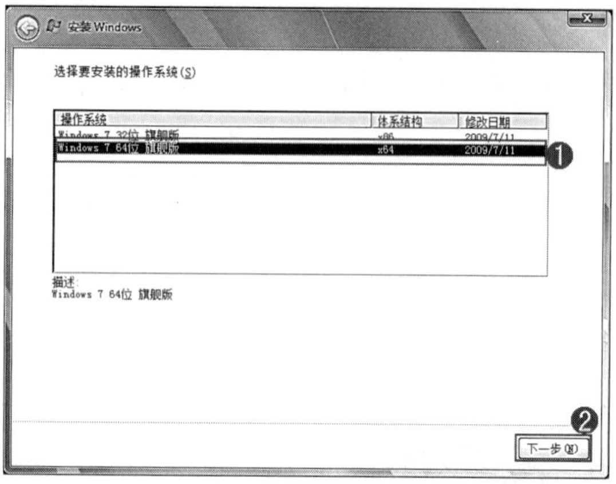

图 2.3.7　选择要安装的操作系统

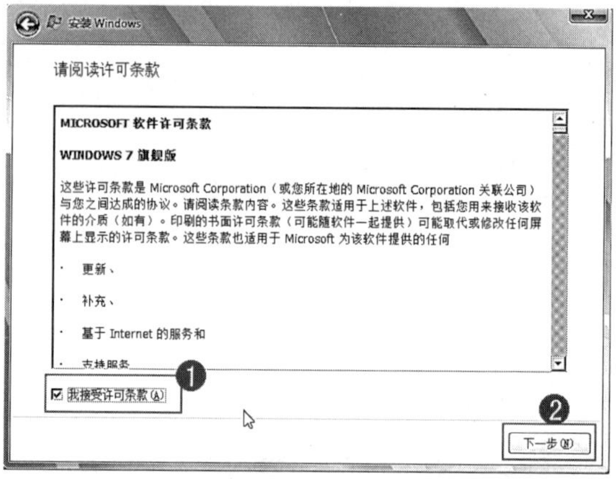

图 2.3.8　请阅读许可条款

（6）进入“您想进行何种类型的安装”界面，选择“自定义（高级）”选项，如图 2.3.9 所示。

（7）进入“您想将 Windows 安装在何处”界面，①选择准备安装的磁盘分区；②单击“下一步”按钮，如图 2.3.10 所示。

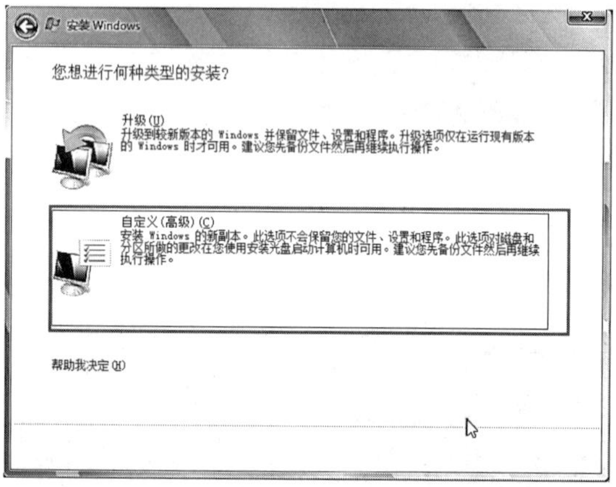

图 2.3.9　选择安装类型

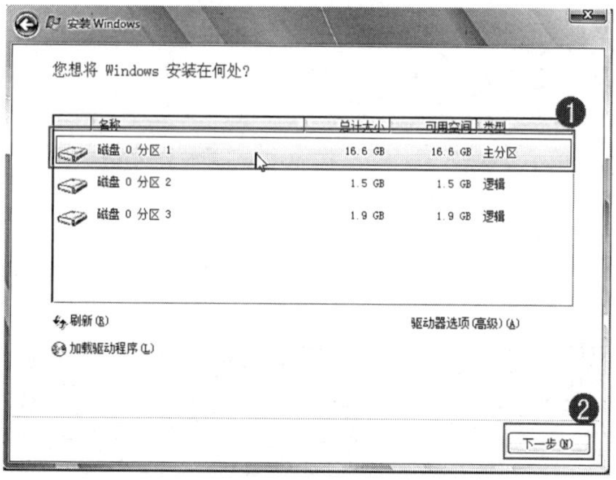

图 2.3.10　选择安装位置

（8）进入“正在安装 Windows”界面，在安装过程中依次完成复制 Windows 文件、展开 Windows 文件、安装功能和安装更新 4 个任务，并显示其安装状态信息，如图 2.3.11 所示。

（9）进入“Windows 需要重新启动才能继续”界面，提示“1 秒内重新启动”信息，如图 2.3.12 所示。

（10）重新启动计算机后，在屏幕上首先会显示“正在启动 Windows”信息，然后进入启动服务界面，屏幕上提示“安装程序正在启动服务”信息，如图 2.3.13 所示。

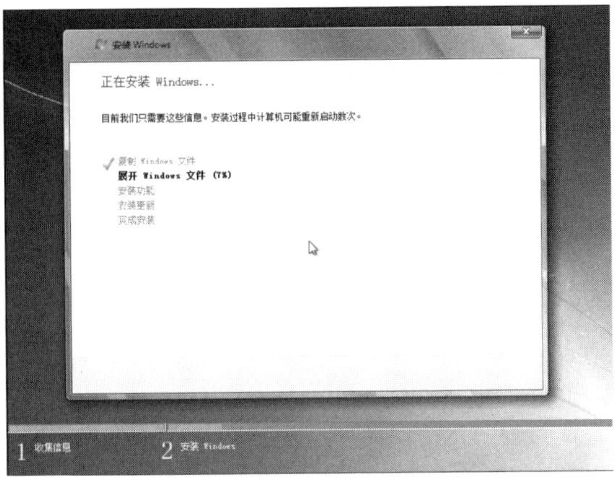

图 2.3.11　正在安装 Windows

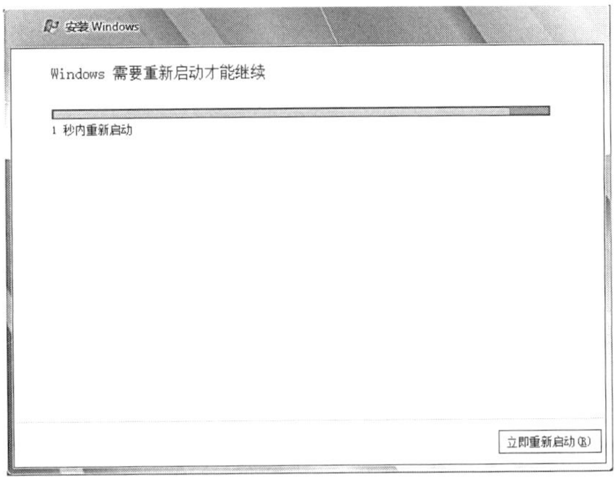

图 2.3.12　重新启动提示

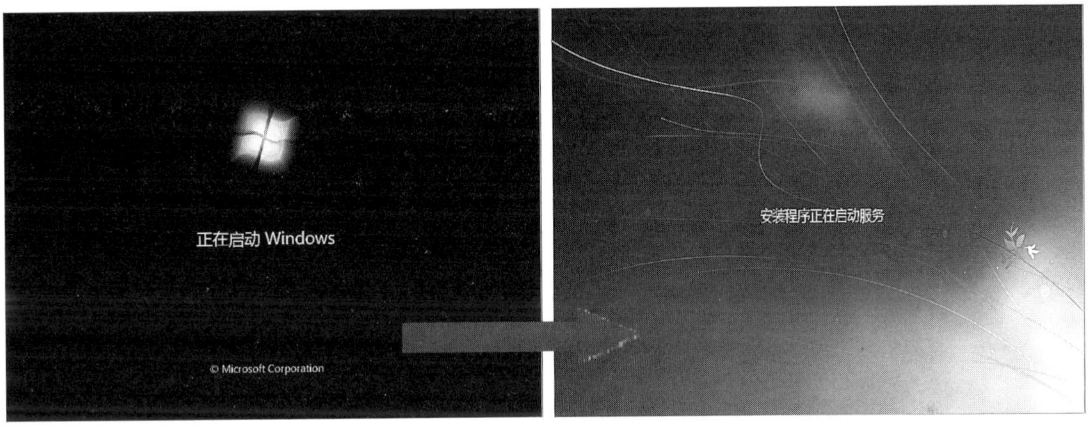

图 2.3.13　正在启动 Windows

（11）返回“安装 Windows”对话框，显示“完成安装”信息，如图 2.3.14 所示。

（12）安装完成后要再次重新启动计算机，屏幕上会显示“安装程序正在为首次使用计算机做准备”信息，重新启动计算机后即可完成复制系统安装文件，如图 2.3.15 所示。

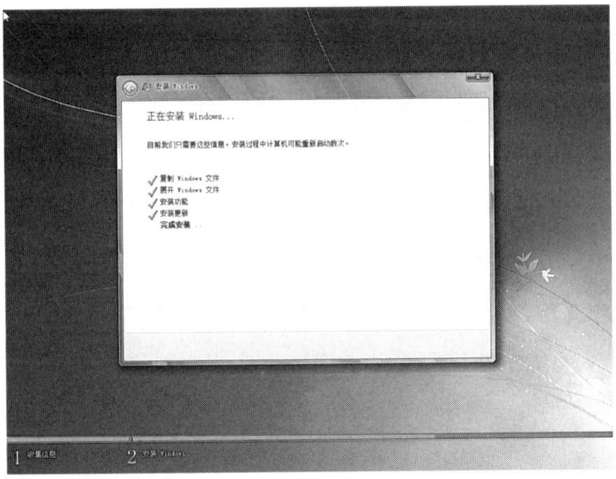

图 2.3.14　完成安装

图 2.3.15　正在为首次使用计算机做准备

4. 首次启动计算机并配置系统

安装 Windows 7 操作系统的最后阶段，需要对操作系统的信息进行设置，其中包括设置用户名、密码、计算机名和系统时间等，步骤如下。

（1）完成复制系统安装文件后，重新启动计算机便会弹出“设置 Windows”对话框，①在“键入用户名”文本框中输入使用者的名称；②在“键入计算机名称”文本框中输入计算机名称；③单击“下一步”按钮，如图 2.3.16 所示。

（2）进入“为账户设置密码”界面，①在“键入密码”文本框中输入密码；②在“再次键入密码”文本框中再次输入密码；③在“键入密码提示”文本框中输入密码提示信息；④单击“下一步”按钮，如图 2.3.17 所示。

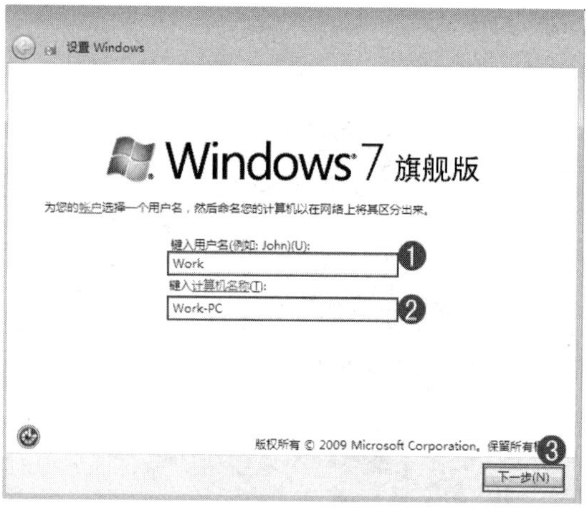

图 2.3.16 设置 Windows

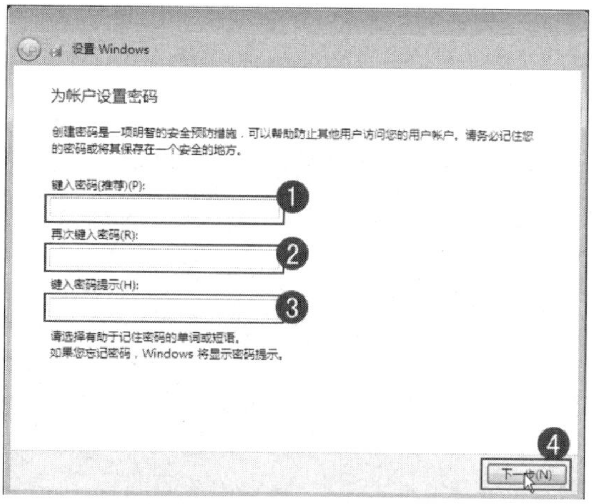

图 2.3.17 设置密码

（3）进入“键入您的 Windows 产品密钥”界面，①在“产品密钥”文本框中输入已购买的（或免费提供限期使用的）密钥；②选择“当我联机时自动激活 Windows”复选项；③单击“下一步”按钮，如图 2.3.18 所示。

（4）进入“帮助您自动保护计算机以及提高 Windows 的性能”界面，选择“使用推荐设置”项，如图 2.3.19 所示。

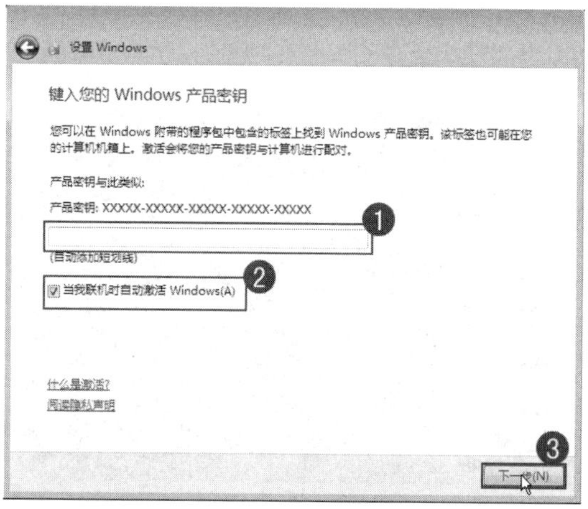

图 2.3.18 键入产品密钥

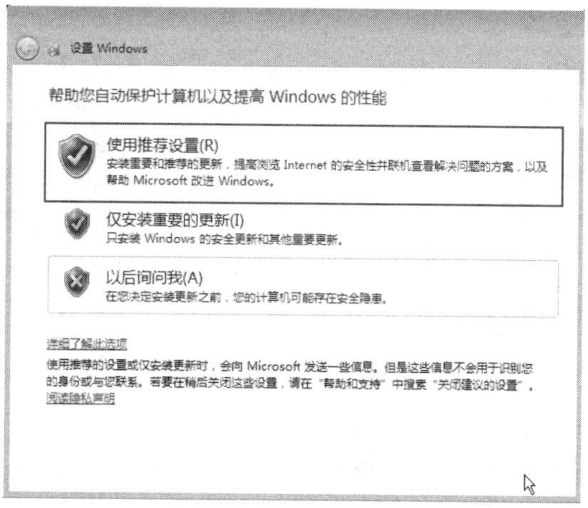

图 2.3.19 帮助您自动保护计算机以及提高 Windows 的性能

（5）进入“查看时间和日期设置”界面，①在“时区”下拉列表中选择用户所在时区；②在“日期”区域中选择当前日期；③在“时间”区域中设置当前时间；④单击“下一步”按钮，如图 2.3.20 所示。

（6）进入“请选择计算机当前的位置”界面，选择准备使用的网络，如选择“工作网络”项，如图 2.3.21 所示。

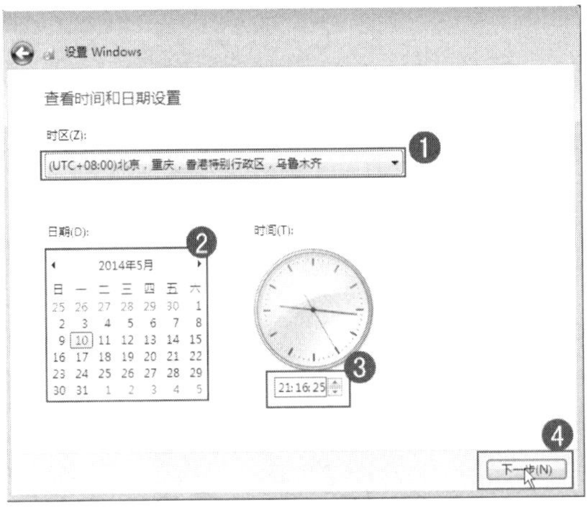

图 2.3.20　时间和日期设置

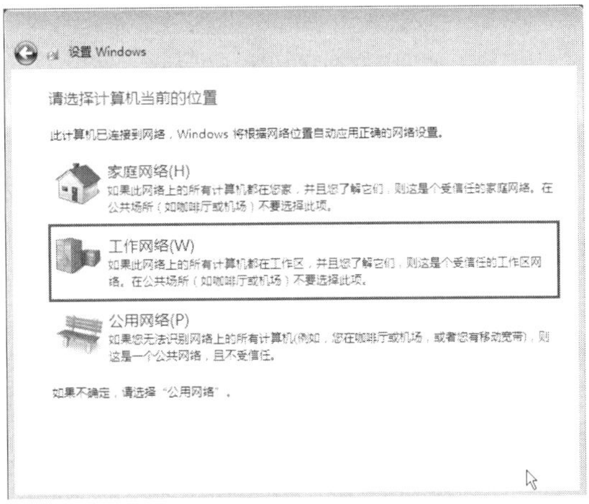

图 2.3.21　网络设置

（7）进入“Windows 7 旗舰版”界面，显示“Windows 正在完成您的设置”进度，如图 2.3.22 所示。

（8）进入欢迎界面，显示“欢迎”信息，准备进入下一个界面，如图 2.3.23 所示。

图 2.3.22　Windows 正在完成设置

图 2.3.23　欢迎界面

（9）进入“正在准备桌面”界面，显示准备桌面进度，准备首次登录 Windows 7 操作系统，如图 2.3.24 所示。

（10）Windows 全部安装设置完成后，便进入操作系统桌面，这样就完成安装 Windows 7 操作系统的操作，如图 2.3.25 所示。

图 2.3.24　正在准备桌面

图 2.3.25　Windows 7 桌面

拓展训练

序号	难度	项　目	要　求
1	**	用优盘安装系统	使用系统优盘启动安装 Windows 7 系统
2	***	制作系统优盘	下载系统优盘的镜像文件，制作一个系统优盘

评价反馈

1．选择题

（1）Windows 7 操作系统要求计算机至少需要配置（　　）内存，来支持系统运行以及普通的软件运行需求。

A．512 MB　　B．1 GB　　C．2 GB　　D．10 GB

（2）安装 Windows 7 操作系统，硬盘要求有（　　）以上的空间。

A．512 MB　　B．1 GB　　C．16 GB　　D．8 GB

2．判断题

（1）Windows 7 的“网络和共享中心”可以取得实时网络状态和自定义活动的链接，还可以使用交互式诊断功能识别并修复网络问题。（　　）

（2）Windows 7 家庭普通版也称家庭基础版，可以更快、更方便地访问使用最频繁的程序和文档，其主要新特性有无限应用程序、玻璃特效功能、实时缩略图预览、因特网连接共享，不支持应用主题，该版本仅用在新兴市场。（　　）

3．思考题

在安装完操作系统后，可能会发现屏幕分辨率不能调到最佳、播放影音时没有声音或者无法连接到网络等问题，如何解决？

任务 2.4　对硬盘分区

学习目标

您完成本学习任务后，应当能够：

（1）熟悉硬盘分区原理；

（2）能根据计算机的使用场合制定相对应的分区方案；

（3）在教师的指导下，实施硬盘分区操作。

任务描述

小海终于为计算机安装了 Windows 7 操作系统，正准备开始好好玩一下自己装配的计算机，可是师傅告诉他最好对硬盘进行一下规划和分区，对硬盘创建多个独立的分区，以提高硬盘利用率并实现数据的有效管理。

任务分析

对于计算机而言，硬盘类似于一个大仓库，仓库中要堆放大量的各类文件。为便于分类和管理各类文件，就需要将大仓库分割为多个小仓库，对文件进行分类存储，这个分割过程就是对硬盘的分区。

对硬盘的分区方案没有统一规定，系统盘一般不低于 50 GB，其他盘根据需要分配，表 2.4.1 中的分配方案仅供参考。

表 2.4.1　家庭型 500 GB 硬盘分区方案

盘符	容量	分区格式	存 储 内 容
C:盘	60 GB	NTFS	Windows 7
D:盘	110 GB	NTFS	应用程序及软件安装
E:盘	110 GB	NTFS	学习资料
F:盘	110 GB	NTFS	影音娱乐
G:盘	110 GB	NTFS	备份资料

任务导学

2.4.1 硬盘分区

硬盘分区是指将硬盘的整体存储空间划分成相互独立的多个区域（即 C:盘、D:盘、E:盘、F:盘等），这些区域可以用来安装不同的操作系统、应用程序和存储文件等。硬盘分区有主分区、扩展分区和逻辑分区三种类型。

1．主分区

主分区指包含操作系统启动时所需的文件和数据的硬盘分区，它是硬盘上的最重要的分区，在一般情况下系统默认 C:盘为主分区。启动操作系统的文件都放在主分区中，所以要在硬盘上安装操作系统，必须要建立一个主分区，一块硬盘上最多能创建 4 个主分区，但为避免发生启动冲突，通常只建立一个主分区。

2．扩展分区

扩展分区指由主分区以外的空间创建的分区。扩展分区并不能直接进行使用，必须再创建能被操作系统直接识别的逻辑分区。

3．逻辑分区

在硬盘的扩展分区中，可创建多个逻辑分区，用于存放数据等。

2.4.2 分区格式

常见的硬盘分区格式包括 FAT16、FAT32、NTFS、EXFAT 格式等。

1．FAT16

FAT16 为 MS DOS 和早期的 Windows 95 操作系统中常用的分区格式，采用 16 位的空间来表示每个扇区配置文件的情形和 2 GB 的分区容量，该格式可以支持多种操作系统，几乎所有的操作系统都支持这一种格式。但该分区格式的磁盘利用率比较低，已经不建议使用该分区格式。

2．FAT32

FAT32 突破了 FAT16 对每个分区容量只有 2 GB 的限制，用户可以将一个大硬盘定义成一个分区，而不必分为几个分区使用，对磁盘的管理能力有很大提高。在超过 8 GB 的分区中，FAT32 分区格式的每个簇容量固定为 4 KB，可以较大程度地减少硬盘空间的浪费，提高利用效率。由于其文件分配表较大，运行速度会比 FAT16 慢。

3．NTFS

NTFS 是目前最常用的磁盘分区格式，在 Windows 7 中只能使用 NTFS 格式作为系统分区格式。NTFS 分区格式具有较高的安全性和稳定性，对使用者的权限进行严格控制，可以保护系统和数据的安全。

4．EXFAT

EXFAT（Extended File Allocation Table File System），即为扩展文件分配表，具有增强台式电脑与移动设备的互操作能力、簇大小高达 32 MB 和支持访问控制等特点。

2.4.3　分区步骤

不管准备建立多少个硬盘分区，建立硬盘分区的顺序是相同的，即建立主分区→建立扩展分区→建立逻辑分区→激活主分区→格式化所有分区。

如果在此之前硬盘已经建立了分区，在新建分区前，可以先删除硬盘中的原有分区后再创建新的分区。在建立分区时应遵循实用性、合理性和安全性原则，提高硬盘的使用效率和寿命，方便管理数据。

实施步骤

（1）单击桌面左下角的“开始”按钮，在打开的菜单中用鼠标右键单击（简称右击）“计算机”命令，如图 2.4.1 所示。

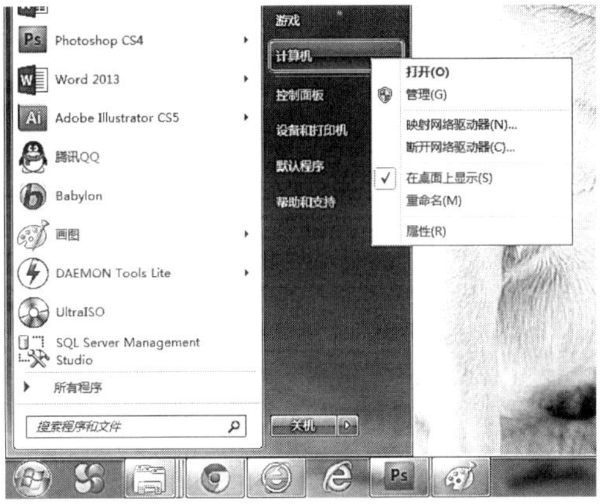

图 2.4.1　“开始”按钮菜单

（2）在弹出的快捷菜单中选择“管理”子命令，此时会打开“计算机管理”窗口，如图 2.4.2 所示。

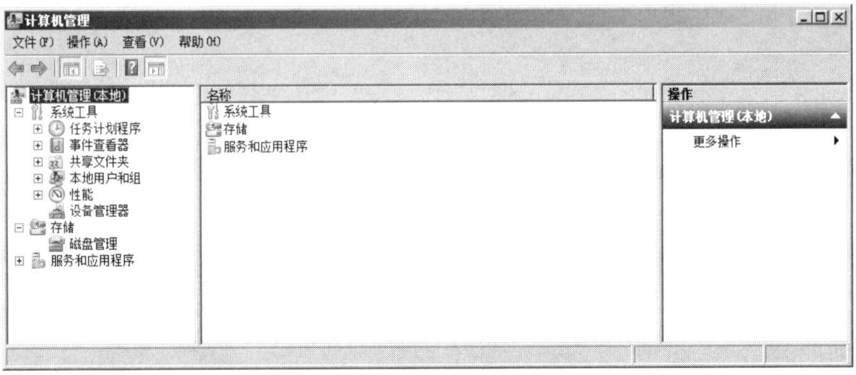

图 2.4.2　“计算机管理”窗口

（3）单击“存储”下的“磁盘管理”图标按钮，界面如图 2.4.3 所示。

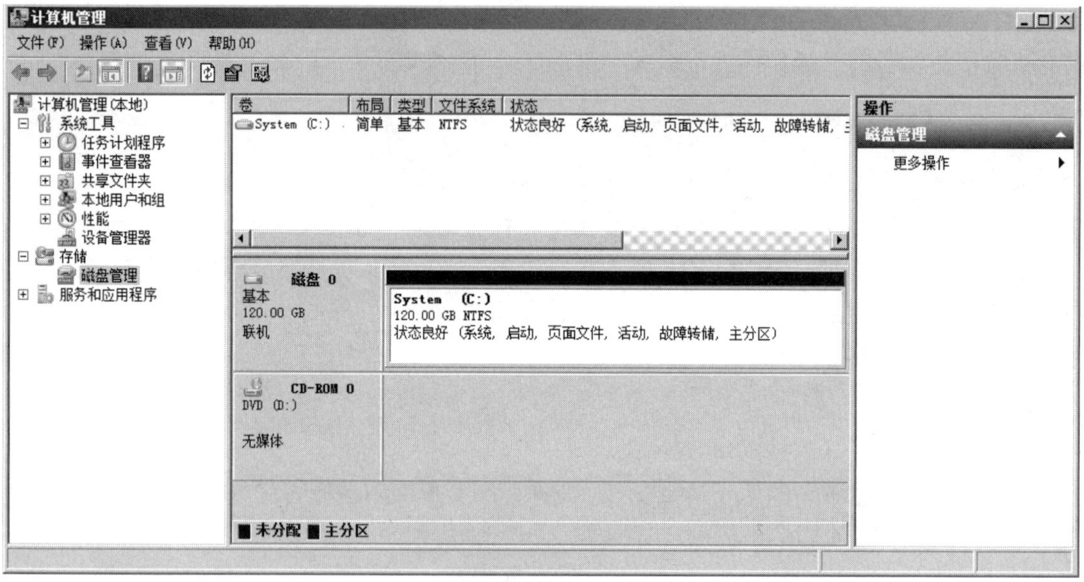

图 2.4.3 “磁盘管理”界面

（4）用鼠标右键单击选择要压缩的磁盘（C:盘），在快捷菜单中选择“压缩卷”命令项，如图 2.4.4 所示。

（5）待计算机计算完毕后，会弹出“压缩 C:”对话框，如图 2.4.5 所示。

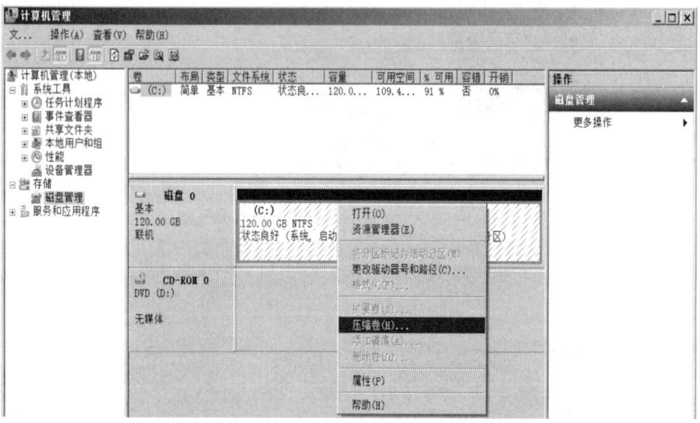

图 2.4.4 选择“压缩卷”命令项

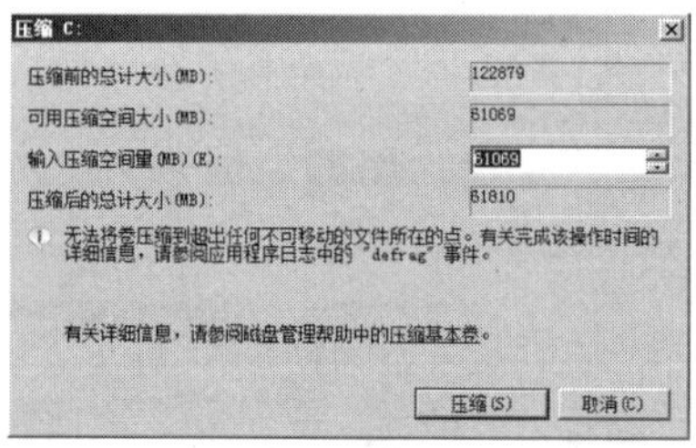

图 2.4.5 “压缩 C:”对话框

（6）在“输入压缩空间量”文本框中填写要压缩出的空间量（MB）。如果要压缩出 50 GB，换算单位即输入“60 000”，如图 2.4.6 所示。

（7）单击“压缩”按钮，压缩后会发现多出一块绿色分区，为未分区磁盘，如图 2.4.7 所示。

（8）在此绿色区域，用鼠标右键单击，选择快捷菜单中的“新建简单卷”命令，如图 2.4.8 所示。

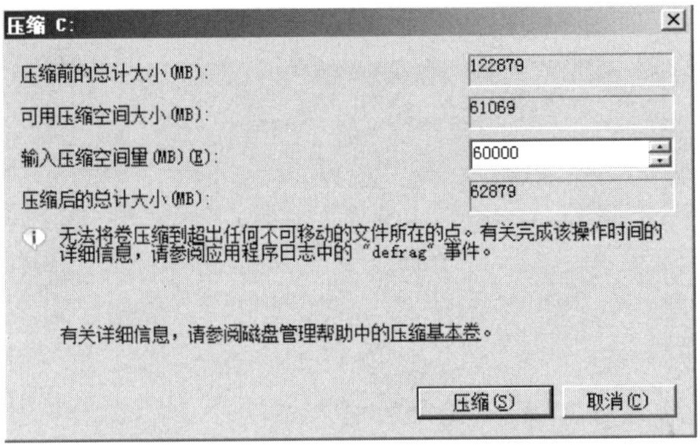

图 2.4.6　输入要压缩出的空间量

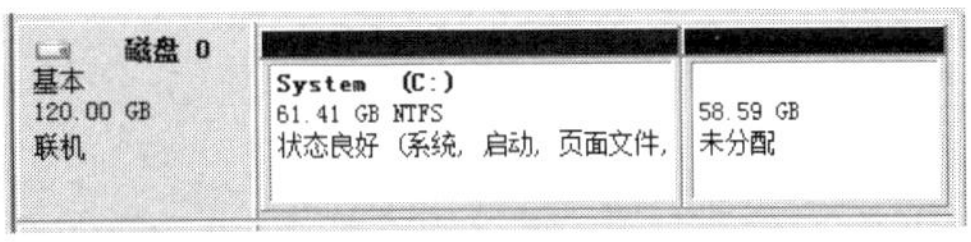

图 2.4.7　出现未分区磁盘

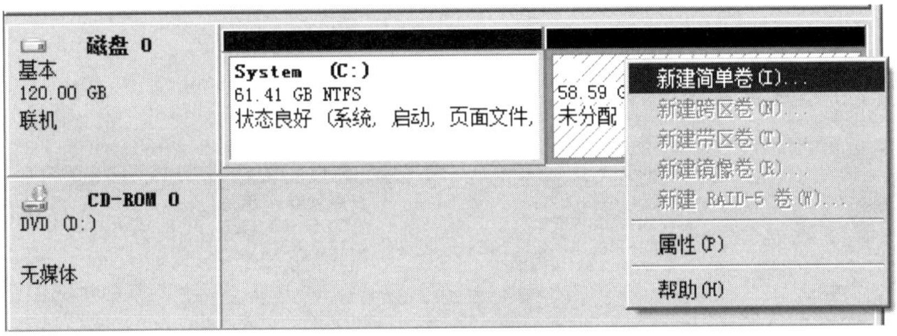

图 2.4.8　选择“新建简单卷”命令项

（9）打开“新建简单卷向导”后，单击“下一步”按钮，如图 2.4.9 所示。

（10）在“简单卷大小”文本框中填写要新建磁盘的大小，单击“下一步”按钮，如图 2.4.10 所示。

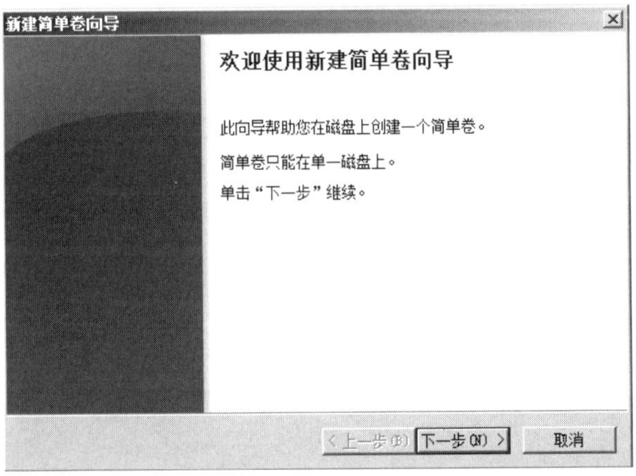

图 2.4.9　新建简单卷向导

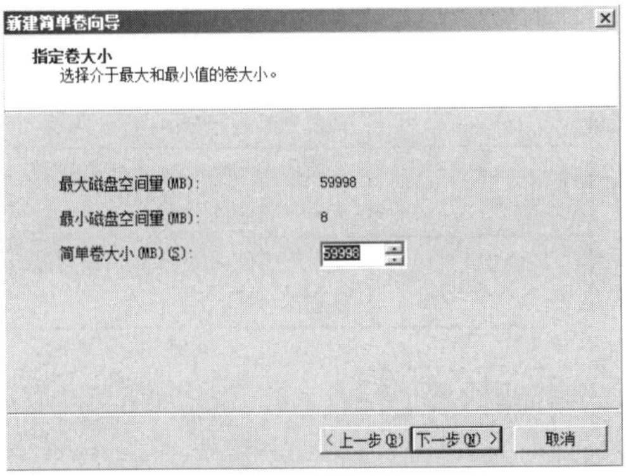

图 2.4.10　填写要新建磁盘的大小

（11）选择磁盘驱动器，也就是给这个分区起个名字，这里选用“E”，然后单击“下一步”按钮，如图 2.4.11 所示。

（12）选择“文件系统”的格式，选择“执行快速格式化”复选项，单击“下一步”按钮，如图 2.4.12 所示。

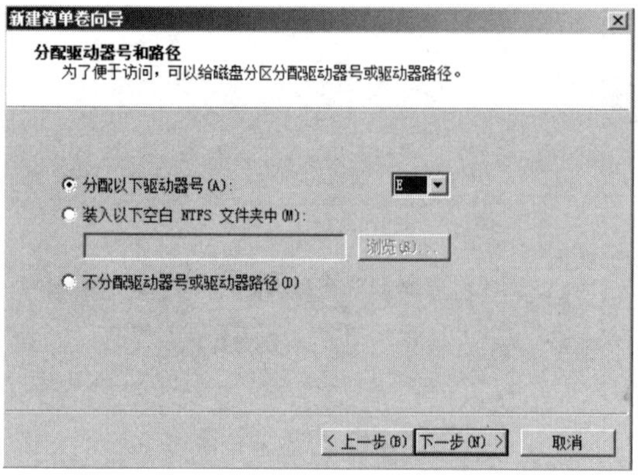

图 2.4.11　选择磁盘驱动器

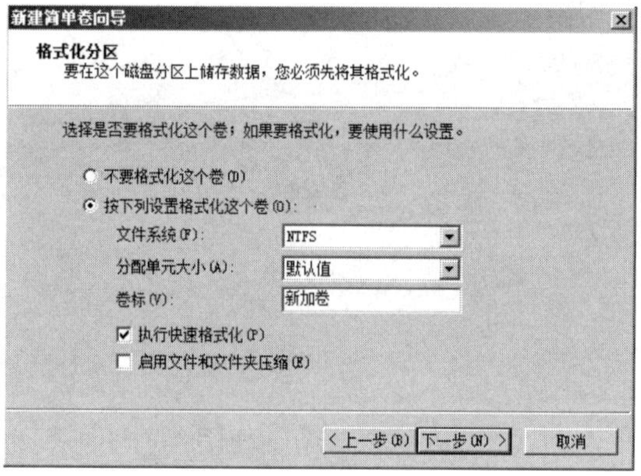

图 2.4.12　选择“文件系统”的格式

（13）完成新建磁盘分区操作的界面，如图 2.4.13 所示。

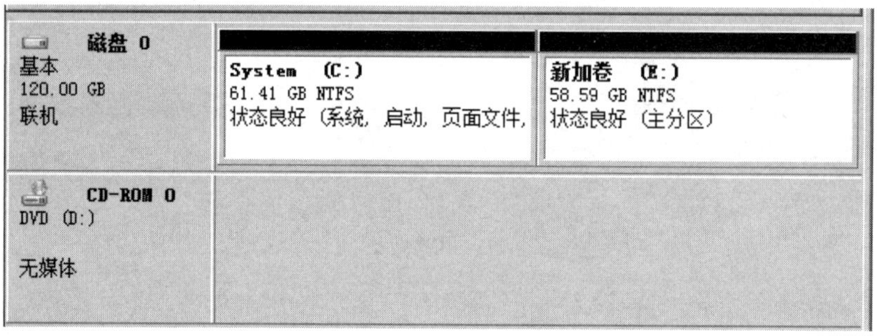

图 2.4.13　新建磁盘分区

拓展训练

序号	难度	项　目	要　求
1	*	使用 Windows 7 自带的磁盘管理工具进行分区	使用 Windows 7 自带的磁盘管理工具，将现有的其中一个硬盘分区分成两个可用的硬盘分区
2	**	使用 Windows 7 自带的磁盘管理工具删除分区	使用 Windows 7 自带的磁盘管理工具，对刚创建的逻辑分区进行删除
3	***	下载并安装第三方软件对硬盘进行分区	下载并安装一个流行的硬盘分区软件（如硬盘分区魔术师），重复前两项训练的操作

评价反馈

1. 选择题

（1）一块硬盘上最多能创建（　　）主分区。

A. 1 个　　B. 2 个　　C. 3 个　　D. 4 个

（2）在 Windows 7 中只能使用（　　）格式作为系统分区格式。

A. FAT16　　B. FAT32　　C. NTFS　　D. EXFAT

2. 判断题

（1）硬盘分区有主分区、扩展分区及逻辑分区三种类型。 （ ）

（2）扩展分区不能直接使用，必须再创建能被操作系统直接识别的逻辑分区。 （ ）

3. 思考题

（1）为什么要对硬盘分区？为什么要格式化后硬盘才可以使用？

（2）什么是簇？不同的簇大小，对计算机系统有哪些影响？

任务 2.5 计算机联网

学习目标

扫一扫看计算机网络基本概念微视频

您完成本学习任务后，应当能够：

（1）理解 IP 地址；

（2）熟悉计算机网络的分类；

（3）熟悉计算机接入网络的业务流程。

任务描述

小海毕业后成为某公司常驻海口市办事处的员工，单位提供住宿，但没有提供网络接入，需要小海自行联系网络接入商，并完成网络接入。

分析任务

计算机要接入互联网，首先要选择互联网服务提供商（Internet Service Provider，ISP），目前我国主要的 ISP 有中国电信、中国移动、中国联通和中国有线电视。

小海经过市场调研发现，联网有很多种方式：例如，通过 ISP 的公共 Wi-Fi 接入；手机通过 4G 或 5G 网络接入，计算机再通过手机热点接入；通过 ISP 的宽带接入。考虑到 4G 网络和 Wi-Fi 的接入速度慢，5G 网络的接入费用较高，经过对网速、价格和服务进行比较，决定选用中国电信，并按照图 2.5.1 所示步骤进行网络接入。

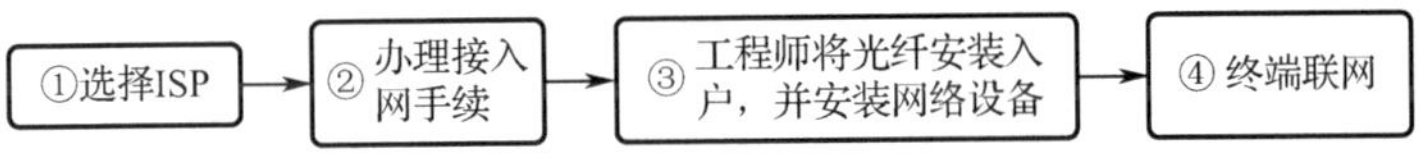

图 2.5.1 计算机联网步骤

任务导学

因特网（Internet）起源于 20 世纪 60 年代，美国军方为寻求将其所属各军方计算机进行网络互联的方法，由国防部下属的高级计划研究署（Advanced Research Project Agent，ARPA）出资赞助大学的研究人员开展网络互联技术的研究。研究人员最初在四所大学之间组建一个实验性的网络，叫 ARPANet，该网络于 1969 年投入使用后，其规模增长很快。在 1983 年初，美国军方将其所有军事基地的各子网络都连接到 ARPANet 上，并全部采用 TCP/IP 连接，这标志着因特网的正式诞生。

2.5.1　计算机网络的基本组成

扫一扫看互联网基础微视频

计算机网络是一个复杂的系统，一般网络系统的组成可分为三部分：硬件系统、软件系统和网络信息。

1．硬件系统

计算机网络硬件系统是计算机网络的基础，硬件系统由服务器、客户机、传输介质、连接设备组成，如图 2.5.2 所示。

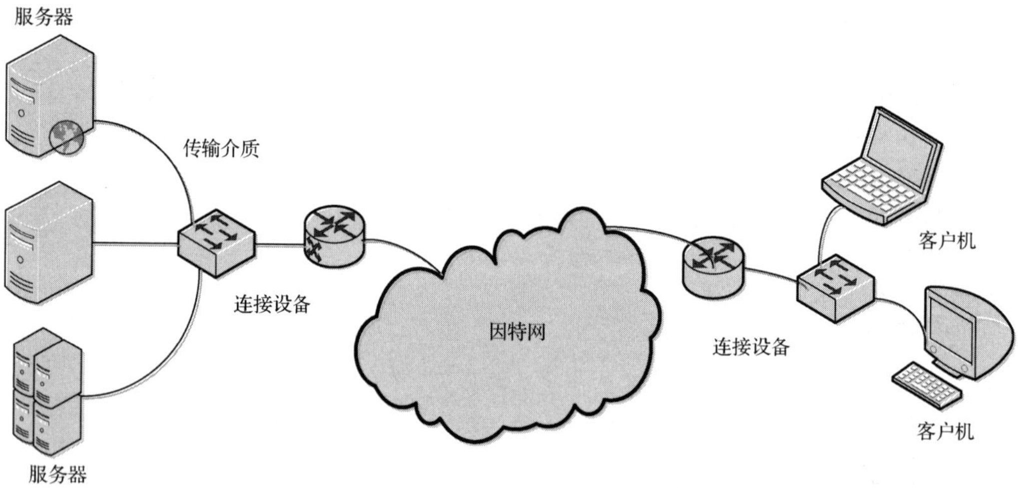

图 2.5.2　计算机网络硬件系统

（1）服务器（Server）：在计算机网络中，核心的组成部分是服务器。服务器是计算机网络中向其他计算机或网络设备提供服务的计算机，并按提供的服务不同被冠以不同的名称，如文件服务器、数据库服务器、邮件服务器等。常用的服务器有文件服务器、打印服务器、通信服务器、数据库服务器、邮件服务器、信息浏览服务器和文件下载服务器等。

（2）客户机（Client）：客户机是指网络用户使用的计算机。用户主要通过客户机来使用网络资源。

（3）传输介质：传输介质是数据传输系统中发送装置和接收装置之间的物理媒体。一般可分为有线传输介质（如光缆、双绞线、同轴电缆等）和无线传输介质（如 Wi-Fi、蓝牙、红外线、微波等）。

（4）连接设备：网络中的连接设备主要用于信号转换，它的性能直接影响网络的传输效率。常见的网络连接设备有网络接口卡（俗称网卡、NIC）、路由器（Router）、网关（Gateway）、交换机（Switch）、中继器（Repeater）、集线器（Hub）、调制解调器（Modem）等。

2．软件系统

网络系统软件包括网络操作系统和网络协议等。网络操作系统是指能够控制和管理网络资源的软件，由多个系统软件组成，在基本系统上有多种配置和选项可供选择，使得用户可根据不同的需要和设备构成最佳组合的互联网络操作系统。网络协议用于保证网络中两台设备之间正确地传送数据。

3. 网络信息

计算机网络上存储、传输的信息称为网络信息。网络信息是计算机网络中最重要的资源，它存储于服务器上，由系统软件对其进行管理和维护。

2.5.2 计算机网络协议

计算机之间通信需要一定的规范和标准，即协议。国际标准化组织（ISO）制定了一个国际标准 OSI（开放式通信系统互联参考模型），但业界实际上在执行 TCP/IP 协议簇。OSI 与 TCP/IP 有一定的对应关系，如图 2.5.3 所示。

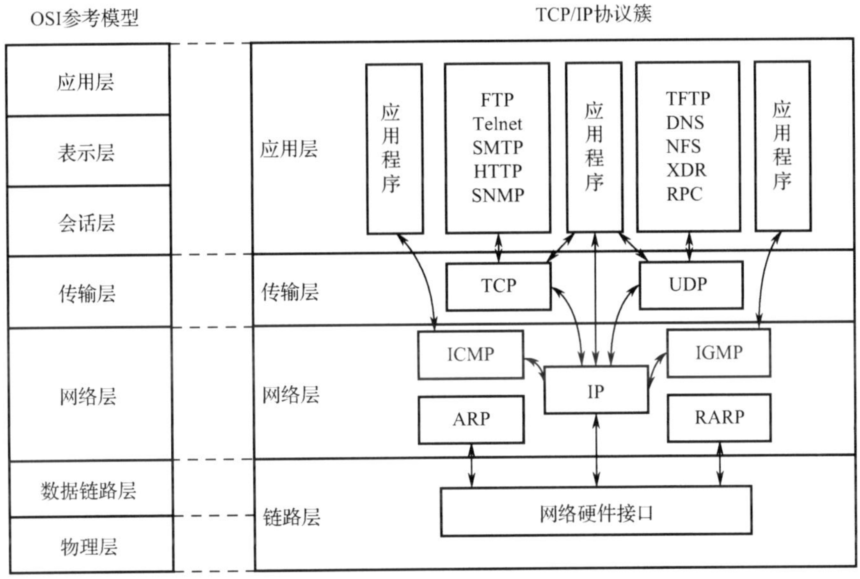

图 2.5.3　OSI 与 TCP/IP 的对应关系

1. TCP/IP 协议

TCP/IP 是因特网使用的一组协议。协议有底层和上层之分，底层协议规定了计算机硬件的接口规范，上层协议规定了软件程序必须共同遵守的一些规则以及程序员在写程序时使用的统一标准。TCP/IP 包含 100 多个协议，其中使用最广泛的是 SMTP（电子邮件协议）、FTP、Telnet。其中最重要的两个协议是传输控制协议 TCP（Transmission Control Protocol）和国际互联协议 IP（Internet Protocol）。IP 负责信息的实际传送，而 TCP 则保证所传送的信息是正确的。

TCP/IP 采用把信息打包的方法来简化各种不同类型的计算机之间的信息传输。因而，所有计算机或网络若与因特网相连接，就必须遵守这一共同的网络互联协议。

2. IP 地址

IP 地址被用来标志因特网上的计算机，就如电话号码一样，一个 IP 地址指网络上的一个主机，表示某个具体的、负责分发邮件或信件的计算机系统。IP 地址分为 IPv4 与 IPv6。

1）IPv4

IPv4 采用一个 32 位的二进制数，通常被分割为 4 个“8 位二进制数”（也就是 4 个字节），通常用“点分十进制”表示成（*a.b.c.d*）的形式，其中 *a*、*b*、*c*、*d* 都是 0～255 之间的十进制整数。例如，点分十进制 IP 地址（100.4.5.6），实际上是 32 位二进制数（01100100.00000100.00000101.00000110）。

2）IPv6

由于 IPv4 提供的地址有限，IPv6 采用 128 位地址长度，用 16 进制表示，划分成 8 个块，每块 16 位，块与块之间用“:”隔开，例如“2001:0db8:85a3:08d3:1319:8a2e:0370:7344”是一个合法的 IPv6 地址。

2.5.3 计算机网络的分类

计算机网络按网络覆盖的地域大小划分为：局域网、城域网、广域网。

局域网的范围较小，比如一间教室、一个公司、一间网吧、一栋大楼内计算机组成的小型网络。城域网有时又称为城市网、区域网、都市网。城域网介于局域网和广域网之间，其覆盖范围通常为一个城市或地区，距离从几十千米到上百千米。广域网一般由多个地区或多个国家联合组建，能实现大范围内的资源共享。如我国的电话交换网（PSDN）、公用数字数据网（China DDN）、公用分组交换数据网（China PAC）等都是广域网。

2.5.4 计算机的域名

互联网络中的每台计算机都有 IP 地址，为便于记忆与识别，可以为服务器设置一个域名（也就是一个别名）。计算机域名的结构为：计算机主机名.机构名.网络名.最高层域名。

我国的最高层域名为 cn，澳大利亚为 au，日本为 jp 等。在最高层域名下的二级域名分为类别域名和行政区域名两类。类别区域名有 ac（科研机构）、com（商业机构）、edu（教育机构）、gov（政府机构）、net（网络管理部门）、org（非盈利组织）、aero（航空业）等；行政区域名为省、自治区和直辖市。整体域名的层级结构示意如图 2.5.4 所示。

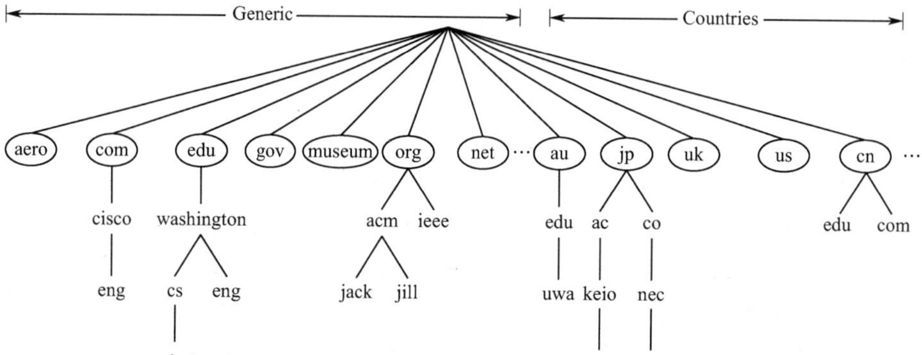

图 2.5.4　域名层级结构示意

域名用文字表达，比用数字表达的 IP 地址容易记忆。加入因特网的各级网络要依照 DNS 的命名规则对计算机命名，并负责完成通信时域名到 IP 地址的转换。因特网用域名管理系统

DNS 对域名进行管理与简析，例如，一台客户机需要访问百度网站，在浏览器中输入百度的域名：www.baidu.com，本地计算机自动将此域名提交给因特网上的 DNS 服务器，由 DNS 服务器将域名转换为百度服务器的 IP 地址返回给客户机，客户机再用 IP 地址直接向百度服务器提出页面请求，百度服务器将请求页面返回给客户机，这一过程对于用户而言是透明的，如图 2.5.5 所示。

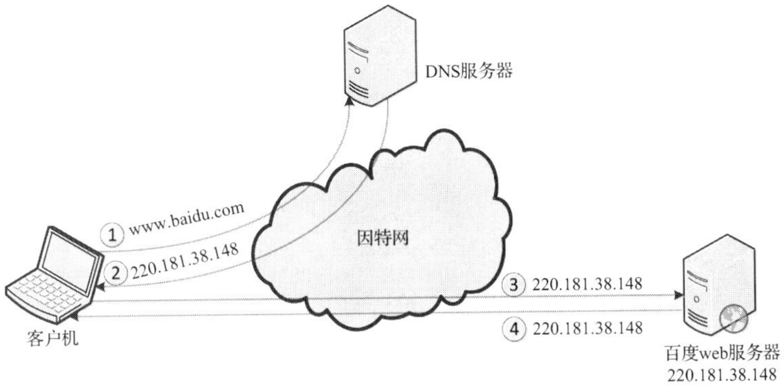

图 2.5.5　域名简析过程

实施步骤

1．办理接入网手续

在中国电信官网（http://ww.189.cn）上选择“装宽带”登记，或直接到当地营业大厅选择宽带套餐，并办理开户和缴费手续，会得到宽带账号和密码。

2．安装光猫与路由器

中国电信的宽带安装工程师会在指定时间内上门安装和设置光调制解调器（俗称光猫），具体包括以下几个步骤。

（1）从小区楼宇的交换机柜中铺设光纤并安装入户。

（2）将光纤与光猫相连接，光猫和路由器用网线相连接，将计算机与路由器用网线相连接。

（3）设备通电后，根据路由器的使用说明，登录路由器，在主界面单击“上网设置”命令，选择“上网方式”为“宽带拨号上网”，输入宽带账号和密码，单击“连接”按钮，下部显示“IP 地址”“DNS 服务器”，说明网络已经联通，如图 2.5.6 所示

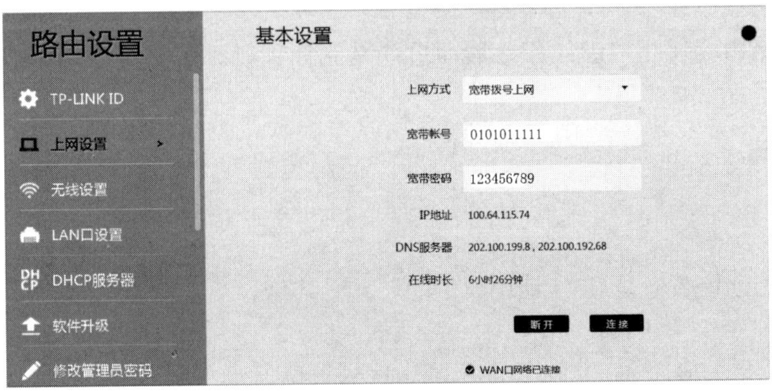

图 2.5.6　设置宽带账号

（4）单击“DHCP 服务器”命令，在右侧窗口中可以看出实现 IP 地址的自动分配，单击“保存”按钮，如图 2.5.7 所示。

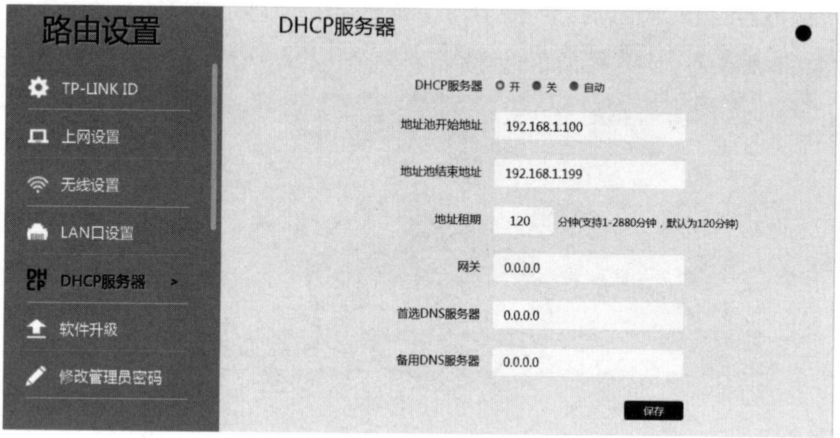

图 2.5.7　分配 IP 地址

（5）单击“无线设置”命令，开启 Wi-Fi 功能，设置无线名称和密码，单击“保存”按钮，如图 2.5.8 所示。

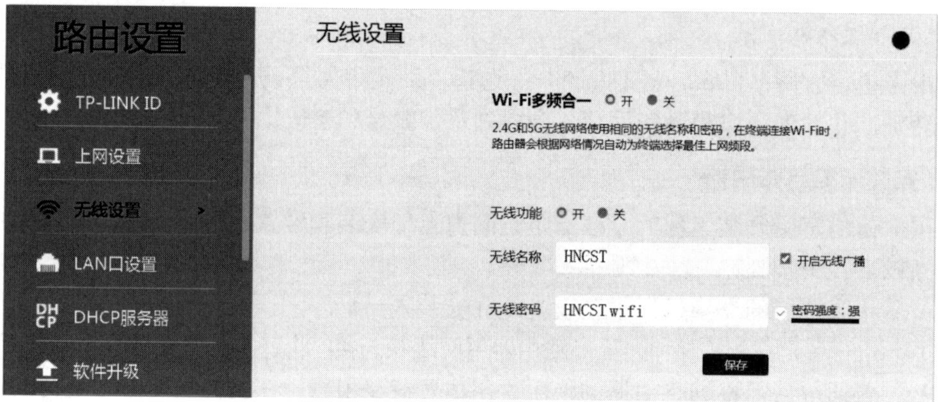

图 2.5.8　开启 Wi-Fi 功能

3. 终端联网

计算机与路由器通过双绞线相连后即可联网，计算机、手机等终端也可以通过 Wi-Fi 接入后实现联网。

评价反馈

选择题

（1）IPv6 的地址数量是 IPv4 地址数量的（　　）倍。

A．4　　B．96　　C．2^{96}　　D．2^{128}

（2）家用宽带一般用（　　）作为上网速度的单位。

A．Mbps　　B．bps　　C．MBps　　D．Gbps

任务 2.6　安装打印机

学习目标

您完成本学习任务后，应当能够：

（1）熟悉常见的办公自动化设备；

（2）熟悉常见外设的安装方法；

（3）掌握打印机的安装方法。

任务描述

小海已经拥有一台计算机，并能够熟练地安装操作系统，也已经与互联网进行连接，因为经常需要打印文件，所以从京东网购买了一台打印机，现在需要安装调试。

任务分析

办公自动化（Office Automation，OA）是将现代化办公和计算机以及网络功能结合起来的一种新型办公方式。办公自动化没有统一的定义，凡是在传统的办公室中采用各种新技术、新机器、新设备从事办公业务，都属于办公自动化的领域。

在办公自动化的实施过程中，计算机是主要工具，而打印机、扫描仪等外部设备起到了重要的辅助作用，特别是打印机，作为重要的输出设备，在现代办公中几乎成为一个必不可少的工具。

几乎所有的计算机外部设备硬件都需要进行物理连接和驱动软件的安装与设置，才可以被操作系统识别与管理。

任务导学

2.6.1　打印机的类别

打印机是计算机的一种常用输出设备，主要功能是将计算机中的文档和图形文件快速、准确地打印到纸质媒介上。

从打印原理来说，市面上较常见的打印机大致可分为喷墨打印机、激光打印机和针式打印机。打印机又可以分为黑白打印机和彩色打印机两大类。

（1）针式打印机：主要由打印机芯、控制电路和电源三部分组成，一般为 9 针或 24 针，主要使用在税务、银行、交通、医疗和海关等行业，如图 2.6.1 所示。

（2）喷墨打印机：这种类型的打印机是家用的主流，其功能是通过喷墨头喷出的墨水实现数据的打印，其墨水滴的密度完全达到了铅字印刷的质量，主要优点是体积小、操作简单方便、打印噪音低，使用专用纸张时可打印出和照片相媲美的图片等，如图 2.6.2 所示。

（3）激光打印机：它是一种利用激光束进行打印的打印机。其优点是彩色打印效果优异、成本低廉和品质优秀，是打印机市场上的主流，如图 2.6.3 所示。

图 2.6.1　针式打印机

图 2.6.2　喷墨打印机

2.6.2　扫描仪的类别

扫描仪是计算机的外部设备，是一种通过捕获图像并将之转换成计算机可以显示、编辑、储存和输出文件的数字化输入设备。照片、文本页面、图纸、美术图画、照相底片、菲林软片、甚至丝织品、标牌面板、印刷板样品等三维对象都可作为扫描对象，扫描仪还可以提取原始的线条、图形、文字、照片、平面实物信息并转换成可以编辑的文件。

扫描仪的种类繁多，根据扫描仪的介质和用途的不同，可将扫描仪分为平板式扫描仪、名片扫描仪、胶片扫描仪、滚筒式扫描仪、文件扫描仪、手持式扫描仪、笔式扫描仪、实物扫描仪和 3D 扫描仪等。

（1）平板式扫描仪：又称为平台式扫描仪或台式扫描仪，这种扫描仪诞生于 1984 年，是目前办公用扫描仪的主流产品，如图 2.6.4 所示。

图 2.6.3　激光打印机

图 2.6.4　平板式扫描仪

（2）名片扫描仪：是由一台调整扫描仪加上一个质量稍高的 OCR（光学字符识别系统），再配上一个名牌管理软件组成的扫描仪，主要用于扫描名片，如图 2.6.5 所示。

（3）胶片扫描仪：又称底片扫描仪或接触式扫描仪，其扫描效果是平板扫描仪和透扫扫描仪不能比拟的，主要任务就是扫描各种透明胶片，如图 2.6.6 所示。

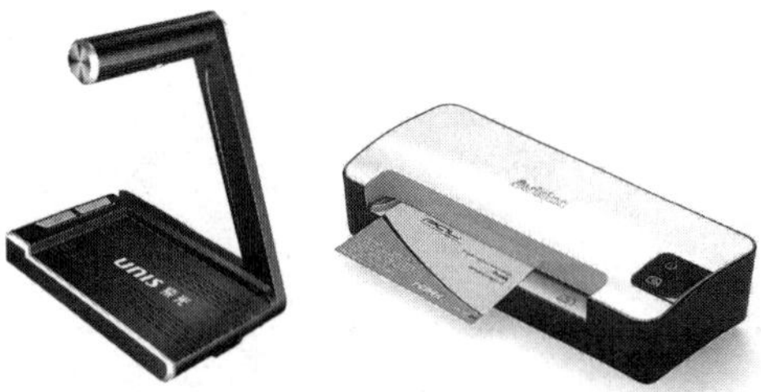

图 2.6.5　名片扫描仪

图 2.6.6　胶片扫描仪

（4）滚筒式扫描仪：又称为馈纸式扫描仪，诞生于20世纪90年代初，由于平板式扫描仪的价格昂贵，手持式扫描仪的扫描宽度较小，为满足A4幅面文件扫描的需要而推出这种产品，如图2.6.7所示。

（5）文件扫描仪：具有高速度、高质量和多功能等优点，可广泛用于各类型工作站及计算机平台，如图2.6.8所示。但由于自动进纸器价格昂贵，所以文件扫描仪目前只在许多专业办公计算机上使用。

图2.6.7 滚筒式扫描仪

图2.6.8 文件扫描仪

（6）手持式扫描仪：诞生于1987年，是当时使用比较广泛的扫描仪品种，需要用手推动完成扫描工作，如图2.6.9所示，也有个别产品采用电动方式在纸面上移动，称为自动式扫描仪。

（7）笔式扫描仪：又称为扫描笔，市场上很少见到。该扫描仪的外形与一支笔相似，扫描宽度大约与四号汉字相同，使用时贴在纸上一行一行地扫描，主要用于文字识别，如图2.6.10所示。

图2.6.9 手持式扫描仪

图2.6.10 笔式扫描仪

（8）实物扫描仪：一般采用固定式结构，拥有支架和扫描平台，分辨率很高，除能拍摄静态物体外，还可以作为摄像机使用，如图2.6.11所示。

（9）3D扫描仪：这种扫描仪扫描后生成的文件能够精确地描述被扫描物体的三维结构的一系列坐标数据，当在3DS MAX软件中输入扫描信息后可以完整地还原出物体的3D模型。由于该扫描仪只记录物体的形状，因此，被扫描的物体无彩色和黑白之分，如图2.6.12所示。

图 2.6.11　实物扫描仪

图 2.6.12　3D 扫描仪

实施步骤

1. 连接打印机

（1）将电源线的 D 形头插入打印机的电源插口中，另一端插入电源插座插口（有些打印机的电源线需要连接到一台适配器中，而适配器其实就是一台变压器，它把 220 V 电压转换成低电压后再使用）。

（2）保证打印机通电，并使打印机处于开启状态，掀开上进纸挡板，把墨盒车盖打开，撕掉墨盒的封装条，然后再把墨盒装入墨盒车中，并将墨盒车盖盖上。

（3）连接打印机的数据线。现在的打印机大多数采用 USB 数据线（也有使用并行接口连线和 USB 数据线双连接线的打印机），将其方头一端连接到打印机，扁头一端连接到计算机。

2. 安装打印机驱动程序

（1）连接好打印机后计算机会弹出“找到新的硬件向导”对话框，提示需要驱动程序，先把这个对话框关掉。

（2）取出打印机驱动程序安装盘，放入光驱中，计算机将自动启动驱动安装程序，按照提示一步一步地完成驱动程序安装即可。

3. 测试打印机

在计算机中打印某个文档，或者在打印机属性中打印测试页。

4. 共享打印机

（1）选择“开始”→“设备和打印机”命令，如图 2.6.13 所示。

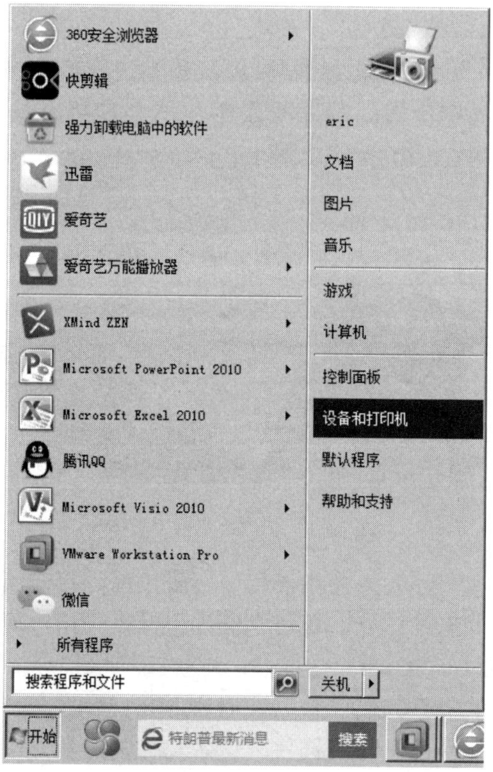

图 2.6.13　选择“设备和打印机”命令

（2）在弹出的窗口中找到想共享的打印机（前提是打印机已正确连接，驱动程序已正确安装），在该打印机上右击，选择快捷菜单中的“打印机属性”，如图 2.6.14 所示。

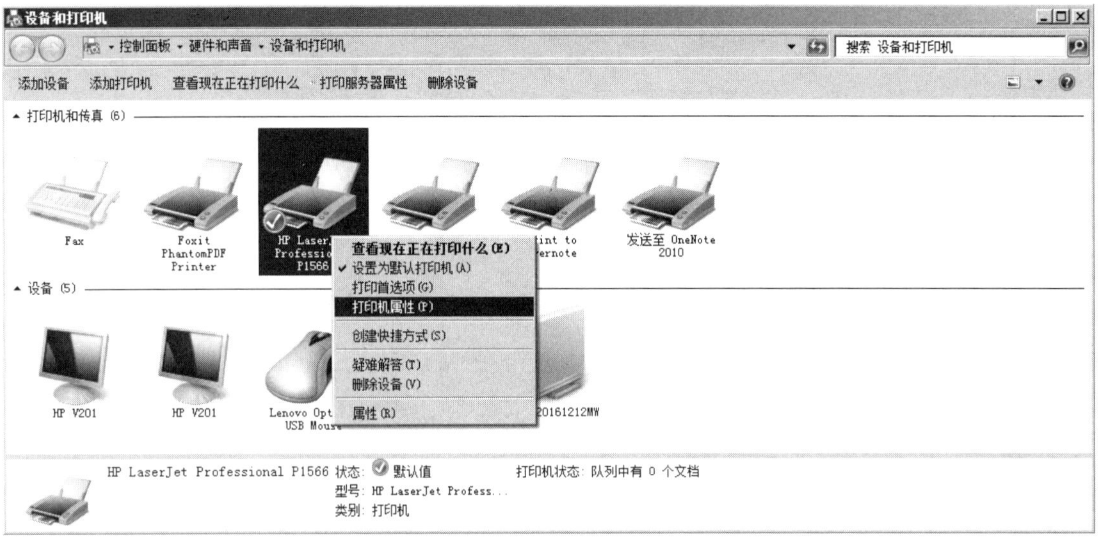

图 2.6.14　选择“打印机属性”命令

（3）在打开的对话框中切换到“共享”选项卡，选择“共享这台打印机”复选项，并且设置一个共享名（请记住该共享名，后面的设置可能会用到），如图 2.6.15 所示。

（4）在系统任务栏右侧的“网络连接”图标按钮上右击，选择快捷菜单中的“打开网络和共享中心”命令，如图 2.6.16 所示。

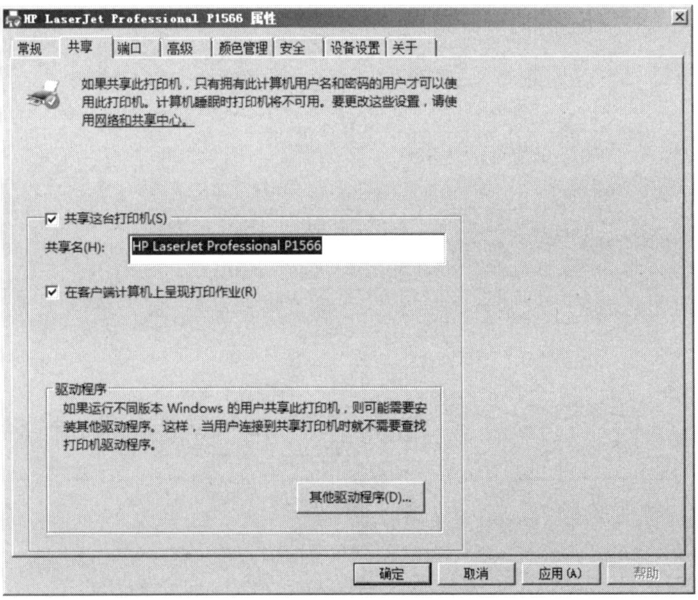

图 2.6.15　共享打印机设置

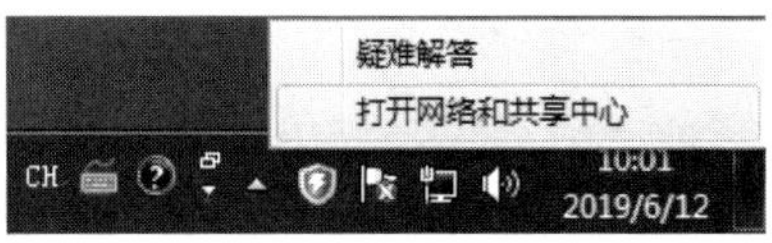

图 2.6.16　打开网络和共享中心

（5）记住计算机连接的网络类型，接着在弹出的窗口中单击“选择家庭组和共享选项”图标按钮，如图 2.6.17 所示。

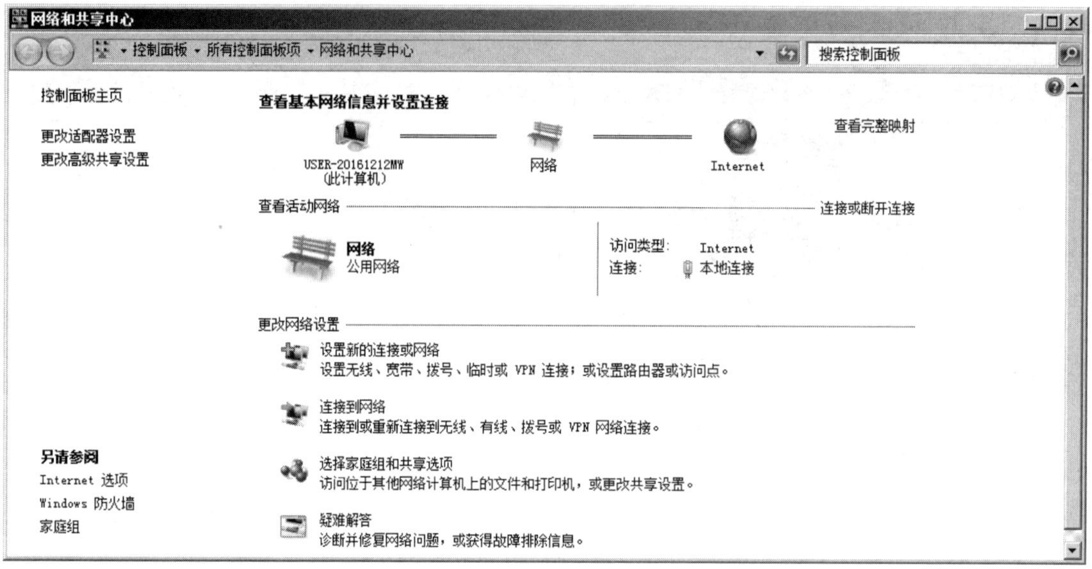

图 2.6.17 单击“选择家庭组和共享选项”按钮

（6）在打开的界面中选择“更改高级共享设置”命令，如图 2.6.18 所示。

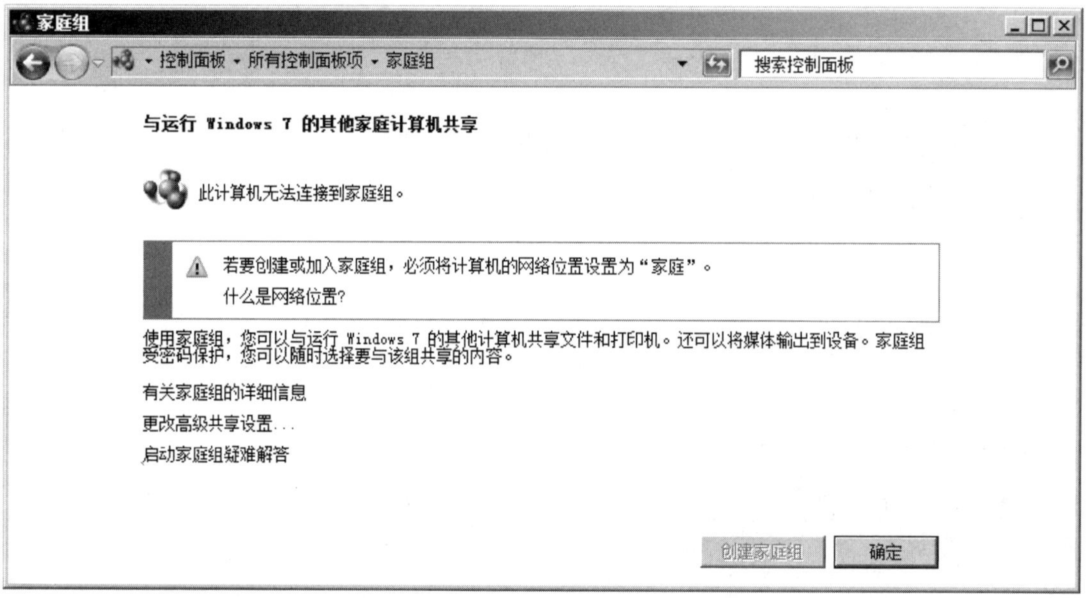

图 2.6.18 选择“更改高级共享设置”命令

（7）如果计算机已连接到家庭或工作网络，“更改高级共享设置”的具体设置如图 2.6.19 所示，设置完成后单击“保存修改”按钮。

图 2.6.19 更改高级共享设置

（8）**设置工作组**。在添加目标打印机前，首先要确定局域网内的计算机是否都处于一个工作组，具体过程如下：单击“开始”按钮，在“计算机”命令上右击，选择快捷菜单中的“属性”命令，如图 2.6.20 所示。

（9）在弹出的窗口中找到工作组，如果计算机的工作组设置不一致，请单击“更改设置”命令；如果一致可以直接退出，跳到下面第 5 步。

注意 请记住“计算机名”，后面的设置会用到，如图 2.6.21 所示。

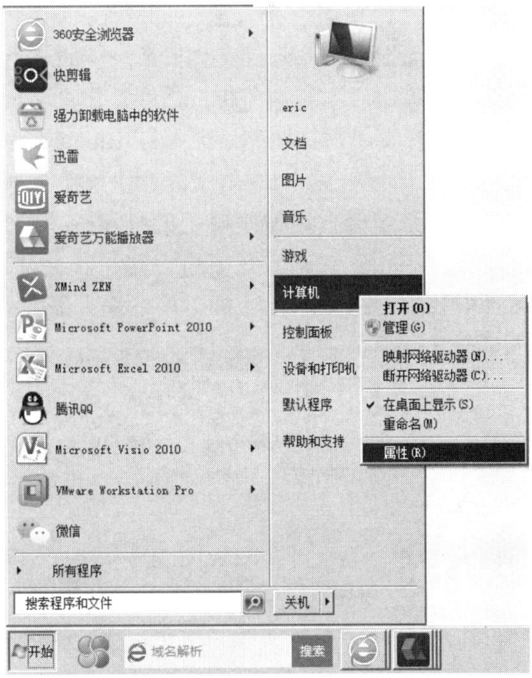

图 2.6.20 选择计算机的“属性”命令

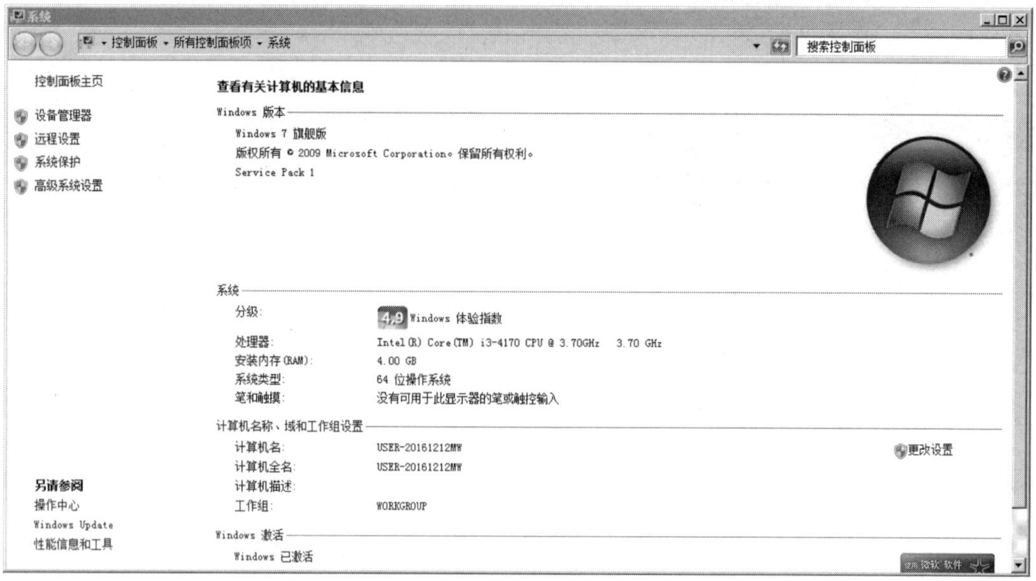

图 2.6.21 查看计算机的工作组设置

（10）如果处于不同的工作组，可以在此窗口中进行设置，如图 2.6.22 所示。

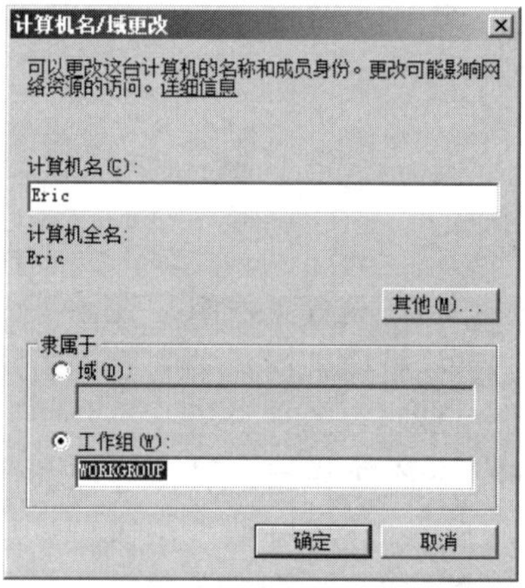

图 2.6.22 更改工作组设置

注意 此设置要在计算机重启后才能生效，所以在设置完成后不要忘记重启计算机，使更改设置生效。

5. 在其他计算机上添加目标打印机

（1）无论使用哪种方法，都应先进入其他计算机的“控制面板”→“硬件和声音”→“设备和打印机”界面，并单击“添加打印机”按钮，如图 2.6.23 所示。

（2）选择“添加网络、无线或 Bluetooth 打印机”，单击“下一步”按钮，如图 2.6.24 所示。

（3）系统会自动搜索可用的打印机。如果前面的几步设置都正确的话，只要耐心等待一会儿，一般系统都能找到网络中的打印机，接下来只需按照提示一步步地操作就可以。

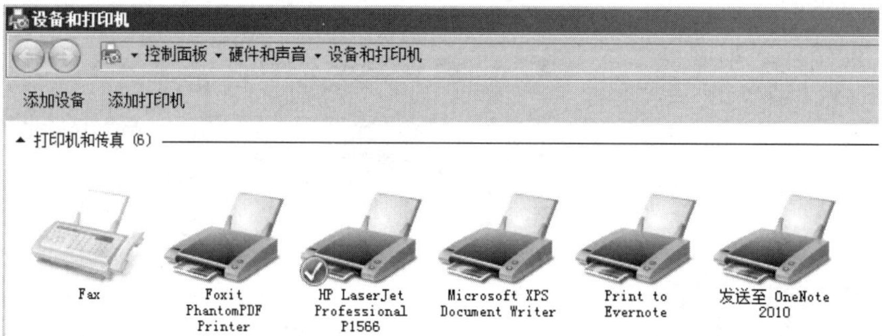

图 2.6.23 “设备和打印机”界面

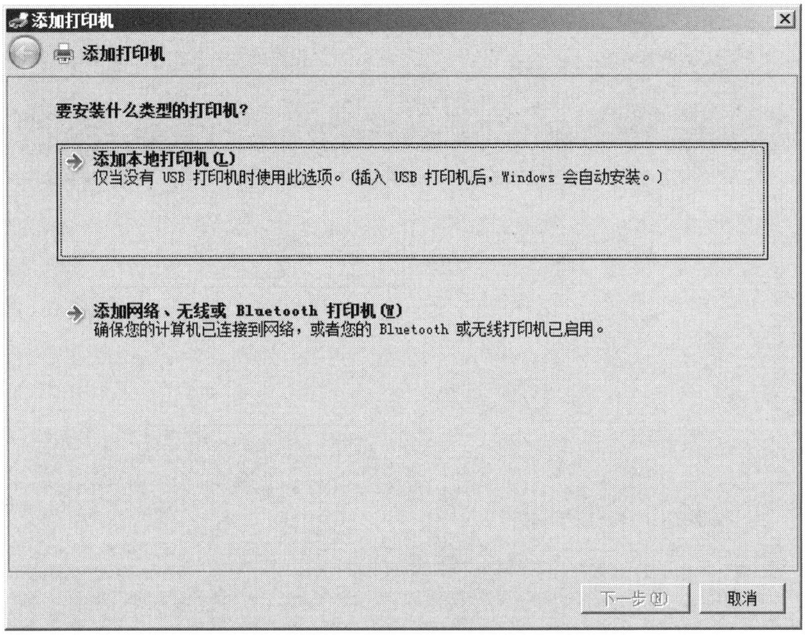

图 2.6.24 添加网络、无线或 Bluetooth 打印机

如果耐心地等待一段时间后，系统还是找不到所需要的打印机，可以单击“我需要的打印机不在列表中”，再单击“下一步”按钮，如图 2.6.25 所示。

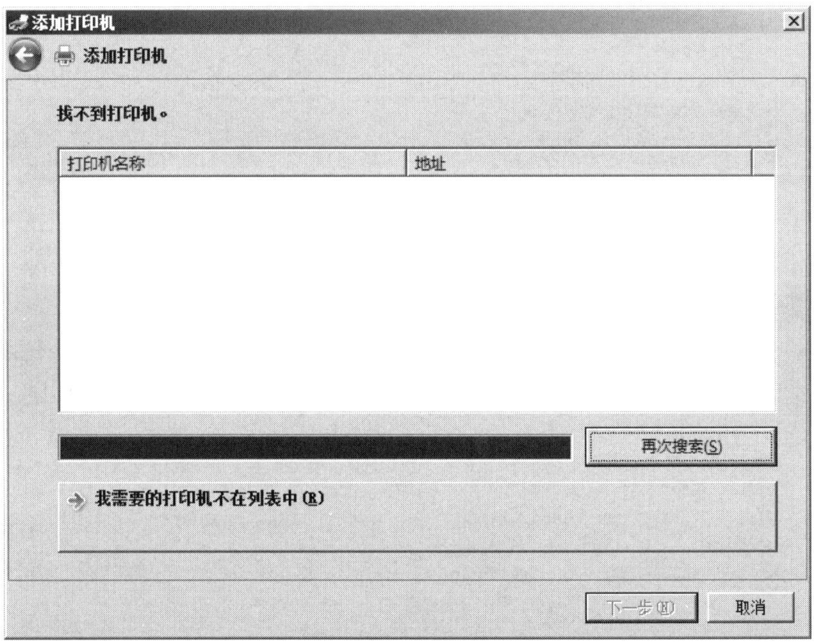

图 2.6.25 我需要的打印机不在列表中

如果没有找到所需要的打印机也不想再等待，可以直接单击“停止”按钮，再单击“我需要的打印机不在列表中”，单击“下一步”按钮，如图 2.6.26 所示。

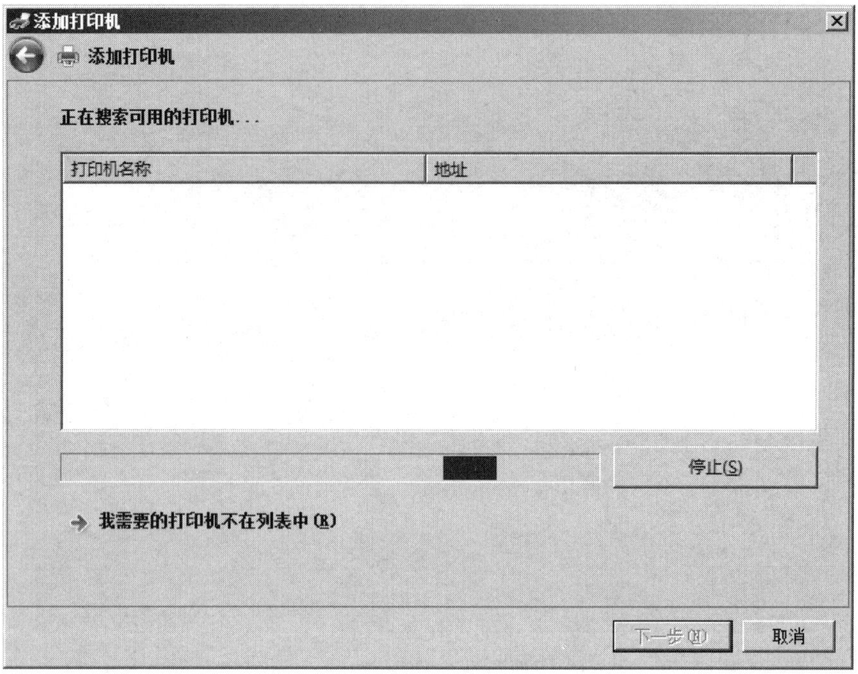

图 2.6.26　停止搜索打印机

（4）选择“浏览打印机”单选项，单击“下一步”按钮，如图 2.6.27 所示。

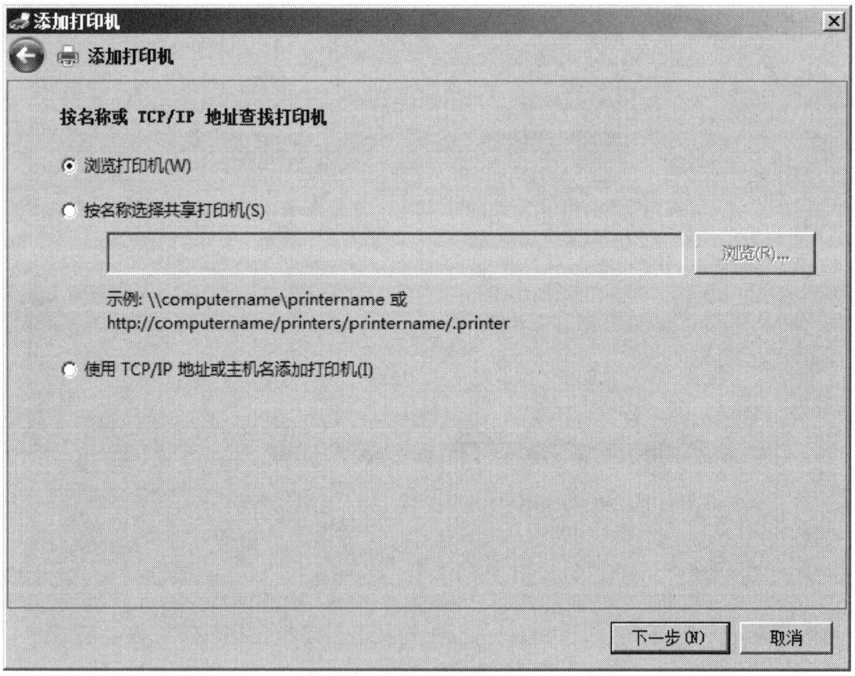

图 2.6.27　浏览打印机

（5）找到已连接打印机的计算机，如图 2.6.28 所示，双击该计算机。

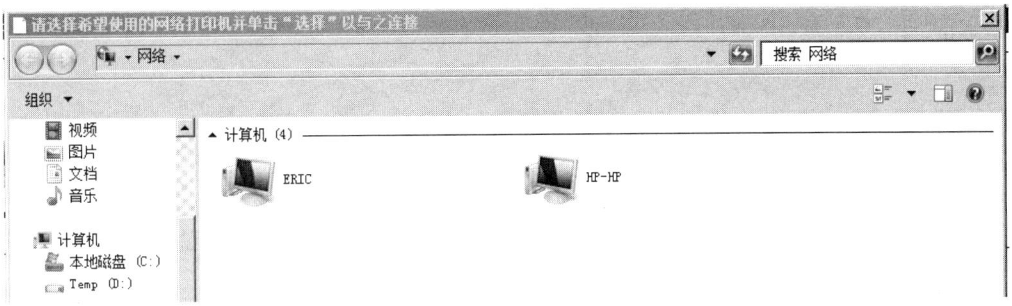

图 2.6.28　找到已连接打印机的计算机

（6）选择目标打印机（打印机名就是在第 2 步中设置的名称），单击“选择”按钮，如图 2.6.29 所示。

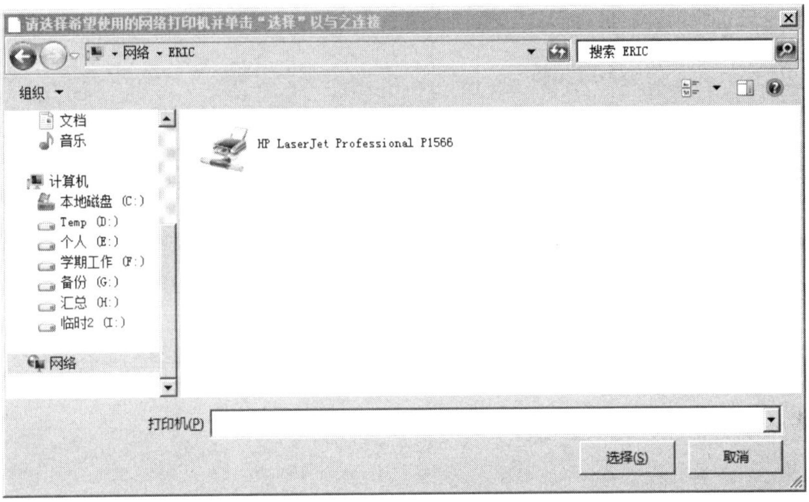

图 2.6.29　选择目标打印机

接下来的操作比较简单，系统会自动找到并把该打印机的驱动程序安装好。至此，打印机已成功添加。

（7）在成功添加打印机后，在“控制面板”的“设备和打印机”窗口中，可以看到新添加的打印机，如图 2.6.30 所示。

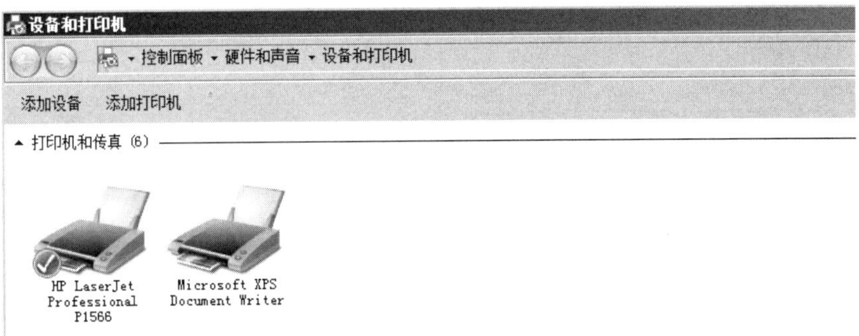

图 2.6.30　查看新添加的打印机

拓展训练

序号	难度	项　目	要　求
1	*	安装扫描仪	安装一台扫描仪
2	**	共享扫描仪	将扫描仪在局域网中共享
3	***	安装一台网络打印机	安装一台网络打印机，并实现共享

评价反馈

1. 选择题

（1）市面上较常见的打印机大致可分为（　　）。

A．针式打印机　　B．喷墨打印机　　C．激光打印机　　D．扫描打印机

（2）以下属于输入设备的是（　　）。

A．手写板　　B．扫描仪　　C．打印机　　D．摄像头

2. 判断题

（1）在 Windows 7 操作系统下，打印机不需要设置共享，就能被其他计算机添加为网络打印机。（　　）

（2）激光打印机目前是家用打印机的主流。（　　）

3. 思考题

查阅资料，是否可以用手机直接连接打印机来打印文件？

项目3

管理计算机

思维导图

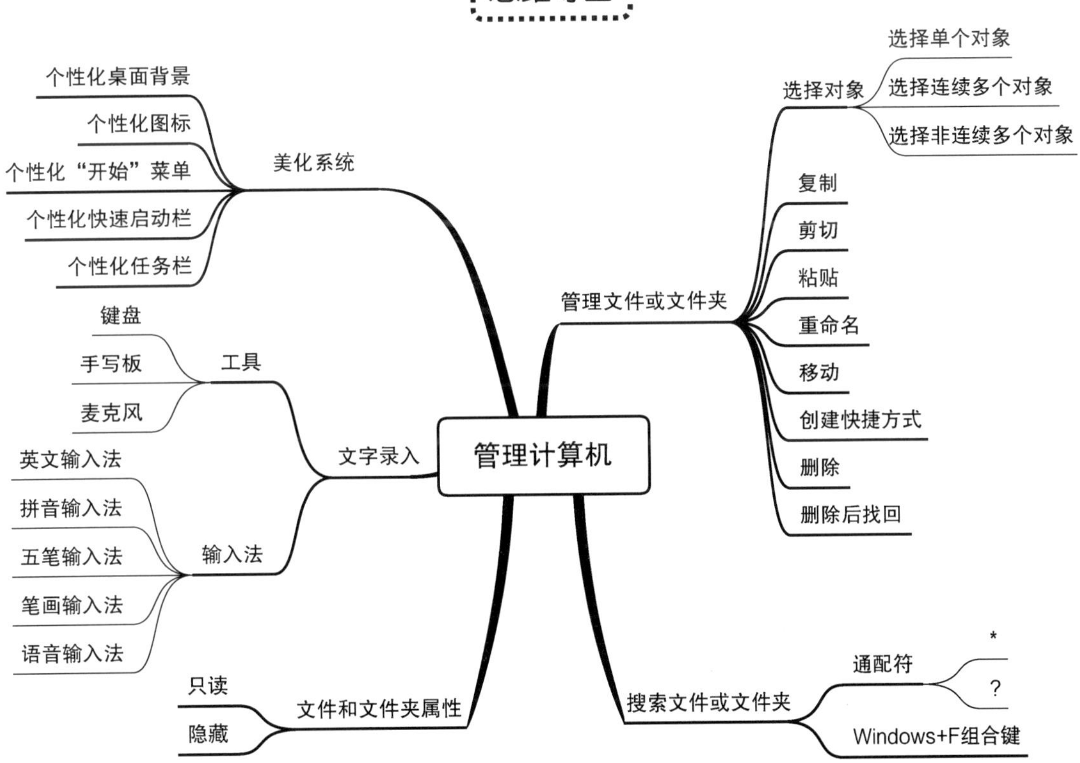

计算机文件如同一件件衣服，而文件夹就像是一个大的衣柜，硬盘就是衣帽间。在Windows 7系统中，可以轻轻松松地整理这些“衣服”和“衣柜”，也可以根据自己的喜好去设置赏心悦目的桌面背景。

任务 3.1 管理文件和文件夹

扫一扫看 Windows 7 文件管理基础微视频

学习目标

您完成本学习任务后，应当能够：

（1）掌握文件和文件夹的属性、查看、设置等操作；

（2）掌握复制、移动文件或文件夹的操作；

（3）掌握更改文件或文件夹的名称；

（4）掌握搜索文件或文件夹的方法；

（5）掌握显示、隐藏文件或文件夹的设置方法；

（6）掌握中文输入法的安装、删除。

任务描述

小海的兴趣广泛，从网络上收集了大量的电子文档。随着文件越来越多，文件类型也越来越多，有图片、音频、视频、文档等文件，一堆文件放在一起显得杂乱无章，有时想找个文件不知道存在哪里，甚至名称是什么也不知道，更加无法继续有效地管理这些文件。

任务分析

当有成千上万的各类文件存放在计算机的磁盘中时，如果不加以科学地管理，不但会给操作带来不便，而且容易因为管理不当导致错误操作，造成数据的丢失。利用文件夹来管理各类文件的存放，将同类型的文件保存到同一个文件夹中，这样能够有序地管理相关文件。

任务导学

扫一扫看文件和文件夹的基本操作1微视频

3.1.1 文件、文件夹及基本操作

1. 文件

所谓“文件”，就是在计算机中，以实现某种功能或某个软件的部分功能为目的而定义的一个单位。计算机中的文件可以是文档、程序、快捷方式和设备。文件的名称由文件名和扩展名组成，文件名与扩展名用“.”隔开，文件名不能超过255个字符（包括空格）。

文件有很多种，不同文件有着不同的结构特性和操作方法。一般来说，我们可以通过文件名来识别这个文件是哪种类型，特定的文件都会有特定的图标，也只有安装了相应的软件，才能正确显示这个文件的图标。常见的文件扩展名有txt、docx、xlsx、pptx、jpg、rar、mp3、gif、avi、flv、swf等。

2. 文件夹

文件夹是一组同类文件或相关文件的集合。当一个文件夹中包含的文件太多时，可以在

这个文件夹内再建立若干个下一级的文件夹，称之为“子文件夹”；然后把这个文件夹中的文件按类别分开，存放到各个子文件夹中。

文件和文件夹的操作主要是在“资源管理器”和“计算机”中进行的，这两种操作方法基本相同。文件和文件夹的操作方式主要有以下几种。

3．文件和文件夹的选择

在对文件或文件夹进行复制、剪切、移动、删除等操作前，必须先选择操作对象（文件或文件夹）。选择一个对象只需要用鼠标左键单击指定对象即可，要选择窗口中的多个对象则有下列不同的操作方法。

（1）多个连续对象的选择。

方法一：单击第一个对象（文件或文件夹），按住 shift 键，再单击最后一个对象，放开 shift 键，则首尾两个对象之间的所有对象均被选择。

方法二：鼠标指针落到第一个对象旁边空白处，按住鼠标左键，拖动鼠标到最后一个对象再放开鼠标左键，即可选择多个连续的对象。

（2）多个不连续对象的选择。按住 Ctrl 键，再单击多个任意的、不连续的对象，放开 Ctrl 键，即可选择多个不连续的对象。

（3）反向选择。当要选择窗口中大部分的对象时，可以先选择少数不想选择的对象，再在菜单栏中选择“编辑”→“反向选择”命令，即可选择大部分的对象。

（4）全部选择。当要选择窗口中所有的对象时，可以在菜单栏中选择“编辑”→“全选”命令，或按快捷键“Ctrl+A”即可选择所有的对象。

（5）撤销部分选择对象。要撤销部分已经选择的对象，只需要按住 Ctrl 键，单击要撤销的对象即可。

（6）撤销全部选择的对象。要撤销全部选择的对象，只需要用鼠标单击文件夹窗口的任意空白处。

4．文件或文件夹的复制、剪切、删除

文件或文件夹的复制、剪切是文件管理中最常用、最基本的操作。

复制操作是将选择的对象从原来的位置复制到新的位置上，也可以在同一位置上复制对象的副本。复制完成后，源文件或源文件夹保持不变。

剪切操作是将选择的对象从源位置剪切到新的位置。剪切完成后，在原位置上不保留源文件或文件夹。

当文件或文件夹不需要时，应当及时删除，以免占用存储空间。

相应的快捷键：按“Ctrl+C”组合键复制文件或文件夹；按“Ctrl+X”组合键剪切文件或文件夹；按“Ctrl+V”组合键粘贴文件或文件夹。

3.1.2　回收站、剪贴板与快捷方式

扫一扫看 Windows 7 文件管理操作微视频

1．回收站

回收站是用来收集硬盘中被删除的对象。当发现硬盘中的文件被误删除时，可以到“回收站”中把被删除的文件还原到原来位置，这为误删的文件或文件夹提供了安全的保障。

2. 剪贴板

剪贴板是 Windows 实现信息传送和信息共享的工具，剪贴板中的信息不仅可以用于同一个应用程序的不同文档之间，也可用于不同的 Windows 应用程序之间。传送和共享的信息可以是一段文字、数据，也可以是一幅图像、图形或声音等。

3. 快捷方式

一般来说，快捷方式就是一种用于快速启动程序的命令行，它和程序既有区别又有联系。打个简单的比方，如果把程序比作一台电视机的话，快捷方式就像是一只遥控板。通过遥控板可以轻松快捷地控制电视机的开关、频道选择等。

删除了快捷方式，还可以通过“我的电脑”去找到目标程序，去运行程序。而当程序被删除后，只有一个快捷方式就会毫无用处。自己桌面上的快捷方式复制到别人的计算机上，一般无法正常使用。

扫一扫看文字输入法基础微视频

3.1.3 键盘与输入法的使用

键盘是最常见的输入设备，它由按阵列方式装配在一起的按键开关组成。按下一个键，就相当于接通了一个开关电路，计算机通过接口电路把该键的 ASCII 码读入计算机。

1. 键盘的布局

一般键盘上的按键分为功能键区、主键盘区、编辑键区、辅助键区和状态指示区，如图 3.1.1 所示。

图 3.1.1　键盘的布局

2. 键盘按键的基本功能

（1）功能键区：从 F1 到 F12 共 12 个，其功能由具体的应用程序决定。

- Esc 键：强行退出键。在菜单命令中，其作用常常为退出当前环境、返回上级菜单。
- Power 键：电源管理键。按此键可快速关机。
- Sleep 键：休眠状态键（即待机键）。按此键使计算机进入休眠状态。
- Wake 键：唤醒键。按此键使休眠状态的计算机返回休眠之前的工作状态。

（2）主键盘区：包括字母、数字及部分控制键。

- 字母键：所有字母键在键面上均刻印有大写的英文字母，表示上挡符号为大写，下挡符号为小写（即通常情况下，单按此键时输入下挡小写符号）。

- 数字键：10 个（0～9），用于输入数字。
- 符号键：11 个，用于输入“=”“+”等常用符号；另外，10 个数字键同时也是符号键。按上挡键时可以输入相应的符号。
- 空格键：位于主键盘区下方的长条键。每按一下光标向右移动一格。
- Enter 键：俗称回车键，将数据或命令送入计算机时即按此键。
- Backspace 键：退格键，按其可使光标退回一格。常用于删除当前光标左侧的字符。
- Caps Lock 键：大小写字母切换键。
- Shift 键：上挡转换键，也可用于中英文转换。
- Ctrl 键：控制键。一般不单独使用，需与其他键组合成复合控制键。
- Alt 键：主要与其他键组合成特殊功能键或复合控制键。
- Tab 键：制表定位键。一般按下此键可使光标移动 8 个字符的距离。
- Windows 功能键：该键上面有 Windows 旗帜标记，按它可以打开“开始”菜单，也可以和其他键组合成复合控制键，比如与字母 E 组合将打开“资源管理器”。

（3）编辑键区：包括主要的光标控制等键。

- Print Screen 键：屏幕打印键。按此键，可将当前屏幕复制到剪贴板中。
- Scroll Lock 键：滚屏锁定键。
- Pause 键：暂停键。控制正在执行的程序或命令暂停执行，按任意键后继续执行。
- Insert 键：插入键。用于设置插入或改写状态。
- Delete 键：删除键。用于删除当前光标（右侧）位置的字符（包括空格）。
- Home 键：在编辑状态下使光标移动到行首。
- End 键：在编辑状态下使光标移动到行尾。
- Page Up 键：在编辑或浏览状态下向上翻一页。
- Page Down 键：在编辑或浏览状态下向下翻一页。

（4）辅助键区：包括数字小键盘和常用功能键。

- 数字键：0～9 共 10 个键，用于输入数字。当需要输入大量数据时，通常使用该区的数字键。
- 符号键：+ – * / 四个键，表示加、减、乘、除。
- Enter 键：俗称回车键，与功能区的 Enter 键相同。
- Num Lock 键：数字锁定键。用来转换数字键区的上下挡键位，灯亮时为数字输入状态，否则处于光标控制状态。
- Del 键：小数点和删除键。

（5）状态指示区：包含“辅助键区”数字键开关状态灯、大小写状态灯、硬盘读写灯。

3. 输入法的安装与使用

输入法是指为将各种符号输入计算机或其他设备而采用的编码方法。汉字输入的编码方法基本上是将音、形、义与特定的键相联系，再根据不同汉字进行组合来完成汉字的输入。

Windows 操作系统在安装时预置了全拼、智能 ABC 和微软拼音输入法等几种输入法，用户可以根据自己的需要随意安装其他输入法，或者卸载某种输入法。

目前流行的输入法有搜狗拼音输入法、QQ 拼音输入法、五笔输入法等。用户可以根据需要选择一种自己的输入法，提高工作效率。

实施步骤

1. 新建文件夹

（1）用鼠标左键双击（简称双击）打开桌面的“计算机”，再双击打开准备新建文件夹的磁盘分区 D:。

（2）在菜单栏中选择“文件”→“新建”→“文件夹”，或者用鼠标右键单击窗口空白处弹出快捷菜单，选择“新建”→“文件夹”，如图 3.1.2 所示。

（3）此时窗口中出现一个新的文件夹 新建文件夹，输入文件夹的名称“毕业设计”，输入完成后按回车键即可。

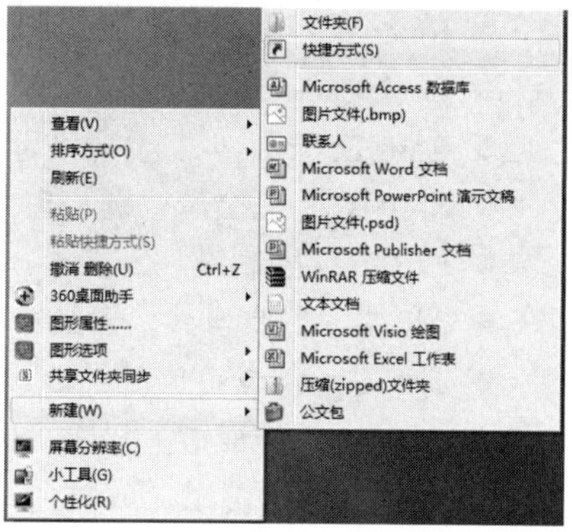

图 3.1.2 新建文件夹

（4）双击打开“毕业设计”文件夹，在该文件夹下重复步骤（2）和（3）建立“图片”“视频”“文本资料”等子文件夹。

2. 查看文件的扩展名

（1）双击打开桌面的“计算机”，按 Alt 键调出菜单栏，选择菜单“工具”→“文件夹选项”命令，如图 3.1.3 所示。

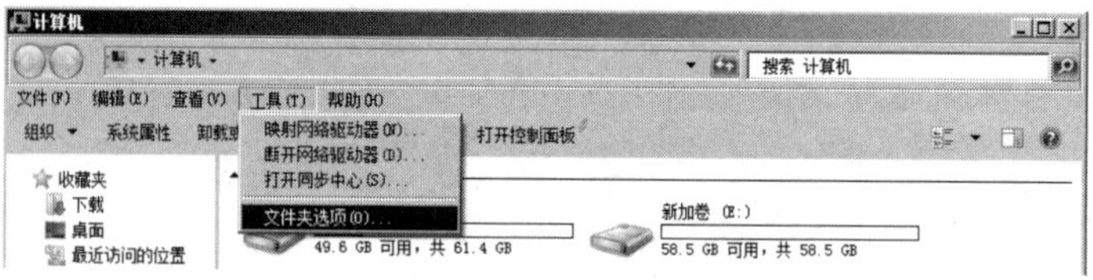

图 3.1.3 工具菜单

（2）弹出“文件夹选项”对话框。选择“查看”选项卡，在“高级设置”列表框中取消对“隐藏已知文件类型的扩展名”复选项的选择，如图 3.1.4 所示。

（3）单击“确定”按钮，双击打开“个人材料”文件夹，即可查看里面文件的扩展名，如图 3.1.5 所示。

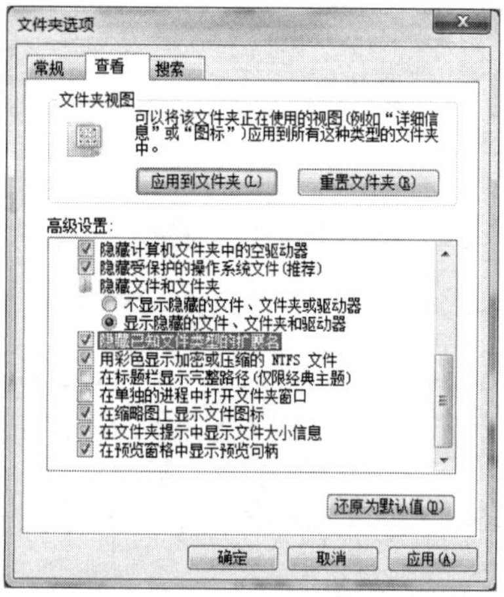

图 3.1.4 文件夹选项设置

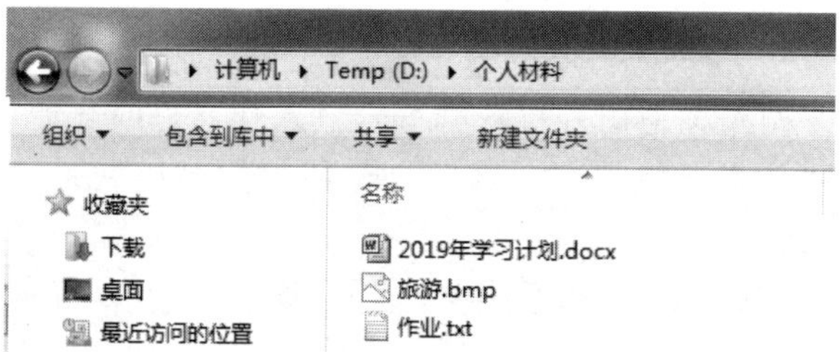

图 3.1.5 显示文件的扩展名

提示　在默认情况下，Windows 7 系统不显示菜单栏，每次调出菜单栏需要按 Alt 键。

3．查看文件或文件夹属性

（1）选择需要查看属性的文件（如选择“2019 年学习计划.doc”），用鼠标右键单击，在弹出的快捷菜单中选择“属性”命令，如图 3.1.6 所示。

（2）弹出“属性”对话框，即可查看文件的常规属性，如图 3.1.7 所示。

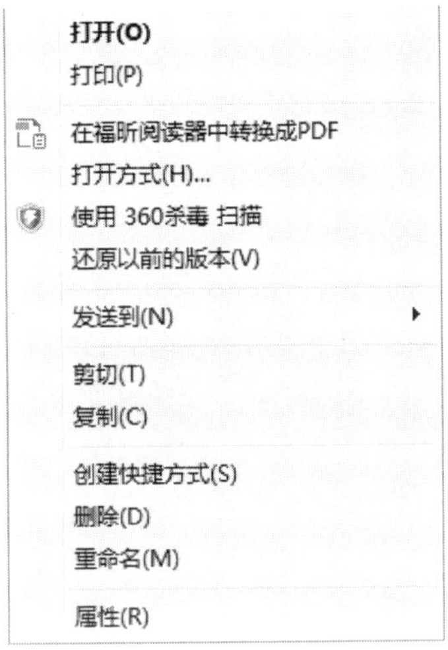

图 3.1.6　文件的快捷菜单

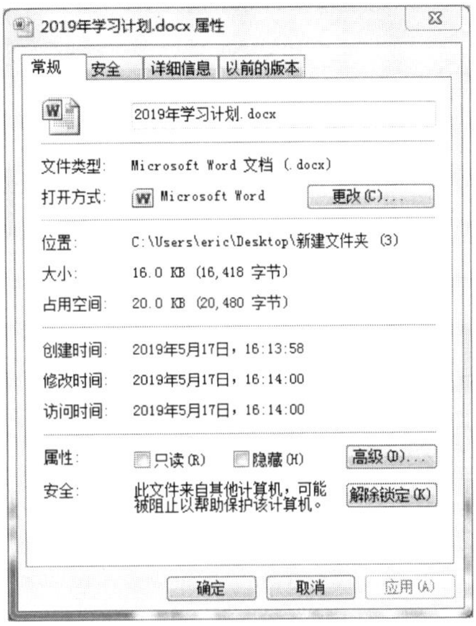

图 3.1.7　文件的属性

4．复制文件或文件夹

复制文件或文件夹的方法有很多种，下面介绍一种常用的复制文件或文件夹的操作步骤。

（1）选择对象，右击要复制的文件或文件夹，在弹出的快捷菜单中选择“复制”命令，如图 3.1.6 所示；或选择对象，按快捷键“Ctrl+C”，复制文件或文件夹。

（2）选择并打开目标文件夹后右击，在弹出的快捷菜单中选择“粘贴”命令，如图 3.1.8 所示；或按快捷键“Ctrl+V”，选择的文件或文件夹将被复制到当前文件夹中。

5．移动文件或文件夹

（1）选择对象，右击要移动的文件或文件夹，在弹出的快捷菜单中选择“剪切”命令，如图 3.1.9 所示；或选中文件或文件夹，按快捷键“Ctrl+X”，剪切文件或文件夹。

（2）选择并打开目标文件夹后右击，在弹出的快捷菜单中选择“粘贴”命令，如图 3.1.8 示；或按快捷键“Ctrl+V”，选择的文件或文件夹将被移动到当前文件夹中。

6．更改文件或文件夹的名称

在新建文件后，文件都是以一个默认的名称作为文件名。用户可以在打开的“计算机”“资源管理器”或任意一个文件夹窗口中，根据个人喜好给已有的文件重新命名。

（1）在“计算机”或“资源管理器”窗口的任意一个磁盘驱动器中，在需要命名的文件上右击，在弹出的快捷菜单中选择“重命名”命令，如图 3.1.9 所示。

图 3.1.8　粘贴文件或文件夹

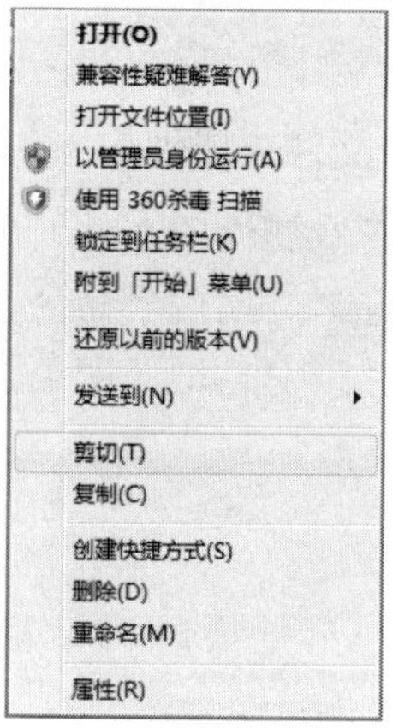

图 3.1.9　剪切或重命名文件或文件夹

（2）文件的名称以蓝色背景显示，直接输入新的名称，按 Enter 键完成，如图 3.1.10 所示。

文件夹的更名方法与上述文件的操作方法相类似。

7．显示、隐藏文件或文件夹

（1）选择“2019 年工作计划.docx”文件后右击，在弹出的快捷菜单中选择“属性”命令，如图 3.1.11 所示。

图 3.1.10　重命名文件效果

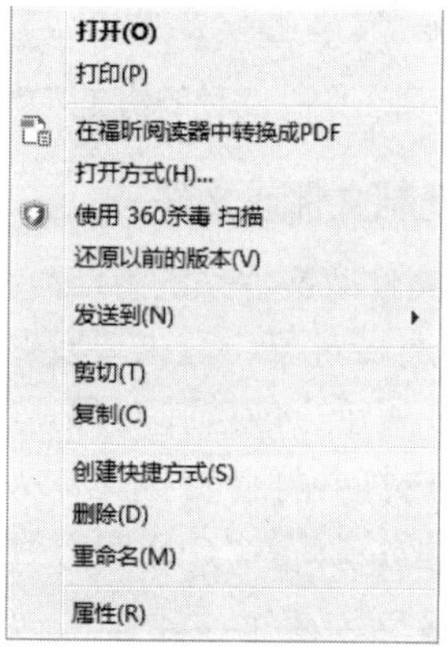

图 3.1.11　文件属性

（2）弹出“属性”对话框，选择“常规”选项卡，选择“隐藏”复选项，单击“确定”按钮，如图 3.1.12 所示。

设置隐藏文件后，在正常情况下该文件将不会显示。如果要显示已隐藏的文件，只需在其所在文件夹的空白处右击，在弹出的快捷菜单中选择“属性”命令，在打开的“属性”对话框中取消对“隐藏”复选项的选择，单击“确定”按钮。

对文件夹的操作与对文件的操作方法相类似（下同）。

扫一扫看文件和文件夹的基本操作 2 微视频

8．删除文件或文件夹

删除不需要的文件或文件夹可以释放磁盘空间，有以下多种方法。

（1）选择要删除的文件或文件夹，按键盘上的 Delete 键。

（2）选择要删除的文件或文件夹，选择“文件”→“删除”菜单命令。

（3）选择要删除的文件或文件夹后直接拖入回收站。

（4）选择要删除的文件或文件夹后右击，选择“删除”快捷命令，如图 3.1.13 所示。

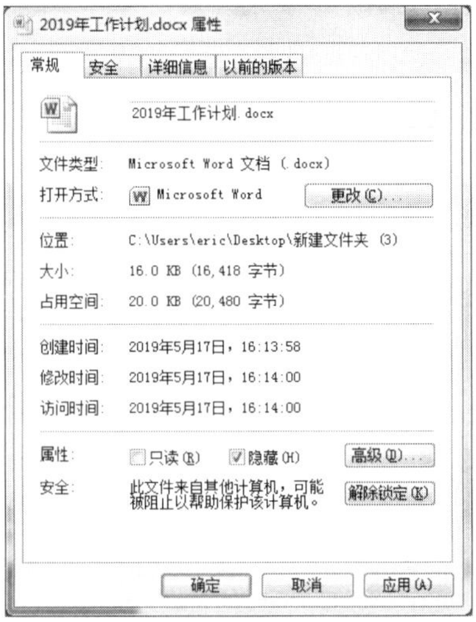

图 3.1.12 文件属性设置窗口

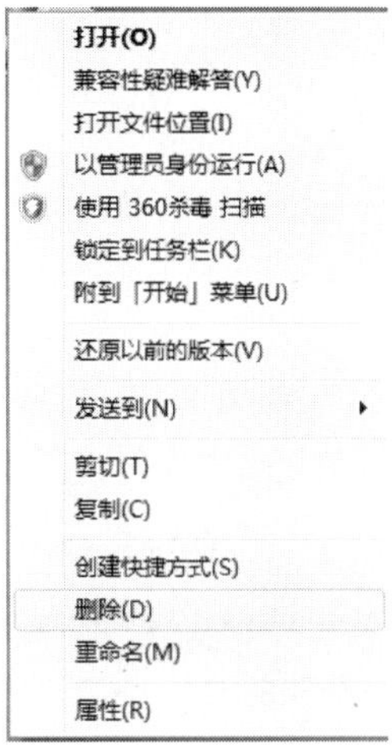

图 3.1.13 删除文件或文件夹

9．搜索文件或文件夹

有时候，我们会忘记某个文件存放到计算机中的什么位置了，而计算机里的东西很多时又不能一个一个地寻找。这时就可以利用系统自带的搜索功能，将文件搜索出来。

（1）使用“开始”菜单上的搜索框查找存储在计算机上的文件、文件夹、程序等。单击“开始”菜单，在“搜索”文本框中输入文件所包含的文字，然后按 Enter 键即可，如图 3.1.14 所示，例如输入“计算机应用基础”确认后的搜索结果如图 3.1.15 所示。

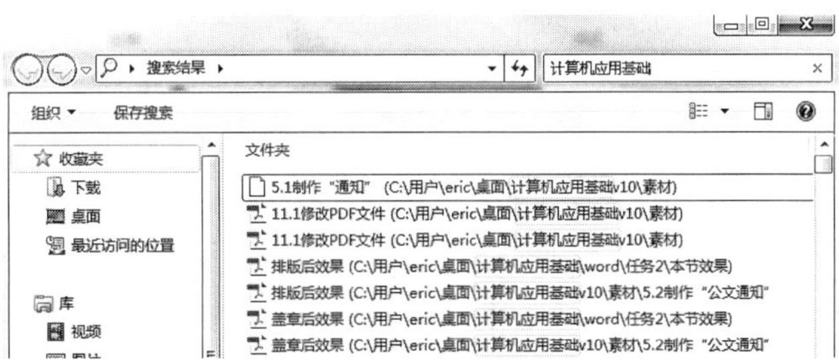

图 3.1.14 “搜索”文本框

图 3.1.15 搜索结果

（2）利用已打开的“计算机”或文件夹窗口右上角的“搜索”文本框搜索文件。打开“计算机”窗口，在右上角的“搜索”文本框中输入文件所包含的文字，例如输入“*.jpg”，按Enter键，将搜索出jpg格式的图片文件，示例结果如图3.1.16所示。

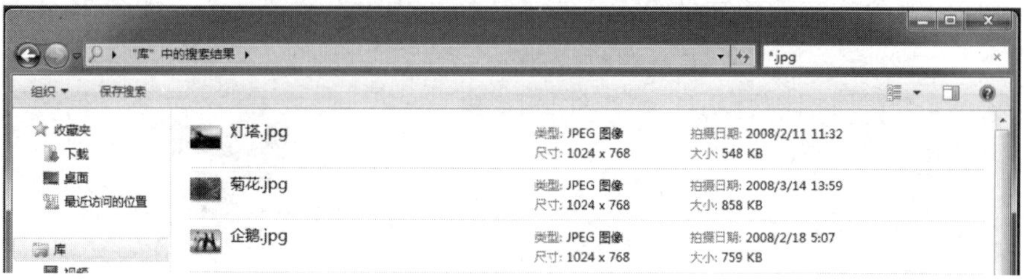

图3.1.16　搜索文件

小贴士　“*”和“?”是文件名通配符，“*”代表任意几个连续字符，“?”代表任意一个字符。例如：“*.jpg”代表扩展名为jpg的所有图片；“a*.*”代表以字母a开头的所有文件或文件夹；“S? ?.docx”代表以字母S开头的文件名为3个字符且扩展名为.docx的所有文件。

10．回收站的使用

当不小心把文件或文件夹删除后，并没有彻底消失。为防止因误删除给用户带来损失，Windows系统设立了“回收站”，用于收集所有被删除的对象。对于被不小心误删除的文件或文件夹，可以采用“还原”的办法从“回收站”中进行恢复。

实现步骤：在桌面上双击打开“回收站”，在“回收站”窗口中选择要还原的文件夹或文件；单击菜单栏的“还原此项目”命令，或右击已选定的文件夹或文件，在弹出的快捷菜单中选择“还原”命令，如图3.1.17所示，选定的文件夹或文件就会还原到删除之前的原始位置上。

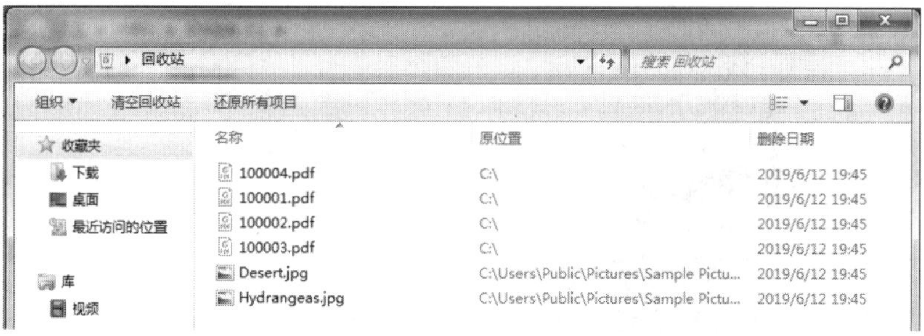

图3.1.17　回收站

注意　不是所有被删除的文件或文件夹都可以从回收站中还原的。一般来说，只有从硬盘中删除的对象才会放入“回收站”中。以下几种情况是无法还原的：

（1）移动硬盘、优盘、软盘或网络驱动器中删除对象时，该对象将直接被永久删除，不能被还原。

（2）从硬盘中删除对象时，如果直接按“Shift+Delete”组合键进行删除时，该对象将被永久删除。一般来说，最好不要使用“Shift+Delete”组合键来删除文件或文件夹，除非确定该文件或文件夹确实没有用。

（3）“回收站”使用的存储资源是硬盘，从“回收站”中删除的对象将被永久删除。

11．剪贴板的使用

小海在撰写毕业设计的时候，经常需要把计算机屏幕上的一些窗口作为一幅插图插入论文中，要如何实现呢？

可以将整个屏幕或当前窗口作为图片画面复制到剪贴板，然后将剪贴板中的图片粘贴到“画图”程序窗口中或直接粘贴到 Word 文档中，作为插入图形使用，我们将这种方法叫做“图形抓取”，简称“抓图”。

复制整个屏幕图像到剪贴板的方法是：按 Print Screen 键。

复制当前窗口图像到剪贴板的方法是：按“Alt+Print Screen”组合键。

操作步骤为：

（1）截取整个桌面。显示桌面，按 Print Screen 键将整个桌面图像复制到剪贴板中，选择“开始”→“所有程序”→“附件”→“画图”命令，打开“画图”程序，用该程序的“粘贴”命令将桌面复制到“画图”程序窗口中，如图 3.1.18 所示，此时就可以将截取的桌面作为图片处理了。

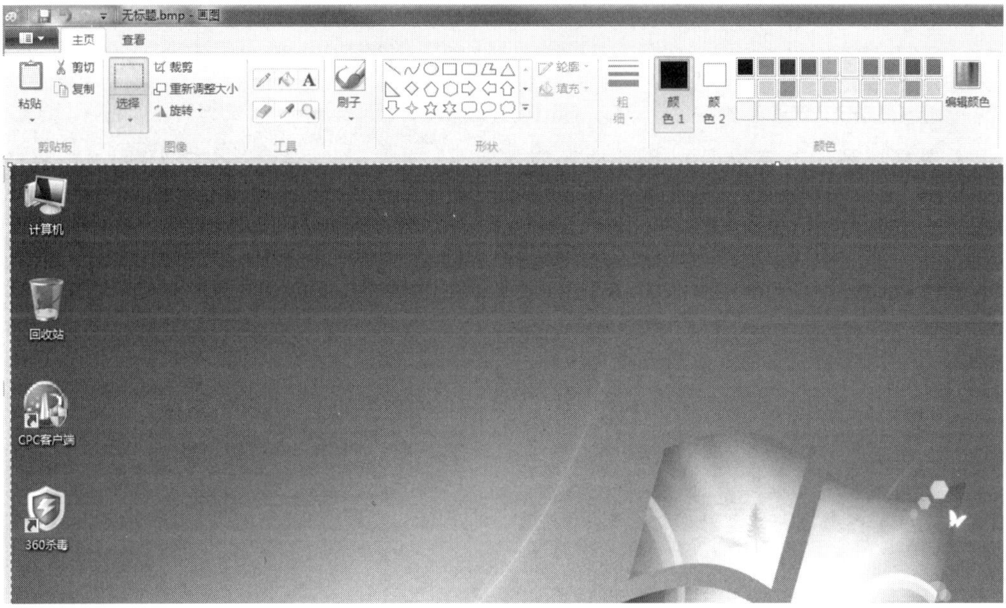

图 3.1.18 截取桌面后在画图中粘贴

（2）截取当前窗口。打开要截取的窗口（如“计算机”窗口），按“Alt+Print Screen”组合键，选择“开始”→“所有程序”→“附件”→“画图”命令，打开“画图”程序，在“画图”程序窗口的菜单栏中选择“编辑”→“粘贴”命令，将已截取的当前窗口复制到“画图”程序窗口中，如图 3.1.19 所示，再作为图片进行处理即可。

12．创建快捷方式

对于经常使用的程序或文件夹，可以为其创建快捷方式，将快捷方式图标放在桌面上或

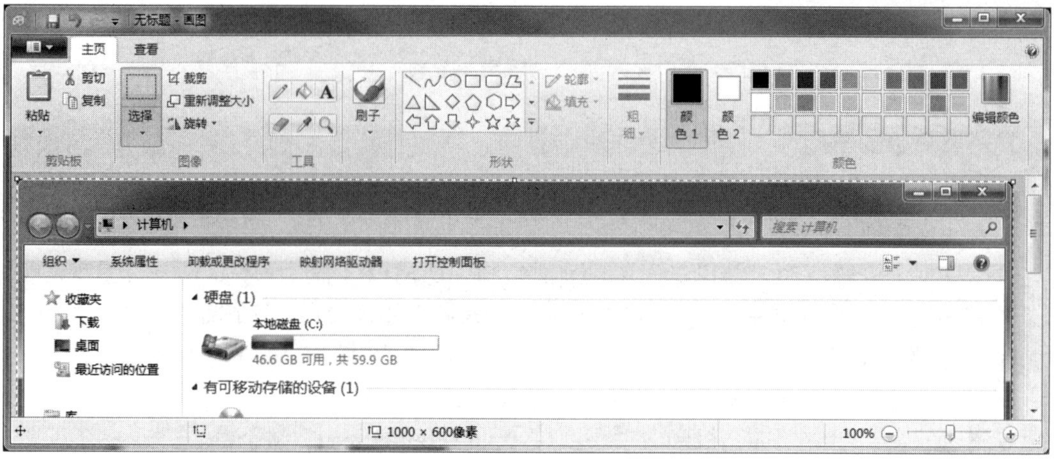

图 3.1.19　截取当前窗口后进行粘贴的显示效果

其他可以快速访问的地方。这样可以避免因为寻找程序或文件夹而浪费时间，提高工作和学习的效率，操作步骤为：选择需要创建快捷方式的程序或文件夹后右击，在弹出的快捷菜单中选择“发送到”→“桌面快捷方式”，如图 3.1.20 所示。

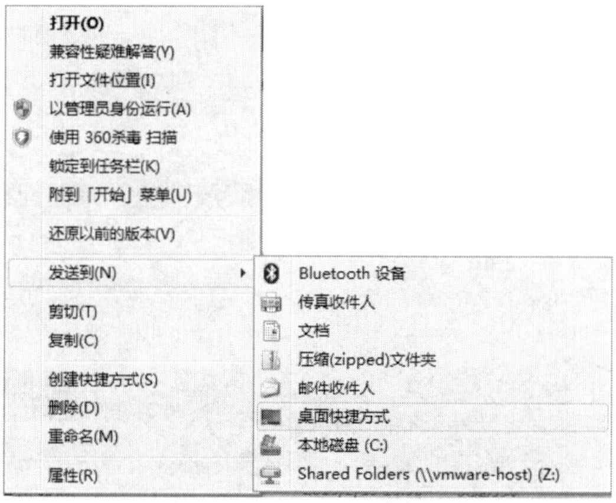

图 3.1.20　创建桌面快捷方式

例如，使用快捷方式快速启动“画图”程序的步骤为：

（1）选择“开始”菜单中的“画图”命令后右击，在弹出的快捷菜单中选择“属性”命令，弹出“画图属性”对话框，如图 3.1.21 所示。

（2）在“快捷键”文本框内输入打开时要使用的快捷键，例如输入“Ctrl+Alt+5”，单击“确定”按钮，如图 3.1.22 所示。

图 3.1.21　“画图属性”对话框

图 3.1.22　“画图”程序的快捷键设置

（3）返回到桌面，按快捷组合键“Ctrl+Alt+5”可快速打开“画图”程序。

13. 安装与删除输入法

扫一扫看五笔字型字根总表微视频

下面以安装搜狗输入法为例来说明操作步骤。

（1）双击下载好的搜狗输入法安装软件图标即可启动其安装向导，单击“立即安装”按钮，如图 3.1.23 所示。

（2）等待搜狗拼音输入法进行安装，并根据安装向导完成安装。

（3）在桌面下部的任务栏右击“选择输入法”图标，在弹出的快捷菜单中选择“设置”命令，如图 1.3.24 所示。

扫一扫看文字输入法基础微视频

扫一扫看五笔字型输入法与编码基础微视频

图 3.1.23　搜狗输入法安装界面

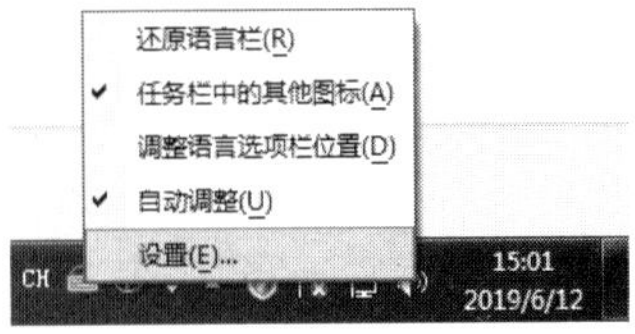

图 1.3.24　输入法设置

（4）弹出“文本服务和输入语言”对话框，单击“添加”按钮，如图 3.1.25 所示。

（5）弹出“添加输入语言”对话框，选择“搜狗拼音输入法”，如图 3.1.26 所示，单击“确定”按钮。

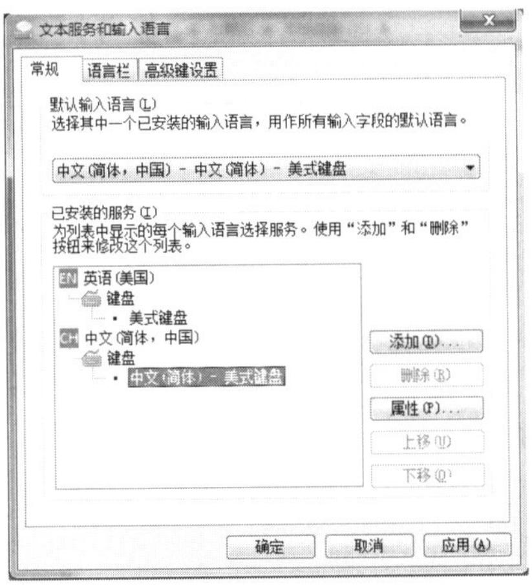

图 3.1.25　“文本服务和输入语言”对话框

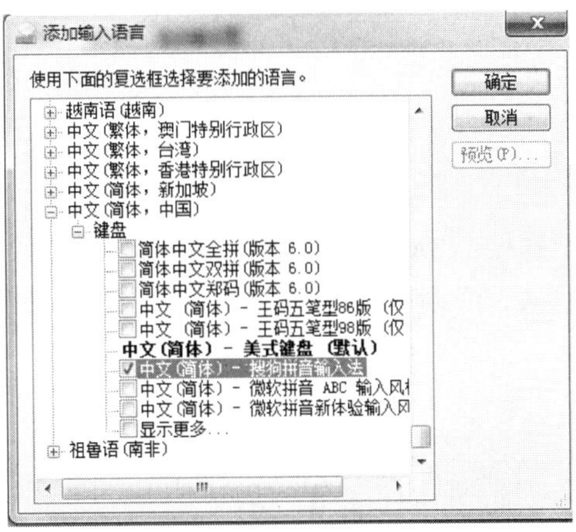

图 3.1.26　“添加输入语言”对话框

（6）返回“文本服务和输入语言”对话框，如图 3.1.27 所示，单击“确定”按钮即可。

如果想删除某种已安装的输入法，在“文本服务和输入语言”对话框中，选择要删除的输入法，单击“删除”按钮，如图 3.1.28 所示，再单击“确定”按钮即可。

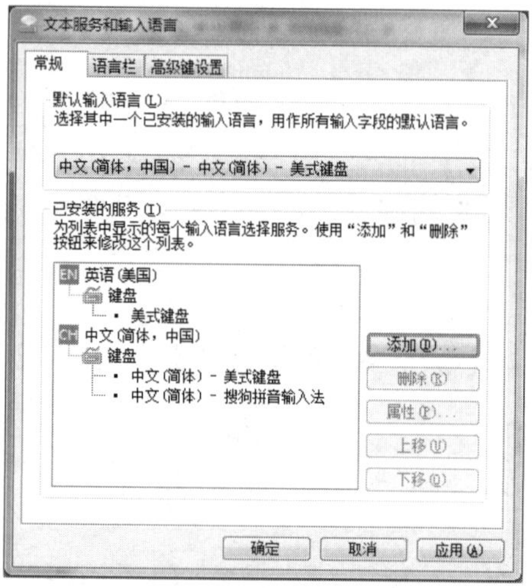

图 3.1.27　添加搜狗拼音输入法

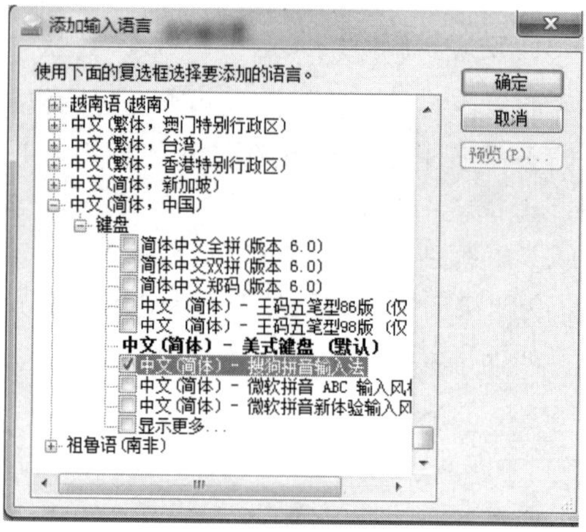

图 3.1.28　删除输入法

拓展训练

序号	难度	项　目	要　求
1	*	Windows 文件或文件夹操作训练	从计算机等级考试题库中抽取“Windows 操作”部分，完成 3 套
2	*	打字训练 1	下载金山打字通练习打字，实现盲打
3	***	打字训练 2	用五笔字型或拼音输入法打字，实现录入 60 字/分钟

评价反馈

扫一扫看五笔字型编码输入法微视频

扫一扫看五笔字型汉字拆分原则微视频

扫一扫看五笔字型输入技巧微视频

1. 选择题

（1）在 Windows 7 的“资源管理器”中，为选择连续的文件，首先应按住（　　）。

A. Alt 键　　B. Shift 键　　C. Ctrl 键　　D. Del 键

（2）Windows 7 中“剪贴板”的作用是（　　）。

A. 作为“资源管理器”的工作区　　B. 作为并行程序的信息存储区

C. 在使用 DOS 命令时分配的临时区域　　D. 临时存放应用程序剪切或复制的信息

（3）在 Windows 7 中，被删除的文件一般放入（　　）。

A. 计算机　　B. 剪切板　　C. 资源管理器　　D. 回收站

2. 判断题

（1）在 Windows 7 中，“回收站”利用内存空间保存用户临时删除的文件。（　　）

（2）删除文件的快捷方式，不等于删除文件。（　　）

3. 思考题

（1）将不同类型或用途的文件存放在不同的文件夹中有何意义？

（2）快捷方式的作用是什么？

任务 3.2　美化系统与个性化设置

扫一扫看 Windows 7 操作入门微视频

扫一扫看 Windows 7 的其他操作微视频

学习目标

您完成本学习任务后，应当能够：

（1）熟悉更改桌面背景的方法；

（2）熟悉设置快速启动任务栏的方法；

（3）掌握窗口的设置方法。

任务描述

小海拍了很多的海南风景照，想把其中一张设置为计算机屏幕的桌面背景。

任务分析

设置个性化的桌面背景，是件非常容易的事情。只要在“个性化”菜单中进行设置，就能得到一个自己喜欢的独特桌面。

任务导学

3.2.1　桌面及组成

“桌面”是用户启动 Windows 7 操作系统后，首先看到的主屏幕区域。Windows 7 为让此桌面上保持简洁干净，将“控制面板”“网上邻居”等图标整理到了“开始”菜单中。桌面的组成元素主要包括桌面的背景、图标、“开始”菜单按钮、快速启动工具栏、任务栏和通知区域，如图 3.2.1 所示。

图 3.2.1　Windows 7 的桌面

1. 图标

在 Windows 7 操作系统中，所有的文件、文件夹和应用程序等都是由相应的图标表示。图标是具有明确指代含义的计算机图形。在桌面上，图标一般由文字和图片组成。文字用来说明图标的名称或功能，图片是图标的标志符。桌面上的图标包括程序图标和快捷方式图标。双击桌面上的图标或快捷键方式图标，可以快速地打开相应的文件、文件夹或者应用程序。

2. 任务栏

桌面底端的长条为“任务栏”，用来显示正在运行的程序，由“开始”菜单按钮、任务控制区、语言栏、电池状态（只有笔记本电脑有）和通知区域组成，如图 3.2.2 所示。用户可以根据实际需要，改变任务栏的大小和位置，还可以设置显示或者隐藏任务栏。

图 3.2.2 任务栏

3.“开始”菜单

“开始”菜单存放操作系统或设置系统的绝大多数命令，而且还可以通过菜单命令使用安装到当前系统里面的所有程序。“开始”菜单由常用程序列表、所有程序列表、启动菜单、“关机”选项按钮和搜索框组成，如图 3.2.3 所示。

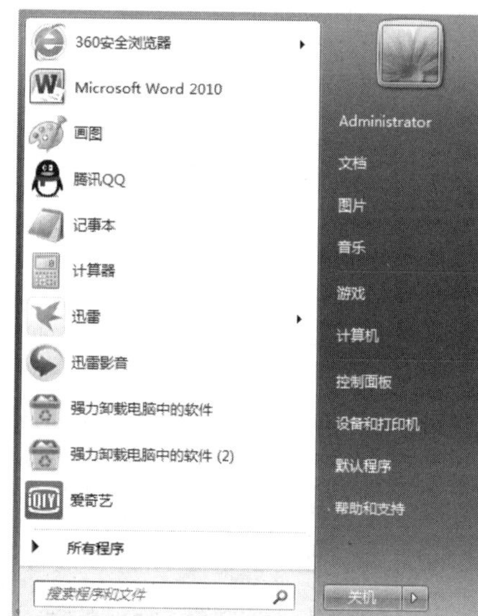

图 3.2.3 “开始”菜单

3.2.2 窗口、菜单与对话框

1. 窗口

“窗口”是计算机用户界面中最重要的部分。它是屏幕上与一个应用程序相对应的矩形区域，是用户与产生该窗口的应用程序直接的可视界面。窗口主要用于显示文件或程序的内容。

虽然每个窗口的内容各不相同，但大多数窗口都具有相同的基本组成部分，如图 3.2.4 所示。

2. 菜单

在 Windows 7 系统中，菜单可以分为“开始”菜单、窗口菜单和右击后弹出的快捷菜单等，很多命令被放置在菜单下面，以选择列表形式显示。图 3.2.5 为右击桌面后弹出的快捷菜单。

3. 对话框

对话框是 Windows 7 系统中用于与用户交互的重要工具，通过对话框系统可以提示或询问用户，并提供一些选项供用户选择。对话框包含按钮和各种选项，通过它们可以完成特定命令或任务。大部分对话框没有最大化、最小化按钮，大多数情况下不能改变对话框的形状大小。图 3.26 是一个“文件夹选项”对话框。

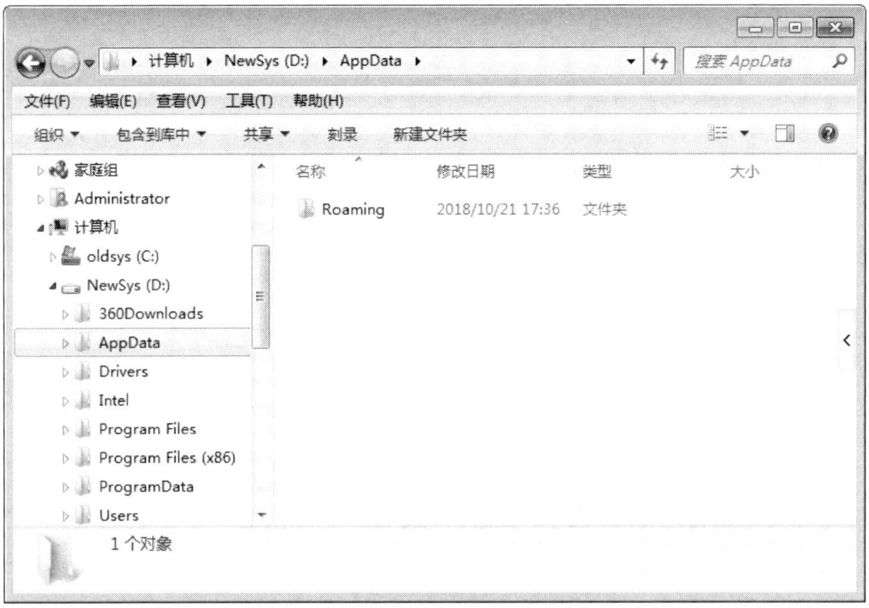

图 3.2.4 窗口

图 3.2.5 桌面快捷菜单

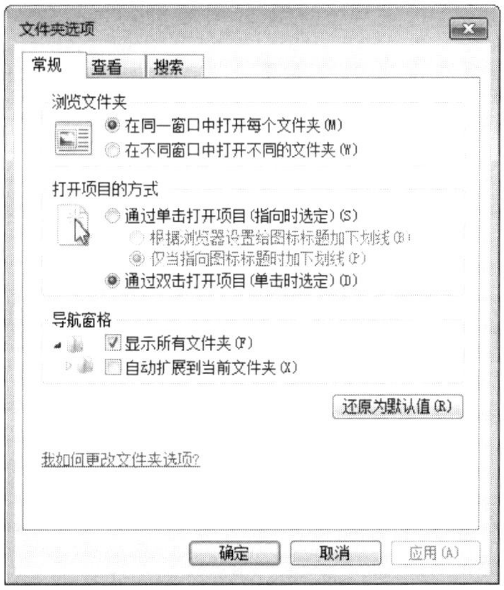

图 3.2.6 “文件夹选项”对话框

实施步骤

1. 设置桌面背景

（1）在桌面的空白处右击，在弹出的快捷菜单中选择“个性化”菜单命令，如图 3.2.7 所示。

（2）弹出个性化设置窗口如图 3.2.8 所示，单击“桌面背景”图标按钮，进入“选择桌面背景”界面，单击选择需要设置为桌面背景的图片，如图 3.2.9 所示，单击“保存修改”按钮，关闭个性化设置窗口。

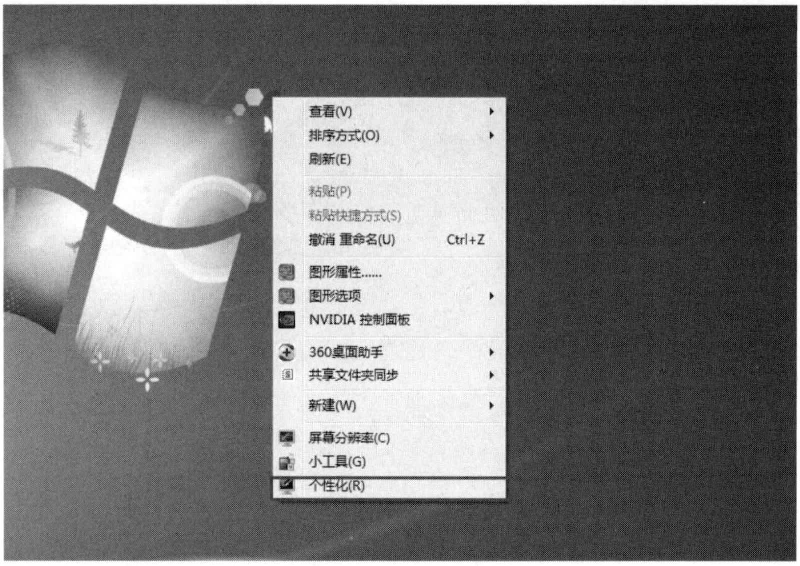

图 3.2.7 “个性化”菜单命令

图 3.2.8 个性化设置窗口

图 3.2.9 “选择桌面背景”界面

（3）完成桌面背景的设置，效果如图 3.2.10 所示。

图 3.2.10　设置后效果

2．更改桌面图标

（1）在桌面的空白处右击，在弹出的快捷菜单中选择“个性化”命令，如图 3.2.11 所示，弹出“个性化”窗口，单击“更改桌面图标”链接命令，如图 3.2.12 所示。

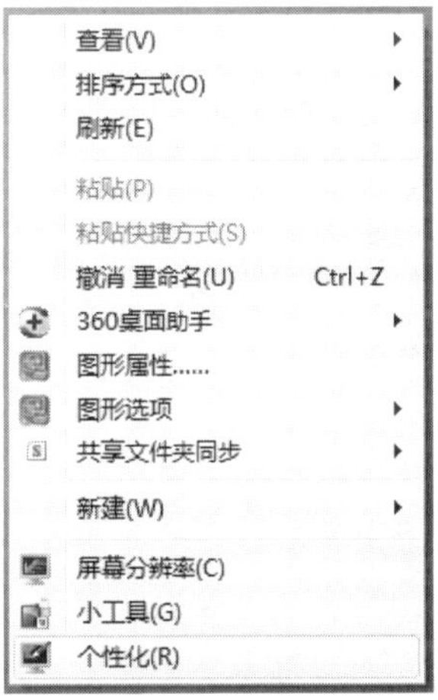

图 3.2.11　桌面快捷菜单

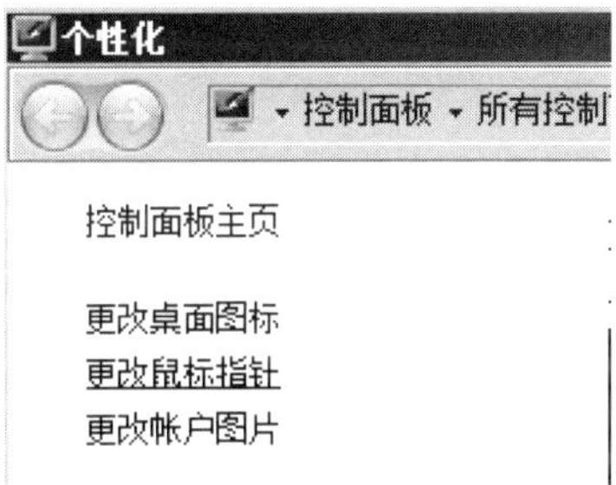

图 3.2.12　“更改桌面图标”命令

（2）弹出“桌面图标设置”对话框，如图 3.2.13 所示，选中需要更改的图标，例如选择“计算机”图标，然后单击“更改图标”按钮。

（3）弹出“更改图标”对话框，在“从以下列表中选择一个图标”列表框中选择一个图标，单击“确定”按钮，如图 3.2.14 所示。

（4）返回“桌面图标设置”对话框，单击“确定”按钮即可。

3．自定义“开始”菜单

“开始”菜单存放着 Windows 7 系统的绝大多数命令和安装到系统里面的所有程序，是

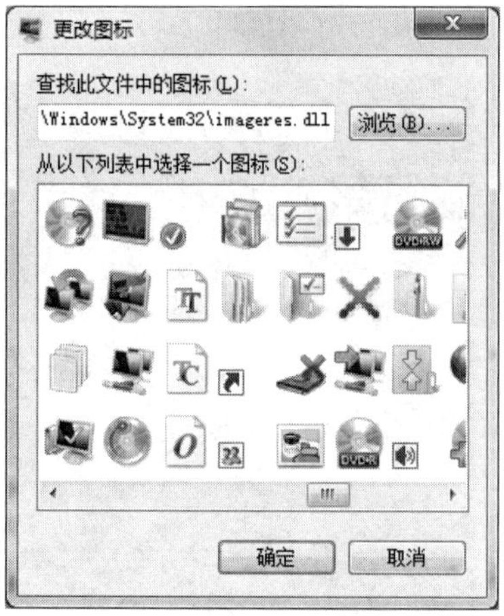

图 3.2.13 “桌面图标设置”对话框　　图 3.2.14 更改图标

操作系统的中央控制区域。Windows 7 的大多数操作都是从“开始”菜单开始的。自定义“开始”菜单的操作步骤如下：

（1）在桌面左下角的“开始”菜单按钮上右击，弹出快捷菜单后选择“属性”命令，弹出“任务栏和开始菜单属性”对话框，如图 3.2.15 所示。

（2）单击“自定义”按钮，弹出“自定义开始菜单”对话框，如图 3.2.16 所示，在“您可以自定义开始菜单上的链接、图标以及菜单的外观和行为”列表框中，单击选择“运行命令”复选项，单击“确定”按钮后返回对话框。

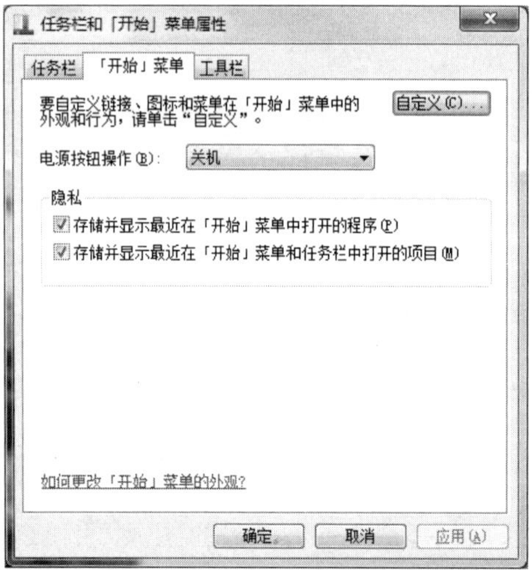

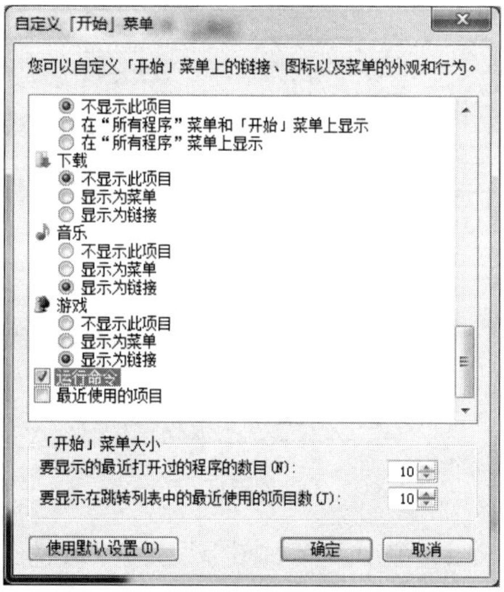

图 3.2.15 “任务栏和开始菜单属性”对话框　　图 3.2.16 “自定义开始菜单”对话框

（3）取消选择“隐私”列表区域的两个复选项，单击“确定”按钮，如图 3.2.17 所示。

（4）单击“确定”按钮，关闭“任务栏和开始菜单属性”对话框，单击桌面左下角的“开始”菜单按钮，即可看到添加的“运行……”命令项，并且常用程序列表栏为空，如图 3.2.18 所示。

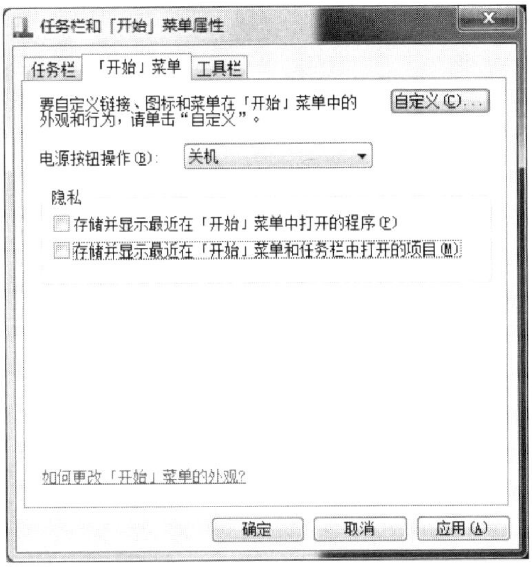

图 3.2.17　“开始”菜单属性设置

图 3.2.18　自定义“开始”菜单效果

4．设置快速启动栏

在程序已经打开的情况下（以 Word 为例）：

（1）在任务栏上用鼠标右键单击已打开的程序，从弹出的快捷菜单中选择“将此程序锁定到任务栏”命令，如图 3.2.19 所示。

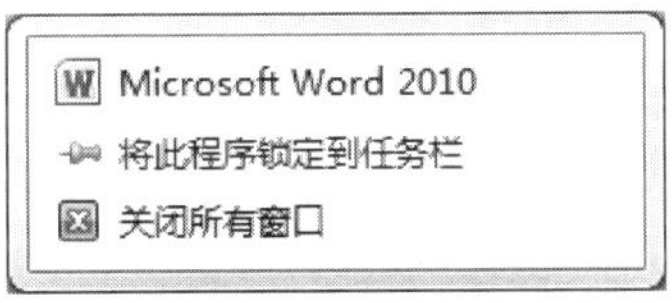

图 3.2.19　锁定程序到任务栏

（2）任务栏上将会出现已添加的应用程序，用户可以随时单击该图标打开该应用程序。

如果程序没有打开，选择“开始”→“所有程序”菜单命令，在弹出的下拉菜单列表中右击需要添加到任务栏中的应用程序，在弹出的快捷菜单中选择“锁定到任务栏”命令，如图 3.2.20 所示。

5．设置任务栏

（1）将鼠标放置在任务栏上右击，在弹出的快捷菜单中选择“属性”命令，弹出“任务栏和开始菜单属性”对话框，如图 3.2.21 所示。

（2）隐藏任务栏。在“任务栏”选项卡中，单击选择“任务栏外观”区域的“自动隐藏任务栏”复选项，如图 3.2.22 所示，然后在“任务栏按钮”右侧的下拉列表中选择“从不合并”命令项。设置完成后，单击“确定”按钮。

（3）取消隐藏任务栏。按上述方法打开“任务栏和开始菜单属性”对话框，在“任务栏外观”区域中撤销对“自动隐藏任务栏”复选项的选择，如图 3.2.23 所示，单击“确定”即可。

图 3.2.20　锁定到任务栏

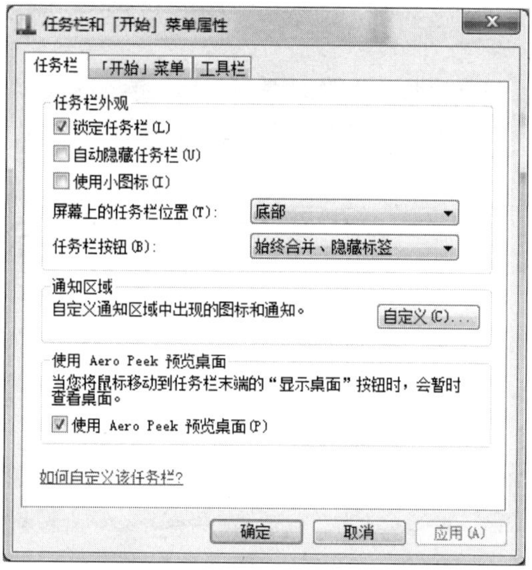

图 3.2.21　“任务栏和开始菜单属性”对话框

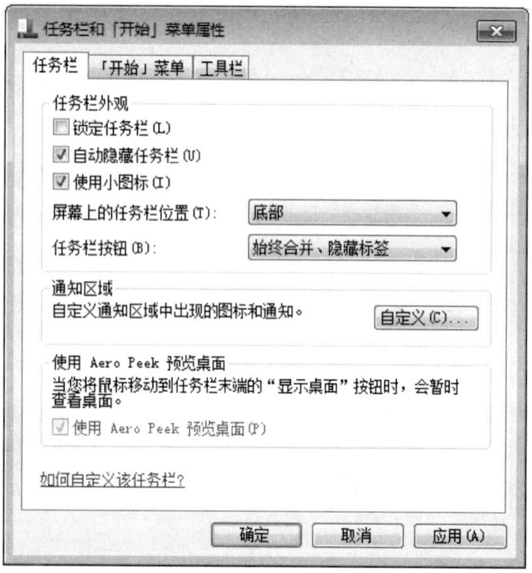

图 3.2.22　隐藏任务栏设置

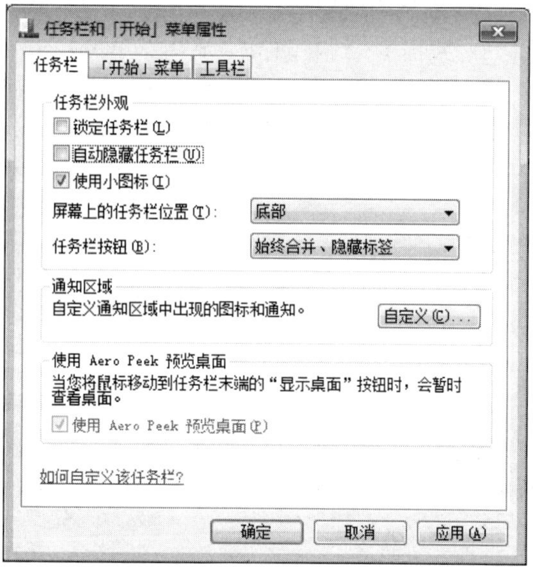

图 3.2.23　取消隐藏任务栏设置

6. 窗口的设置

当用户打开一个应用程序时，通常会打开一个窗口。窗口通常由控制栏、标题栏、菜单栏、工具栏、搜索栏、导航区、工作区、滚动条等部分组成，示例如图 3.2.24 所示。其中控制栏位于窗口最上端，其最右侧为“最小化窗口”“最大化窗口”与“关闭窗口”按钮，单击这 3 个按钮就可以让窗口由目前状态变为最小（缩小到任务栏中）、最大（充满整个屏幕）或关闭（中止该程序运行）。

图 3.2.24 示例窗口

评价反馈

1. 选择题

（1）把 Windows 7 的窗口和对话框进行比较，窗口可以移动和改变大小，而对话框（　　）。

A. 既不能移动，也不能改变大小　　B. 仅可以移动，不能改变大小

C. 不能移动，仅可以改变大小　　D. 既能移动，也能改变大小

（2）对话框的作用是向用户提供（　　）。

A. 系统警告信息　　B. 输入命令参数的环境

C. 一个可以撤销自己误操作的途径　　D. A、B、C 都对

2. 判断题

（1）在 Windows 7 中任务栏的大小和位置都可以改变。（　　）

（2）在 Windows 7 中，对话框能最大化或最小化。（　　）

项目4 遨游互联网

思维导图

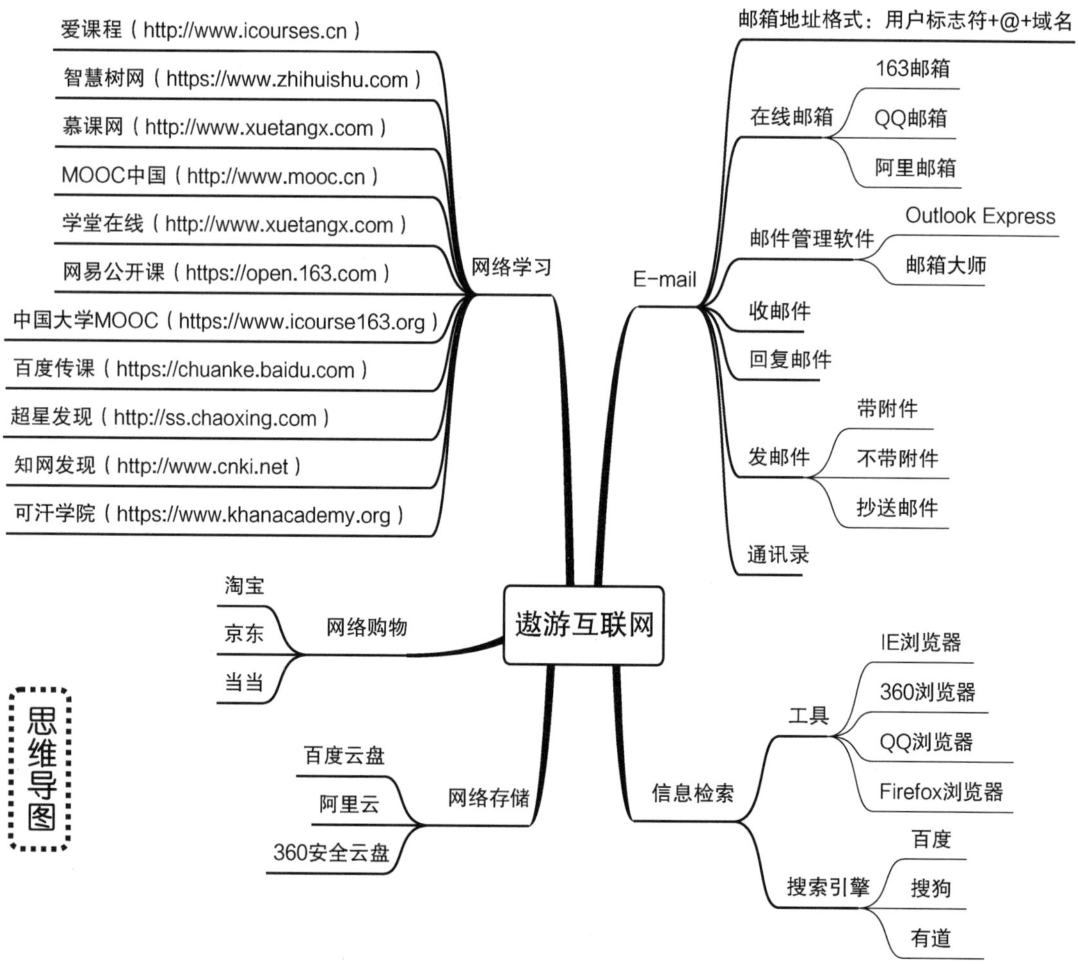

在计算机被广泛应用的今天，通过因特网，已经实现了全球信息共享，由电子商务、网络教程、网络文化等构建了一个绚丽多彩的网络世界。

常用的因特网应用有网页浏览、文件上传或下载、电子邮件收发等，通过因特网可以熟练、高效地进行交流、网络学习、信息搜索、购物、网络空间存储等，丰富人们的生活。

任务 4.1　收发与管理邮件

扫一扫看电子邮件的使用微视频

学习目标

您完成本学习任务后，应当能够：

（1）学会创建与管理电子邮箱账户；

（2）学会收发电子邮件；

（3）学会回复电子邮件；

（4）学会管理电子邮件。

任务描述

刘老师要求小海将毕业设计论文以附件的形式发送到 mail.sea@qq.com。小海需要有一个自己的电子邮箱，更希望有个工具辅助管理收发的电子邮件。

任务分析

电子邮件（E-mail）是一种用电子手段提供信息交换的通信方式，是互联网应用中最广泛的服务。通过网络的电子邮件系统，不收取任何费用，可以在几秒钟内将文件信息发送到世界上任何指定的目的邮箱。电子邮件可以是文字、图像、声音等多种形式。

运用电子邮件管理软件，如 Outlook Express 或 Foxmail 等，可以统一管理多个邮箱，并收发电子邮件，对电子邮件进行高效的管理。

任务导学

电子邮件是用户在互联网上交流的重要工具之一。邮箱的种类很多，如 QQ 邮箱，只要有 QQ 账户的用户，就有 QQ 邮箱。用户还可以自行注册 163 邮箱、阿里邮箱等。用电子邮箱可以收发文字、图像、声音等多种文件。同时，用户可以得到大量免费的新闻、专题邮件，并实现轻松的信息搜索。电子邮箱的存在极大地方便了人与人之间的沟通与交流，促进了社会的发展。

4.1.1　电子邮件地址

电子邮件地址（也称为电子邮箱地址）的格式由三部分组成，即“用户标志符+@+域名”。第一部分“用户标志符”代表用户电子邮箱的账号，对于同一个邮件接收服务器来说，这个账号必须是唯一的；第二部分“@”是分隔符；第三部分“域名”是用户电子邮箱的邮件接收服务器域名，用以标志其所在的位置，如“mail.sea@qq.com”就是账号为“mail.sea”的 QQ 邮箱。

4.1.2 Outlook Express

Outlook Express（OE）是 Microsoft 公司的一种电子邮件管理软件，是常用的电子邮件客户端软件，使用它可以方便、快捷地收发邮件，还可以创建多个账户、地址簿。OE 的主界面包括快速访问工具栏、导航窗格、主视图、阅读窗格和待办事项等，如图 4.1.1 所示。

（1）快速访问工具栏，包括 OE 软件常用功能的快捷按钮。

（2）导航窗格，包括“邮件”“日历”“联系人”“任务”“便签”“文件夹列表”“快捷方式”和“日记”等文件夹按钮。

（3）主视图会根据当前选择窗格的不同而发生相应的变化，其中提供当前在导航窗格中所选文件夹的主要选项。

（4）阅读窗格：单击主视图中的邮件列表，阅读窗格中即可显示该邮件的预览内容。

（5）待办事项是指事先安排好的要做的事情。OE 的待办事项由“日期选择区”“约会区”“任务输入面板”“任务列表”组成。

图 4.1.1　Outlook Express 主界面

4.1.3 邮箱大师

“邮箱大师”是网易公司推出的一款通用型邮箱管理软件。邮箱大师为人们提供更便捷的移动邮箱体验，它支持网易邮箱、QQ 邮箱、Gmail、Hotmail、139 邮箱、新浪邮箱、企业邮箱以及高校邮箱等几乎所有邮箱的登录，并对邮箱的收发邮件等流程做了大量的优化，流量损耗更少，操作体验更舒畅，收发邮件的速度更快!

实施步骤

1．利用 QQ 邮箱发送和接收邮件

（1）在浏览器中输入并打开“http://mail.qq.com”，用 QQ 账号登录即可进入 QQ 邮箱，

如图 4.1.2 所示。

（2）单击“写信”按钮，进入写信的界面，如图 4.1.3 所示，填写好收件人、主题和邮件正文，单击“添加附件”按钮，将“毕业设计.docx”附件上传完成后，单击“发送”按钮即可。

（3）接收和回复邮件。打开 QQ 邮箱，单击“收信”或“收件箱”按钮后，QQ 邮箱会自动接收邮件，单击主题链接，可以看到邮件的详细内容。单击“回复”按钮，如图 4.1.4 所示。打开邮件回复界面，填写好回复主题、正文后发送邮件即可完成邮件的回复，如图 4.1.5 所示。

图 4.1.2　QQ 邮箱界面

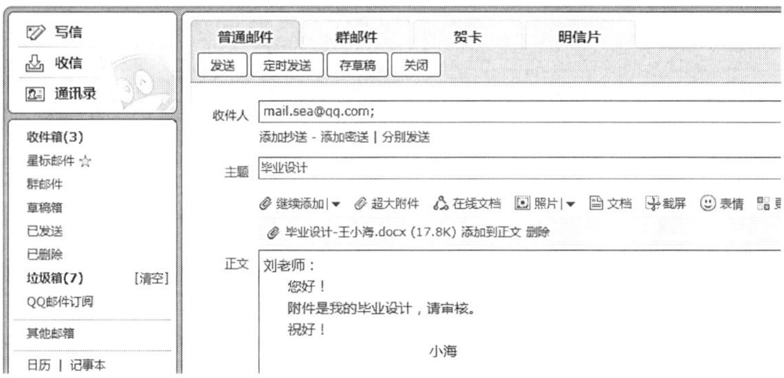

图 4.1.3　写信界面

图 4.1.4　邮件回复界面 1

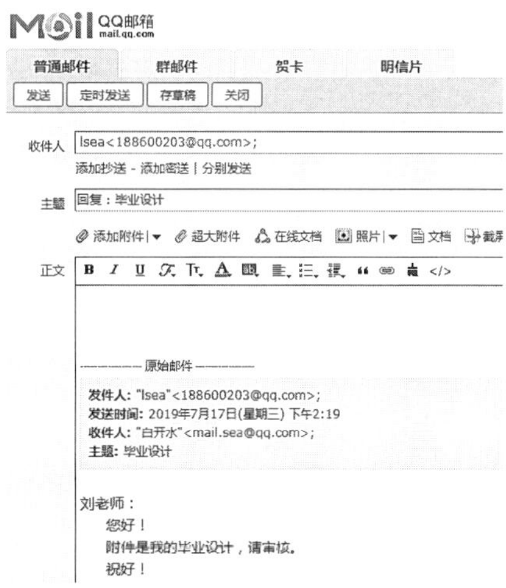

图 4.1.5　邮件回复界面 2

2. 在 Outlook 2010 中收发和管理邮件

下面介绍如何在 Outlook 2010 中创建和管理邮箱账户、发送和接收邮件、回复和管理邮件及管理联系人的操作方法。

1）创建邮箱账户

（1）启动 Outlook 2010 程序，打开该程序的主界面，单击“下一步”按钮，如图 4.1.6 所示。

（2）进入“账户配置”界面，选择“是”单选项，并单击“下一步”按钮，如图 4.1.7 所示。

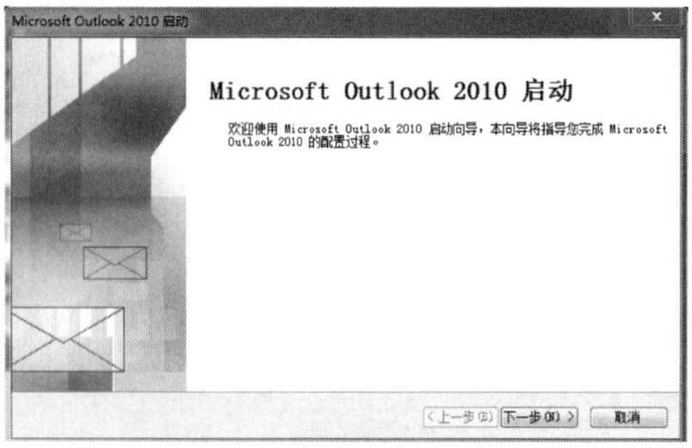

图 4.1.6　启动 Outlook 2010

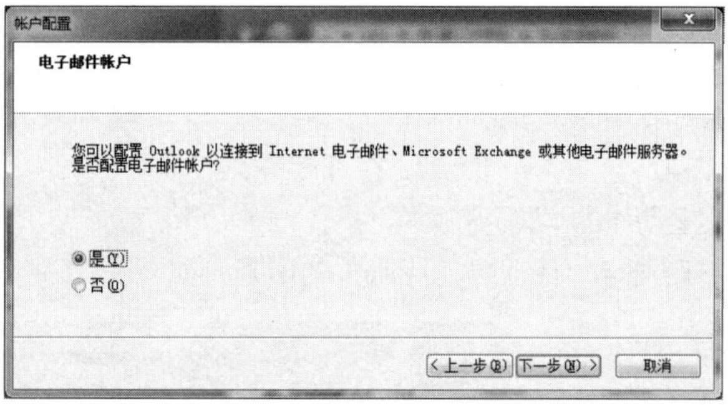

图 4.1.7　账户配置界面

（3）打开“添加新账户”对话框，单击选择“电子邮件账户”单选项，然后单击“下一步”按钮。在打开的窗口中“您的姓名”文本框中输入账户的名称，如“wyl”；在“电子邮件地址”文本框中输入电子邮件地址（也称为电子邮箱的地址）；在“密码”“重新键入密码”文本框中输入电子邮箱的密码，单击“下一步”按钮，如图 4.1.8 所示。

图 4.1.8　“添加新账户”对话框

（4）打开“正在配置”邮箱界面，其中显示了配置邮箱的进度，当配置完成后会显示配置成功的提示信息，单击“完成”按钮，如图 4.1.9 所示。

（5）在 Outlook 2010 的导航窗格中就会显示新创建的账户信息。

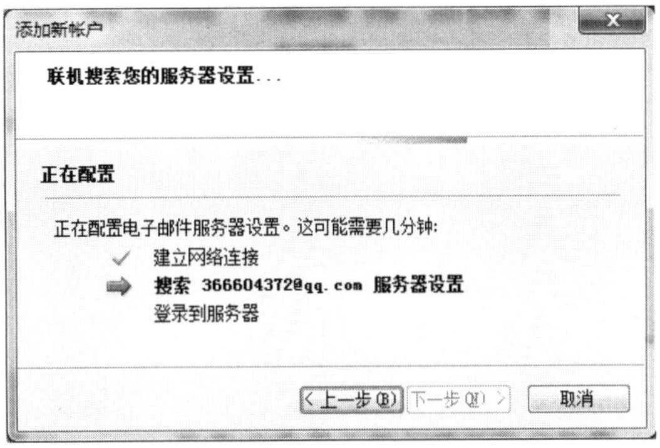

图 4.1.9　联机搜索邮件服务器设置

2）管理邮箱账户

学会管理邮箱账户，可以在联系人很多的时候轻松地找到特定的联系人或通讯组。在 Outlook 中可以管理多个邮箱账户。在 Outlook 2010 中选择一个邮箱账户发送邮件的步骤如下：

（1）在 Outlook 主界面中单击“文件”选项卡，如图 4.1.10 所示，在打开的界面中选择“信息”命令项，如图 4.1.11 所示。

图 4.1.10　Outlook 主界面

（2）单击“账户信息”右侧的倒三角按钮，在如图 4.1.12 所示的下拉列表中选择想发送邮件的邮箱账户来发送邮件。如果没有选择账户时，则以默认的邮箱账户发送邮件。

图 4.1.11　账户信息界面

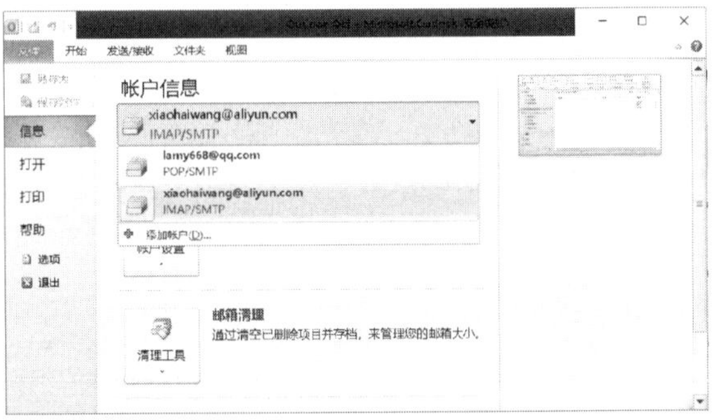

图 4.1.12　选择发送邮件的邮箱账户

3）发送邮件

（1）在导航窗格中选择“邮件”文件夹，单击工具栏中的“新建电子邮件”按钮，弹出“邮件”对话框，如图 4.1.13 所示。

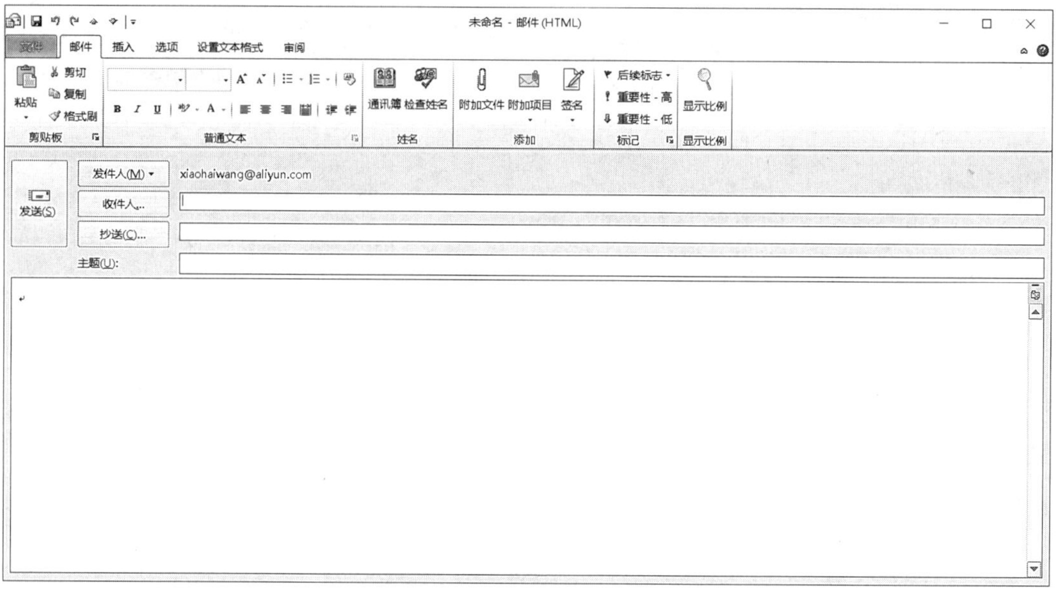

图 4.1.13 “邮件”对话框

（2）在“收件人”文本框中输入收件人的电子邮件地址，在“主题”文本框中输入邮件的主题，在邮件正文区中输入邮件的内容，如图 4.1.14 所示。

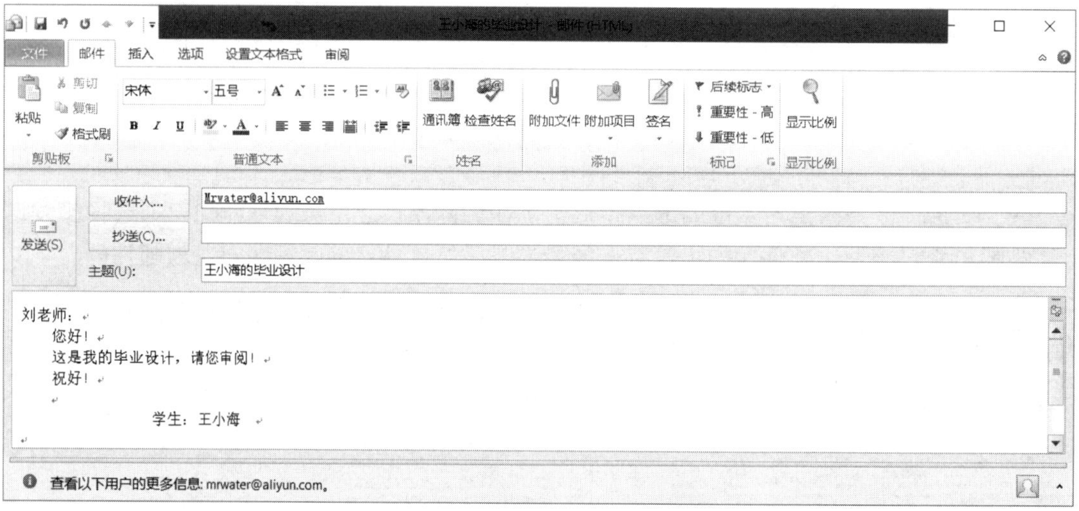

图 4.1.14 输入和编辑邮件

（3）在“邮件”选项卡的“添加”工具栏中单击“附加文件”按钮，如图 4.1.15 所示，弹出“插入文件”对话框，在“查找范围”下拉列表中选择要附加的文件，单击“插入”按钮后返回“邮件”对话框就可以看见已添加的附件了。

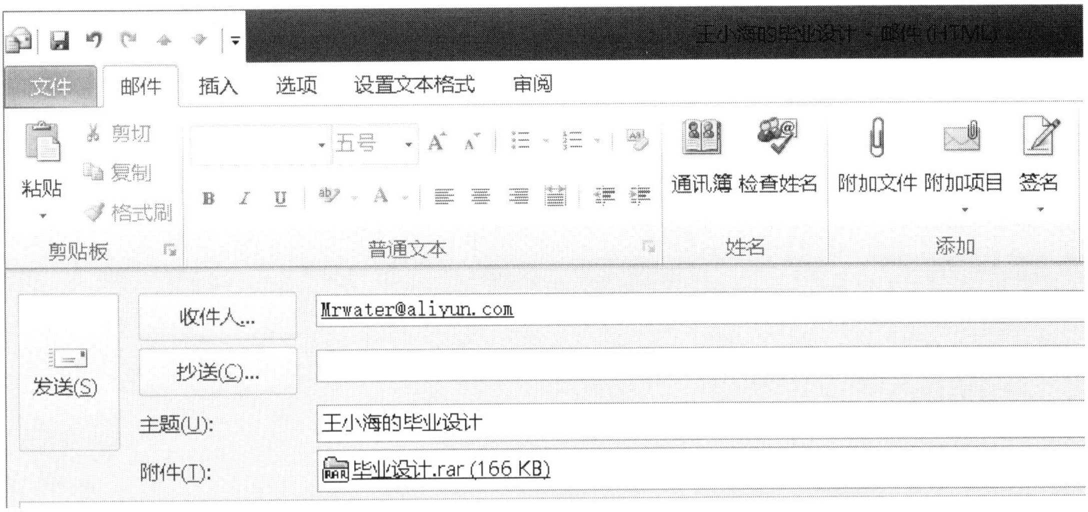

图 4.1.15　添加附件和抄送邮件地址

（4）抄送邮件就是将邮件同时发送给收信人以外的人，用户所写的邮件抄送一份给别人，对方可以看见该用户的电子邮件地址。

（5）对输入的文本内容进行核查和调整文本格式，当不需要修改时单击“发送”按钮，如图 4.1.16 所示。通常在邮件发出后几秒内对方邮箱就能收到。

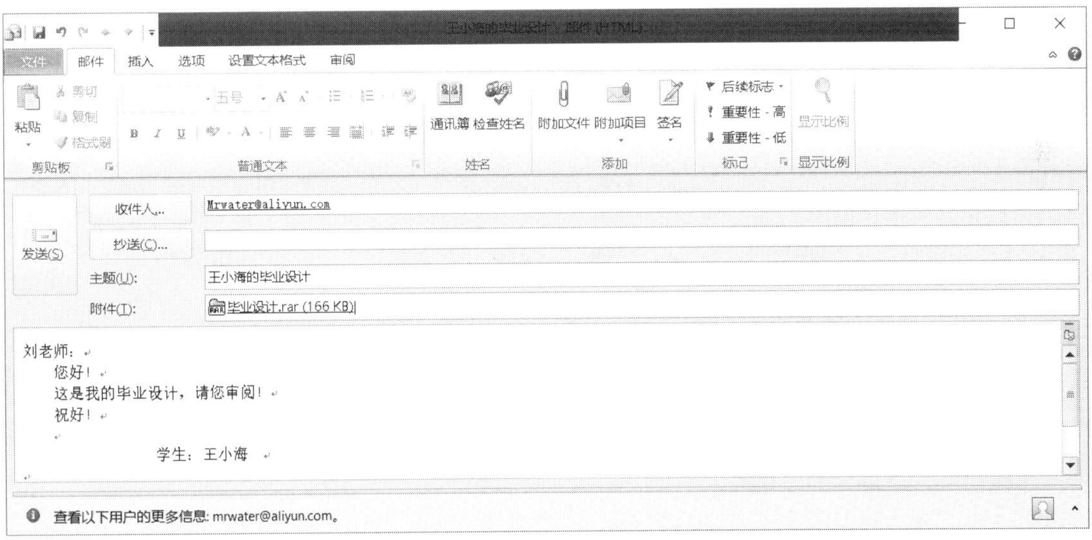

图 4.1.16　发送邮件

4）接收邮件

（1）在导航窗格中选择“收件箱”文件夹，主视图中显示出“收件箱”中的邮件列表，然后单击工具栏的“发送/接收所有文件夹”按钮，如图 4.1.17 所示。

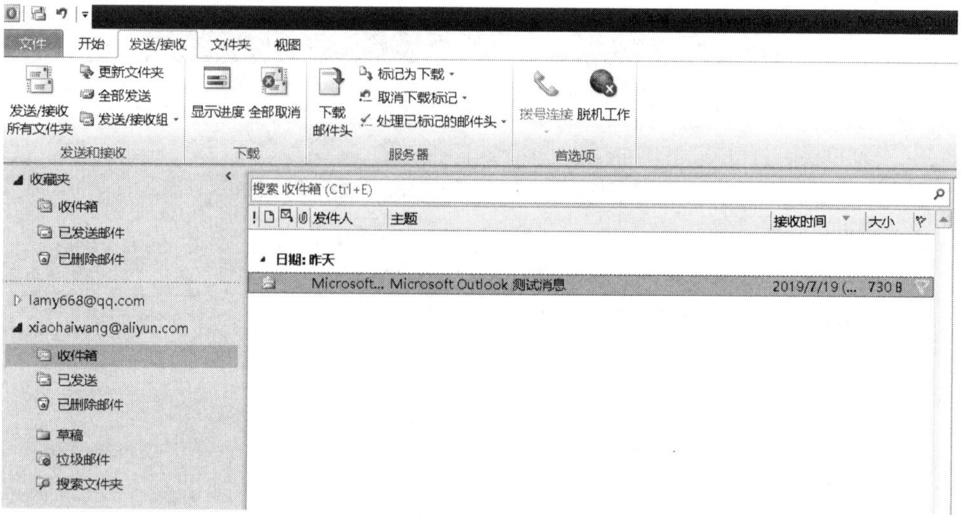

图 4.1.17　接收邮件

（2）如果有邮件到达，则会显示图 4.1.18 所示的“Outlook 发送/接收进度”提示框，并显示出邮件的接收进度，状态栏中会显示发送/接收的进度。

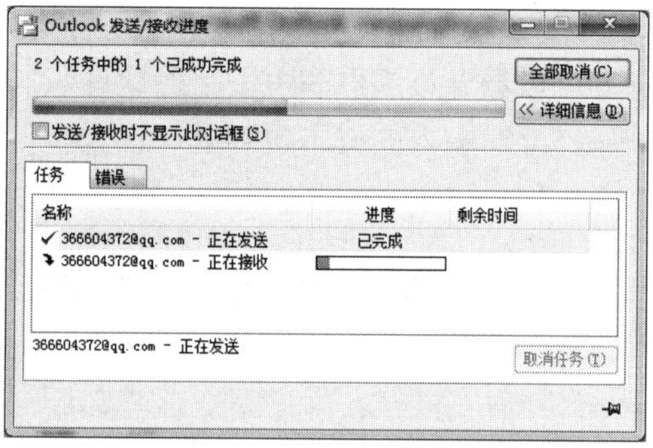

图 4.1.18　接收进度提示框

（3）当邮件接收完毕后，在导航窗格中会显示收件箱中收到的邮件数量，而主视图中则会显示信件的基本信息，如图 4.1.19 所示。

（4）在主视图的邮件列表中双击需要浏览的邮件，打开“邮件”对话框来浏览邮件内容，如图 4.1.20 所示。

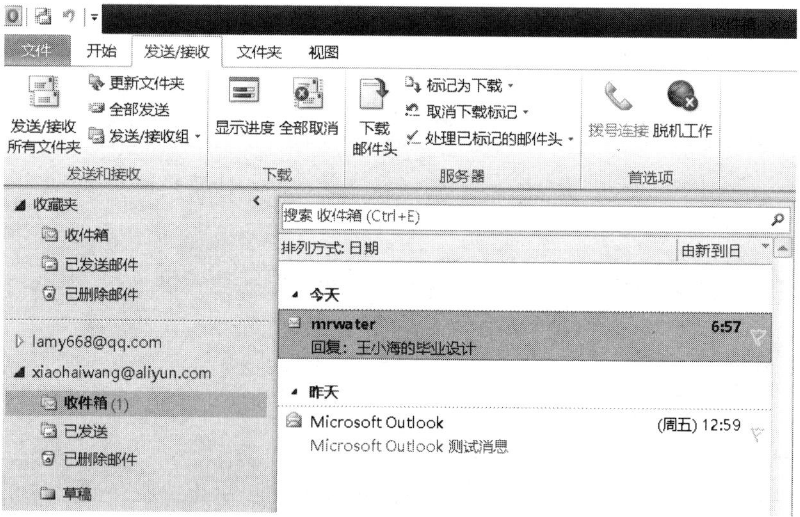

图 4.1.19　接收完毕

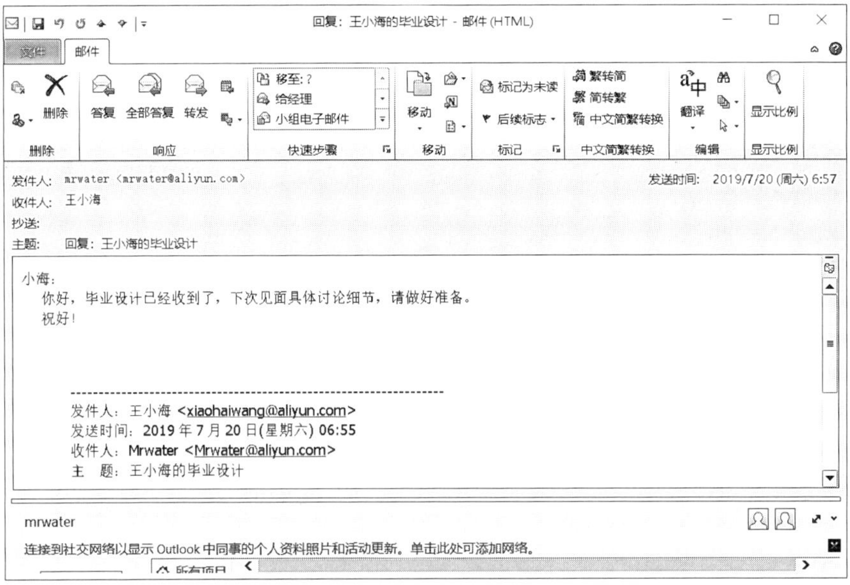

图 4.1.20 浏览邮件内容

5）回复邮件

（1）选择需要回复的邮件，单击“开始”选项卡“响应”工具栏的“答复”按钮，如图 4.1.21 所示，对来信人进行邮件回复，也可以按“Ctrl+R”组合键打开邮件回复窗口。

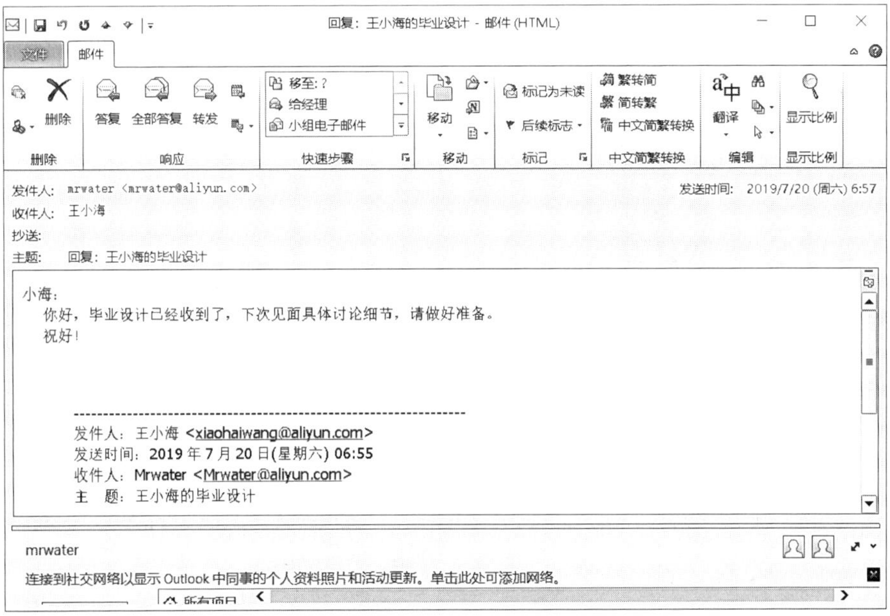

图 4.1.21 邮件回复窗口

（2）在系统弹出邮件回复窗口后，在“主题”下方的邮件正文区中输入需要回复的内容，Outlook 系统默认保留原邮件的内容，可以根据需要删除，如图 4.1.22 所示。在要回复的邮件内容输入完成后单击“发送”按钮，即可完成邮件的回复。

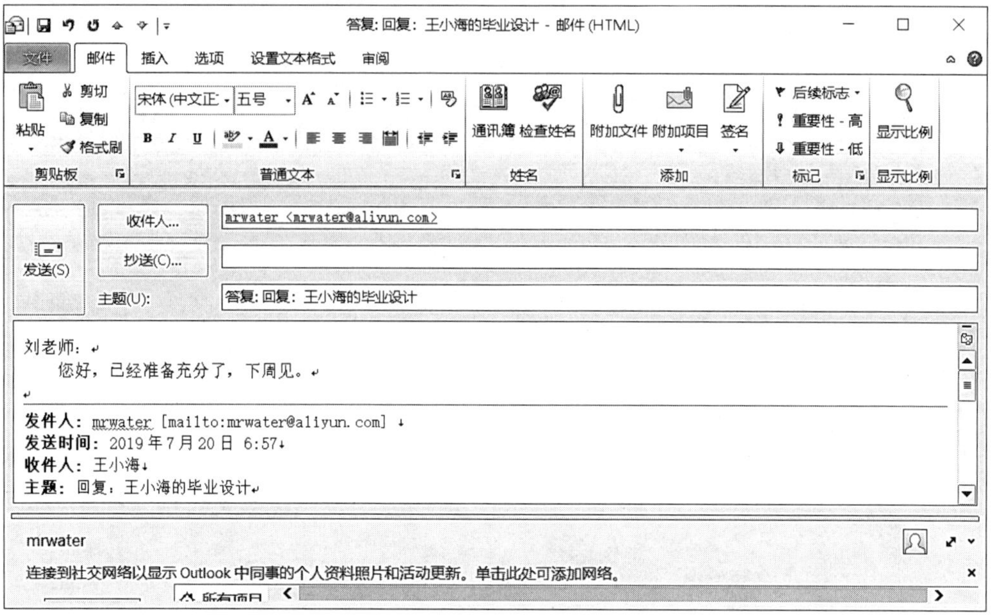

图 4.1.22　发送邮件

6）管理邮件

（1）打开导航窗格中的“Outlook 数据文件”文件夹，选择“收件箱”文件夹后右击，在弹出的快捷菜单中选择“新建文件夹”命令项，如图 4.1.23 所示。

（2）弹出“新建文件夹”对话框，在“名称”文本框中输入新建文件夹的名称，如“工作邮件”，单击“确定”按钮，如图 4.1.24 所示，然后可根据内容将不同的邮件分类放到不同的文件夹中。

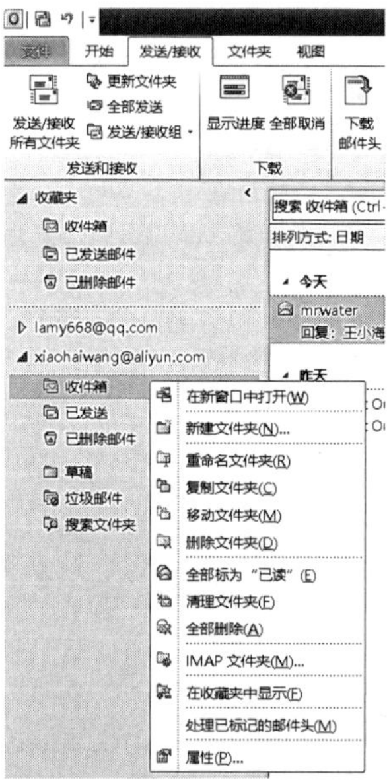

图 4.1.23　管理邮件

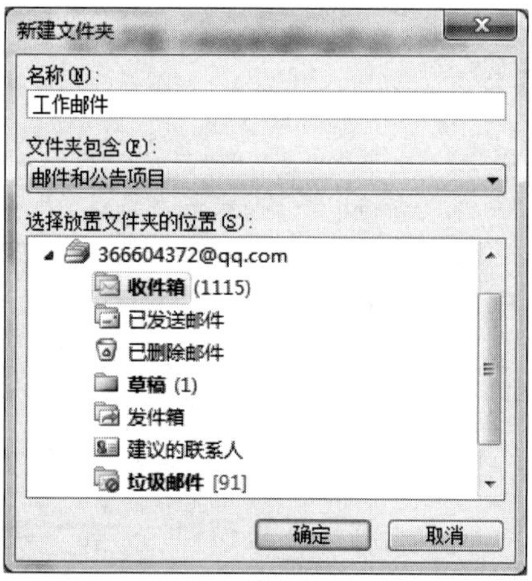

图 4.1.24　“新建文件夹”对话框

7）管理联系人

（1）在 Outlook 主界面单击“开始”选项卡“新建”工具栏的“新建项目”按钮，在弹出的下拉列表中选择“联系人”命令，如图 4.1.25 所示。

图 4.1.25 新建联系人

（2）弹出“联系人”对话框如图 4.1.26 所示，输入相关信息，填写完联系人信息，单击“保存并关闭”按钮，即可完成一个联系人的添加，后面就可以直接使用已设置的联系人信息发送邮件了。

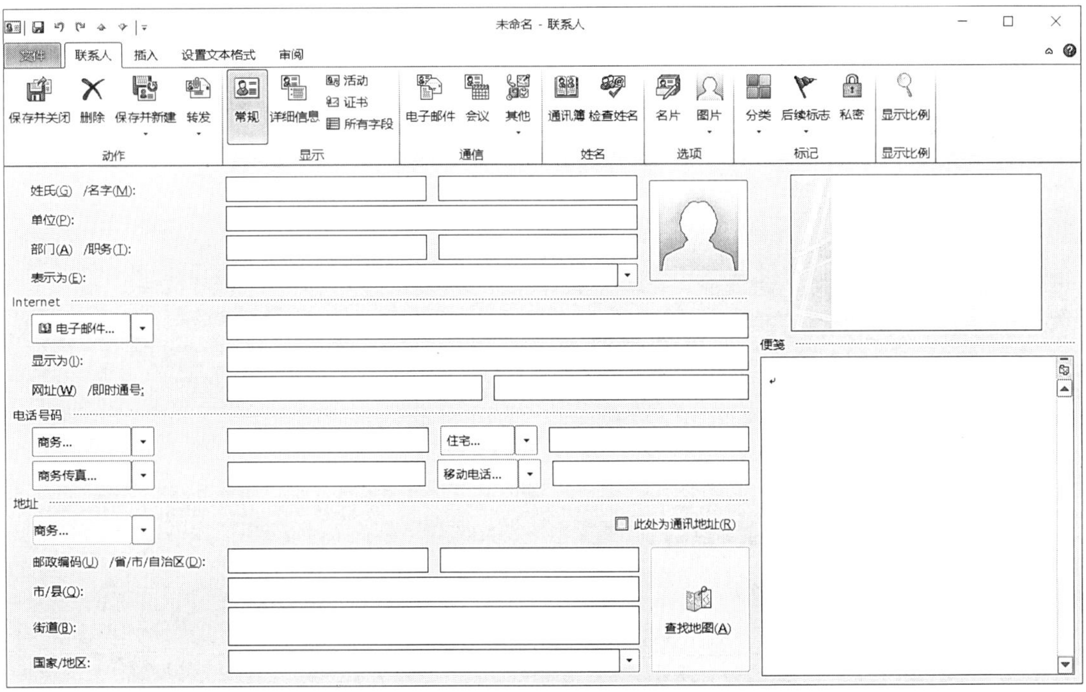

图 4.1.26 “联系人”对话框

评价反馈

1．选择题

（1）Outlook Express 的主要功能是（　　）。

A．创建电子邮箱账户　　B．搜索网上信息

C．接收、发送电子邮件　　D．电子邮件加密

（2）电子邮箱系统不具有的功能是____。

A．撰写邮件　　B．发送邮件　　C．接收邮件　　D．自动删除邮件

（3）在 Outlook 中，关于发送电子邮件的说法不正确的是（　　）。

A．可以发送文本文件　　B．可以发送图片文件

C．可以发送超文本文件　　D．可以发送执行文件

（4）下面合法的电子邮件地址是____。

A．hou.em.Hxing.com.cn　　B．zhou@em.Hxing.com.cn

C．em.hxing.com.cn@zhou　　D．em.hxlng.com，cn.zhou

（5）下面说法错误的是____。

A．电子邮件是因特网提供的一项最基本的服务

B．电子邮件具有快速、高效、方便、价廉等特点

C．通过电子邮件，可向世界上任何一个角落的网上用户发送信息

D．可发送的多媒体信息只有文字和图像

2．判断题

（1）电子邮件地址的一般格式为“用户名@域名”。（　　）

（2）用 Outlook Express 接收电子邮件时，收到的邮件中带有回形针状标志，说明该邮件有附件。（　　）

3．思考题

（1）使用 Outlook 2010 有哪些优缺点？

（2）收发邮件还有哪些工具？

任务 4.2　信息检索

学习目标

您完成本学习任务后，应当能够：

（1）掌握浏览器的使用方法；

（2）学会保存网页内容；

（3）学会上网搜索信息的方法；

（4）学会上网下载有关资料。

任务描述

小海做毕业设计的过程中，涉及 Python 技术。虽然之前小海有接触过相关的 Python 编程的课程，但是没有实际应用过，有好些知识都没理解透。他必须上网搜索、下载相关的资料，以便更好地熟悉 Python。

任务分析

运用网页浏览器，如 IE、Firefox、360 等浏览器，上网搜索阅读相关参考资料进行在线学习，对需要的网页或文件资料，将其保存到自己的计算机中，或打印出来。

任务导学

扫一扫看浏览器的使用微视频

4.2.1 搜索引擎与 IE 浏览器

1. 搜索引擎

搜索引擎是指根据一定的策略、运用特定的计算机程序从因特网上搜集信息，在对信息进行组织和处理后，为用户提供检索服务，将用户检索到的相关信息展示给用户的程序系统。

搜索引擎其实就是在因特网中搜索相关信息的工具，通常以网页形式提供搜索服务。常见的搜索引擎有：

（1）百度“http://www.baidu.com”；

（2）搜狗“http://www.sogou.com”；

（3）有道“http://www.youdao.com”。

2. IE 浏览器

IE 浏览器是微软公司 Windows 7 操作系统的一个组成部分，Windows 7 操作系统自带的浏览器为 Internet Explore（IE），它的界面主要包括以下几部分。

1）地址栏

用户在地址栏中输入网址，按回车键就能快速进入要浏览的网页，既方便又节省时间。

2）菜单栏

菜单栏包括“文件”“编辑”“查看”“收藏夹”“工具”“帮助”等，单击各个菜单命令有各自不同的功能和用途。

3）收藏夹

收藏夹可以将经常使用或喜欢的网站保存起来，不用在 IE 浏览器中输入网址，直接单击“收藏夹”中收藏的网站地址即可快速进入网站。

4）工具栏

工具栏包括“主页”“源”“阅读邮件”“打印”“页面”“安全”“工具”“帮助”等图标按钮。在 Internet Explorer 界面中，可以对工具栏图标按钮进行相应的调整。

5）状态栏

状态栏提供更改缩放级别和安全性级别等辅助功能，以显示当前的各种状态。

4.2.2 常用的因特网服务

（1）WWW（WorldWideWeb，万维网）的创始人是英国物理学家伯纳斯·李（TimeBerners.Lee）。它以超文本标注语言 HTML（Hyper Text Markup Language）与超文本传输协议 HTTP（Hyper Text Transfer Protocol）为基础，能够提供面向服务、用户界面的信息浏览系统。

（2）BBS（Bulletin Board System，电子公告牌系统）通过在计算机上运行服务软件，允许用户使用终端程序通过网络进行连接，执行下载数据或程序、上传数据、阅读新闻、与其他用户交换消息等功能。

（3）E-mail（Electronic Mail，电子邮件）是一种用电子手段提供信息交换的通信方式，是互联网应用最广的服务。通过网络的电子邮件系统，用户可以非常低廉的价格（不管发送到哪里，都只需负担网费）、非常快速的方式（几秒钟之内可以发送到世界上任何指定的目的邮箱地址），与世界上任何一个角落的网络用户联系。

（4）Blog（Web Log，网络日志，也称博客）是继 E-mail、BBS、IM（Instant Messaging）后出现的第四种网络交流方式，是网络时代的个人"读者文摘"，是采用超级链接方式的网络日记，它代表着新的生活方式和新的工作方式，更代表着新的学习方式。简言之，网络日志就是以网络作为载体，简易迅速便捷地发布自己的心得，及时有效轻松地与他人进行交流，集丰富多彩的个性化展示于一体的综合性平台。

（5）Broadcast（播客）是数字广播技术的一种。出现初期借助一个叫"iPodder"的软件与一些便携播放器相结合而实现。Broadcasting 录制的是网络广播或类似的网络声讯节目，网友可将网上的广播节目下载到自己的 iPod、MP3 播放器或其他便携式数码声讯播放器中随身收听，不必端坐在电脑前，也不必实时收听，享受随时随地的自由收听。还可以自己制作声音节目，并将其上传到网上与广大网友分享。

（6）微博（Wei bo）是一个基于用户关系信息分享、传播以及获取的平台。用户可以通过 Web、Wap 等各种客户端组建个人社区，以 140 字（包括标点符号）的文字更新信息，并实现即时分享。微博的关注机制分为可单向、可双向两种。

微博作为一种分享和交流平台，其更注重时效性和随意性。博客更能表达出每时每刻的思想和最新动态，而博客则更偏重于梳理自己在一段时间内的所见、所闻、所感。因微博而诞生出微小说这种小说体裁。

4.2.3 常见的网络行为

1．网络学习

所谓网络学习，就是指通过计算机网络进行的一种学习，它主要是以自主学习和协商学习的方式进行。相对传统的学习活动而言，网络学习有以下三个特征：一是共享丰富的网络化学习资源；二是以个体的自主学习和协作学习为主要形式；三是突破了传统学习的空间与时间的限制。网络为学习者提供了更广阔的学习空间，让学习者更加自主地安排自己的学习计划，从而提高学习效率。常见的网络学习网站有：

（1）智慧树网“https://www.zhihuishu.com”；

（2）慕课网“https://www.imooc.com”；

（3）网易公开课“https://open.163.com”；

（4）中国大学 MOOC“https://www.icourse163.org”；

（5）百度传课“https://www.chuanke.com”；

（6）超星发现“https://ss.chaoxing.com”；

（7）知网发现“https://www.cnki.net”。

2．网络购物

网络购物，就是通过因特网检索商品信息，并通过电子订购单向购物网站发出购物请求，然后通过支付宝或信用卡等形式完成网络付费，供货方通过快递公司送货上门。常见的购物网站有京东网、当当网、淘宝网等。

3．网络存储

网络存储被定义为一种特殊的专用数据存储服务器，包括存储器件（例如磁盘阵列、CD/DVD 驱动器、磁带驱动器和可移动的存储介质）和内嵌系统软件，可提供跨平台文件共享功能。常用的网络存储有百度云盘、阿里云、360 安全云盘等。

实施步骤

下面介绍利用网络搜索资源、下载软件、收藏网站、保存网页的操作方法。

1．利用网络搜索资源

（1）通过“开始”菜单打开 IE 浏览器，在地址栏中输入网址“http://www.baidu.com”，按回车键即可进入该网页，如图 4.2.1 所示。

图 4.2.1　百度首页

（2）在百度搜索引擎的搜索文本框中输入想要搜索内容的关键字，如“python 学习”，单击“百度一下”按钮即可搜索相关信息（不区分英文字母的大小写），如图 4.2.2 所示。

图 4.2.2　搜索结果

（3）单击搜索结果页面中“慕课网_python 爬虫教程_从入门到精通进阶 Python 工程师”链接，打开相应的网页，如图 4.2.3 所示。

图 4.2.3　慕课网网页

小贴士　（1）在搜索过程中，搜索的关键词之间须用空格隔开。如果要将文章标题或名言作为整体搜索，只要在其两边加上英文双引号即可。

（2）百度搜索的结果按搜索内容的相关度来排列，即先列出包含所有关键词的网页，再列出包含其中部分关键词的网页。

（3）在每一项搜索结果中，首先列出的是该网页的标题，标题文字的链接可以直接链接到该具体的网页中；其次是列出该网页中包含有搜索字符的部分网页内容，其中的搜索字符会以醒目的红色显示，最后列出该网页的具体网址等信息。

（4）如果搜索的结果太多、范围太大，可以添加搜索词进一步缩小搜索范围。

（5）如果要搜索 Word 文档，在搜索栏中输入 “Python: doc” 即可。

（6）如果要搜索图片，可以单击搜索地址栏上方的“图片”按钮，再输入相关文字进行搜索。

（7）如果要下载图片。单击图片以大图形式显示，用鼠标右键单击，在打开的快捷菜单中选择“图片另存为”命令保存图片即可。

2．用 IE 下载迅雷软件

用 IE 浏览器直接下载是最普通的一种下载方式，但是这种下载方式不支持断点续传等功能。一般情况下，这种方法只在下载小文件的时候使用，对于下载大文件则很不适用。

（1）在百度的搜索文本框中输入“迅雷”，单击“百度一下”按钮，选择其中一个链接地址打开，单击“立即下载”按钮，如图 4.2.4 所示。

图 4.2.4　下载迅雷软件

（2）根据提示单击“下载”按钮，即可开始下载软件，如图 4.2.5 所示。

（3）单击“查看下载”按钮，可弹出“查看和跟踪下载”对话框，在该对话框中可选择暂停或取消下载，如图 4.2.6 所示。

图 4.2.5　下载迅雷软件

图 4.2.6　查看下载的软件

（4）打开已下载的文件，双击安装文件，即可执行程序的安装操作。

3．收藏喜欢的网站

浏览器的收藏夹功能可以将需要经常使用或者用户喜欢的网站保存起来，使用户可以快速地访问这些网站。

打开要收藏的网页，单击浏览器工具栏的“收藏夹”按钮，在打开的界面中选择“添加到收藏夹”命令，如图 4.2.7 所示。

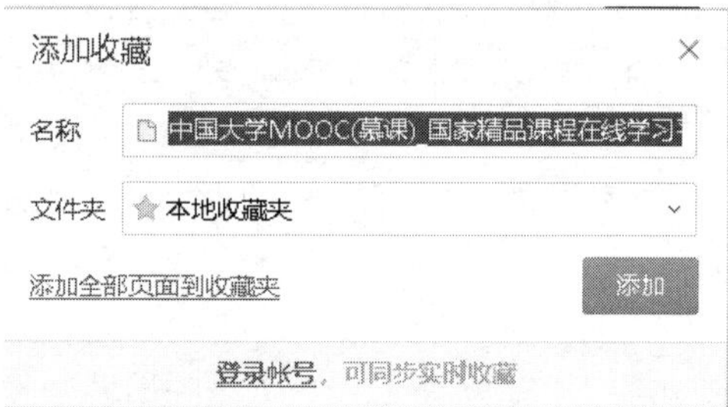

图 4.2.7　收藏夹

4．保存网页上的内容

（1）保存网页上的文字：在打开的网页中选择要复制的文字，用鼠标右键单击，在弹出的快捷菜单中选择“复制”命令，如图 4.2.8 所示。

图 4.2.8　复制网页文字

（2）保存网页上的图片：选择想要下载保存的图片，用鼠标右键单击，在弹出的快捷菜单中选择“图片另存为”命令，如图 4.2.9 所示。

图 4.2.9　保存网页图片

（3）打开“保存图片”对话框，选择图片文件保存的位置，单击“保存”按钮即可，如图 4.2.10 所示。

图 4.2.10 “保存图片”对话框

5．保存网页

（1）将要保存的网页打开，在菜单栏中选择“文件”→“另存为”命令，如图 4.2.11 所示，打开“保存网页”对话框。

图 4.2.11 另存网页

（2）在对话框中选择适当的保存路径，如保存在 F:盘文件夹中，保存的文件名称是默认的网页标题，保存类型默认是“网页，全部”，如图 4.2.12 所示，单击“保存”按钮。

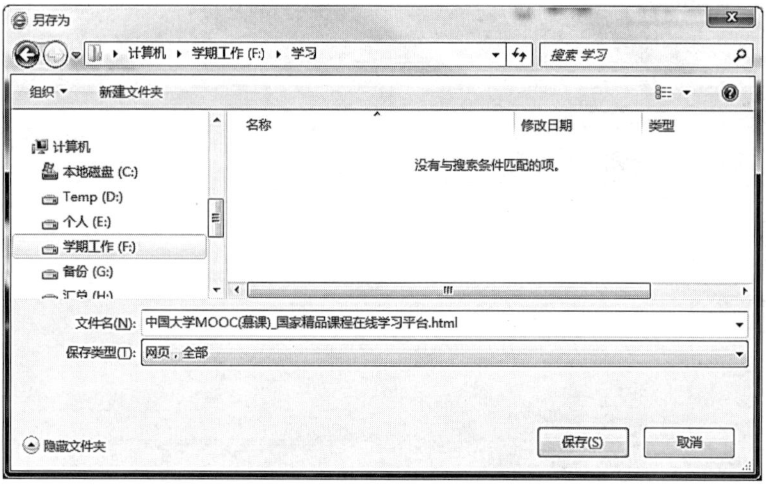

图 4.2.12 “保存网页”对话框

（3）打开已保存网页的路径，即可看到所保存网页的内容，如图 4.2.13 所示。

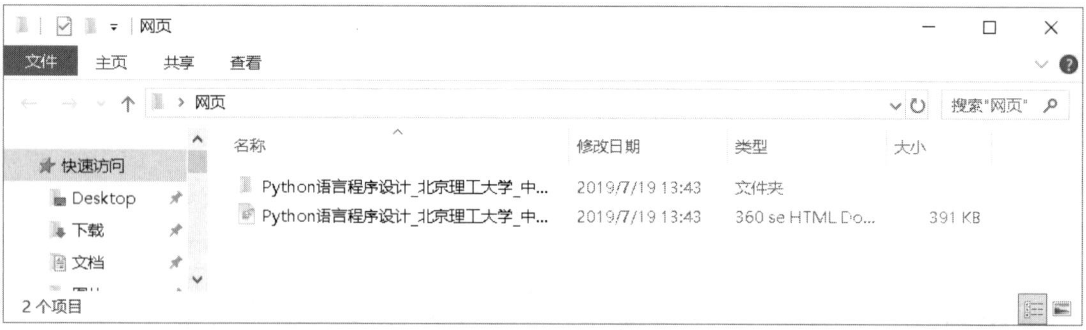

图 4.2.13 保存后的网页

评价反馈

1. 选择题

（1）计算机网络最突出的优点是（　　）。

A. 存储容量大　　B. 运算速度快　　C. 资源共享　　D. 运算精度高

（2）互联网服务都是基于一种协议的，WWW 是基于（　　）协议的。

A. SMIP　　B. HTTP　　C. SNMP　　D. TELNET

2. 判断题

（1）IE 浏览器的全称是 Internet Explorer。（　　）

（2）在因特网中搜索到的内容只能浏览，不能保存。（　　）

项目5 文字处理软件的应用

思维导图

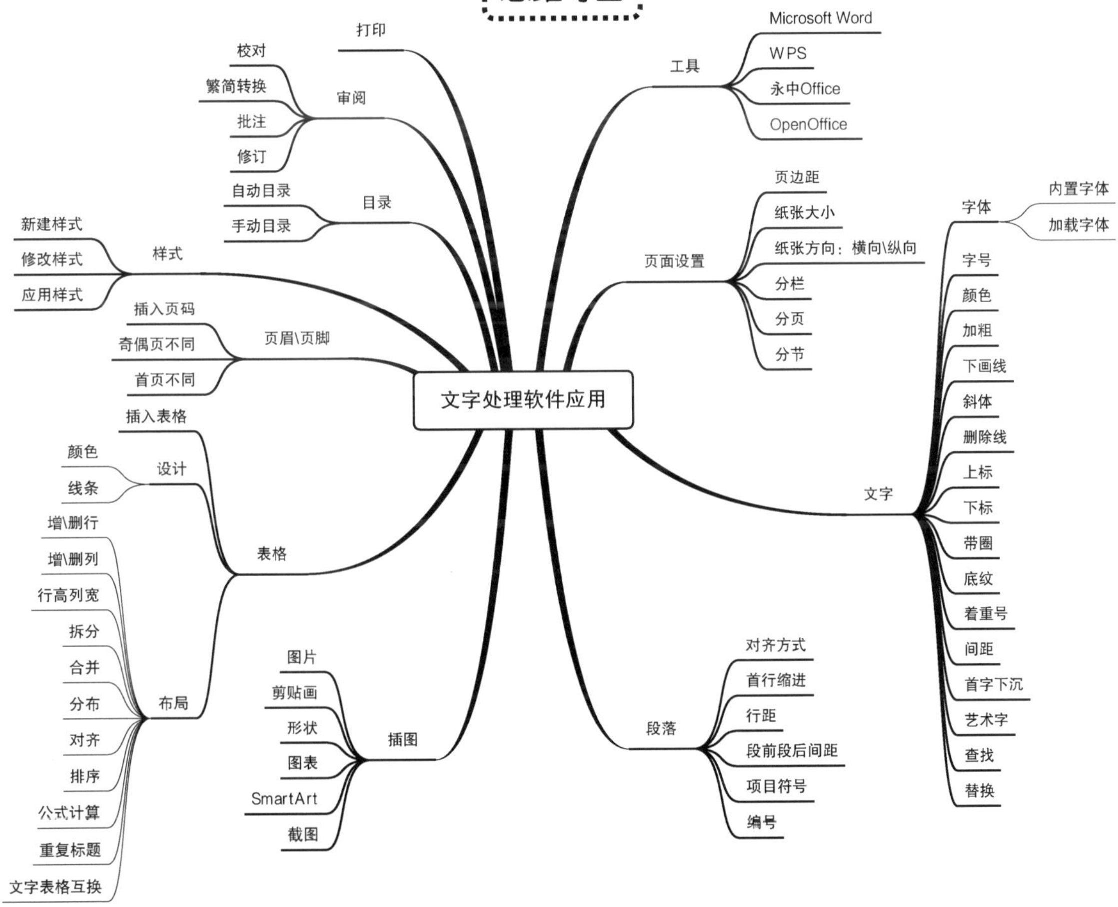

文字是日常工作与生活中最常见的一种交流工具。常见的中文文字处理软件有微软公司的 Word、金山公司的 WPS、永中公司的永中 Office、开源的 OpenOffice 和 Windows 7 内置的记事本和写字板，中文文字处理软件主要对录入的文字进行编辑、排版和输出。

任务 5.1　制作普通通知

扫一扫看 Word 基本操作微视频

扫一扫看 Word 窗口与视图方式微视频

扫一扫看 Word 替换栏代码和通配符

扫一扫看 Word 查找栏代码与通配符示例

学习目标

您完成本学习任务后，应当能够：

（1）熟练录入汉字和特殊字符；

（2）了解一份通知从文字录入、编辑、排版、打印、盖章的全过程；

（3）掌握文字的字体、字号等属性设置；

（4）掌握段落的首行缩进、行距等属性设置；

（5）掌握对齐方式设置；

（6）熟悉打印文件的方法。

任务描述

小海接到部门陈经理交来的一页手写稿，如图 5.1.1 所示，要求录入电脑，输出一份关于十一国庆节放假的通知，张贴在公司的信息公开栏。

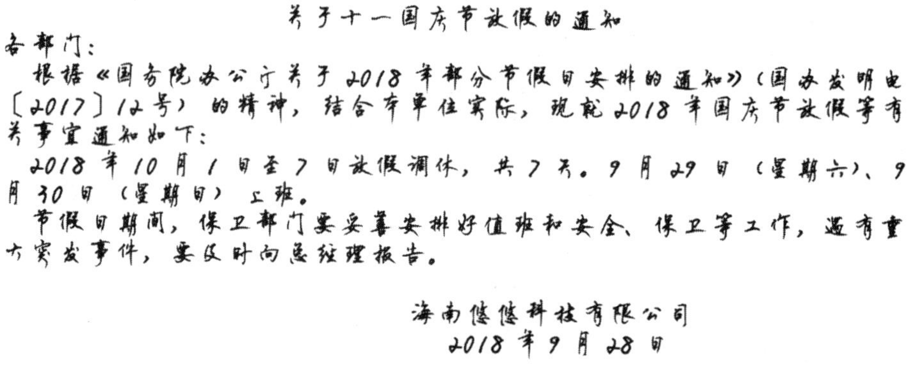
关于十一国庆节放假的通知

各部门：

根据《国务院办公厅关于2018年部分节假日安排的通知》（国办发明电〔2017〕12号）的精神，结合本单位实际，现就2018年国庆节放假等有关事宜通知如下：

2018年10月1日至7日放假调休，共7天。9月29日（星期六）、9月30日（星期日）上班。

节假日期间，保卫部门要妥善安排好值班和安全、保卫等工作，遇有重大突发事件，要及时向总经理报告。

海南隆隆科技有限公司

2018年9月28日

图 5.1.1　通知手写稿

任务分析

经过咨询陈经理，得知此通知是张贴在信息公开栏的一般通知，公司也没有严格的排版规范，经过与以往通知排版比对，标题为黑体、二号字体、居中显示，其他为宋体、四号，首行缩进 2 个汉字，行距为 1.5 倍。工作思路如图 5.1.2 所示。

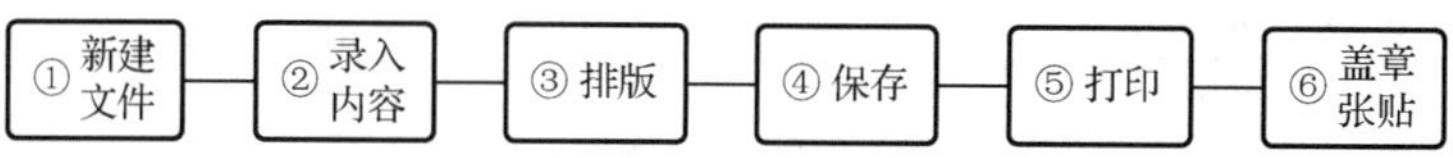

图 5.1.2　制作通知文件思路

实施步骤

扫一扫看创建 Word 新文档微视频

扫一扫看 Word 输入内容微视频

1. 新建文件

选择“开始”菜单的“Microsoft Office”→“Microsoft Word 2010”命令，启动 Microsoft Word 2010 程序，单击“文件”→“新建”菜单命令，在打开窗口的“可用模板”栏中双击“空白文档”图标按钮，如图 5.1.3 所示，即可新建 Word 文件。

2. 录入、编辑内容

（1）按“Ctrl+shift”组合键切换输入法，直到出现熟悉的输入法，如搜狗输入法，并在空白文档中对照通知的手写稿输入相应文字，如果有文字错误时进行编辑改错，最后效果如图 5.1.4 所示。

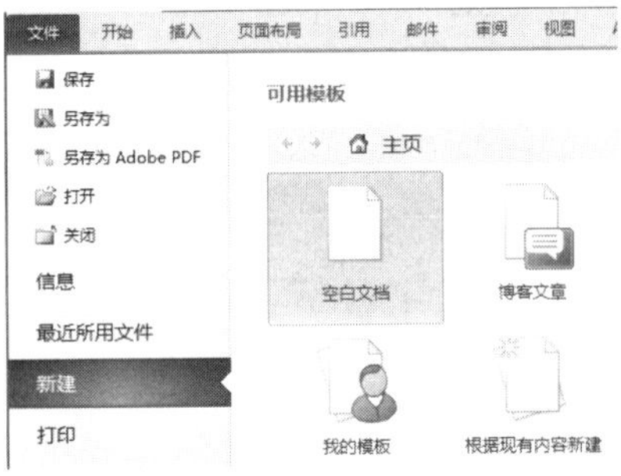

图 5.1.3　新建 Word“空白文档”

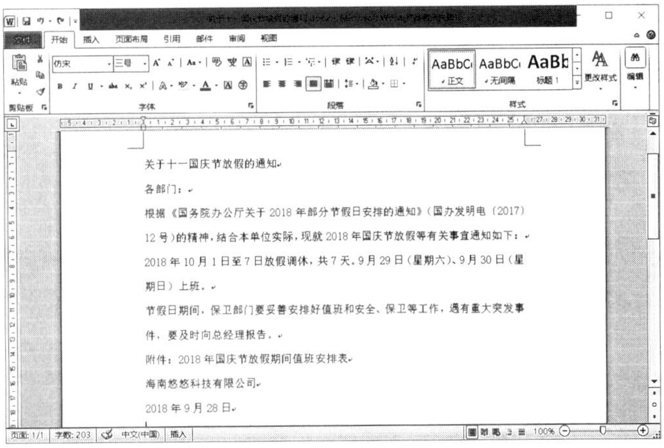

关于十一国庆节放假的通知

各部门：

根据《国务院办公厅关于 2018 年部分节假日安排的通知》（国办发明电〔2017〕12 号）的精神，结合本单位实际，现就 2018 年国庆节放假等有关事宜通知如下：

2018 年 10 月 1 日至 7 日放假调休，共 7 天。9 月 29 日（星期六）、9 月 30 日（星期日）上班。

节假日期间，保卫部门要妥善安排好值班和安全、保卫等工作，遇有重大突发事件，要及时向总经理报告。

附件：2018 年国庆节放假期间值班安排表

海南悠悠科技有限公司

2018 年 9 月 28 日

图 5.1.4　录入内容

小贴士　输入六角括号“〔〕”的方法：单击输入法浮动窗口的按钮，在出现的“输入方式”中选择“特殊符号”，如图 5.1.5；在弹出的“符号大全”窗口中选择“标点符号”，单击相应的特殊符号即可实现录入，如图 5.1.6 所示。

图 5.1.5 “输入方式”中选择“特殊符号”

图 5.1.6　选择“标点符号”中相应的特殊符号

3. 排版

（1）选择“页面布局”→“纸张大小”命令，设置纸张大小为“A4”。

（2）设置标题的字体、字号和对齐方式：选中标题，选择“开始”选项卡的相应工具命令，设置字体为“黑体”，设置字号为“二号”，居中。标题排版后效果如图 5.1.7 所示。

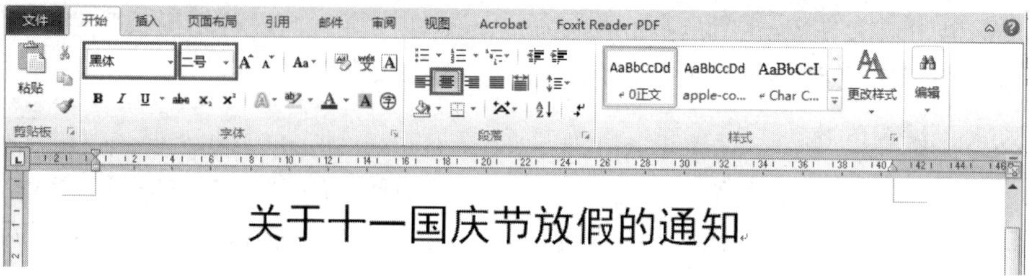

图 5.1.7　设置标题

（3）设置正文字体、字号：选中正文，选择“开始”选项卡的相应工具命令，设置字体为“宋体”，设置字号为“四号”，排版后效果如图 5.1.8 所示。

（4）设置正文行距：选中正文，单击工具栏的“段落选项”按钮，在弹出的对话框中选择“1.5 倍行距”，如图 5.1.9 所示。

扫一扫看设置Word字符格式微视频

扫一扫看设置Word段落格式微视频

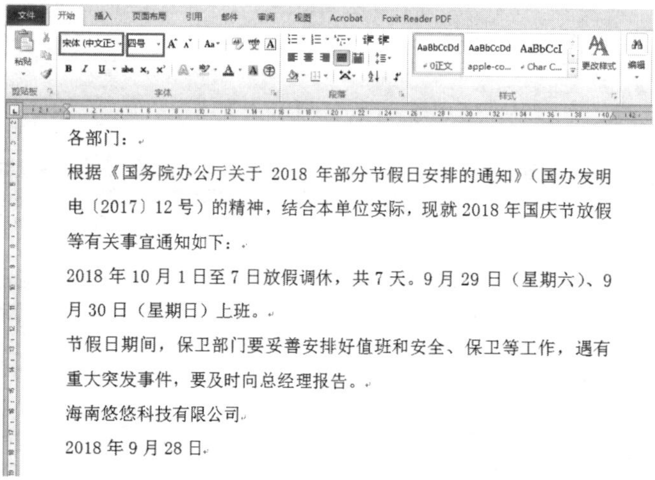

图 5.1.8　设置正文字体、字号

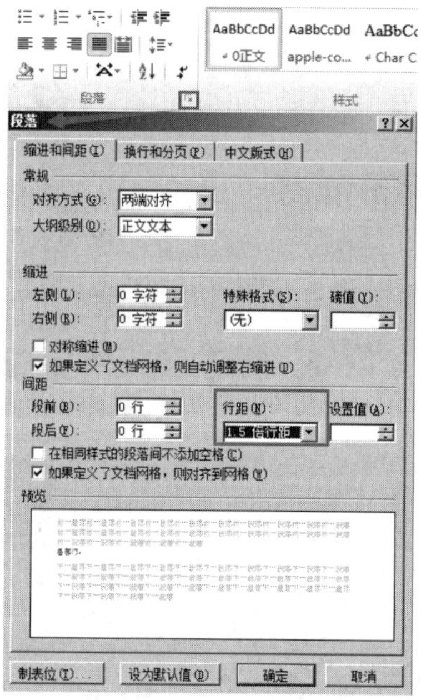

图 5.1.9　设置行距

（5）设置正文首行缩进：选中除标题、抬头和落款的正文，单击工具栏的“段落选项”按钮，在弹出的对话框中选择“缩进”栏的“特殊格式”为“首行缩进”，“磅值”为“2 字符”，如图 5.1.10 所示。

（6）设置落款的位置：选中落款文字，单击工具栏的“居中对齐”按钮，拖动“首行缩进”标尺到合适位置，落款效果如图 5.1.11 所示。

扫一扫看保存与保护 Word 文档微视频

图 5.1.10　设置首行缩进

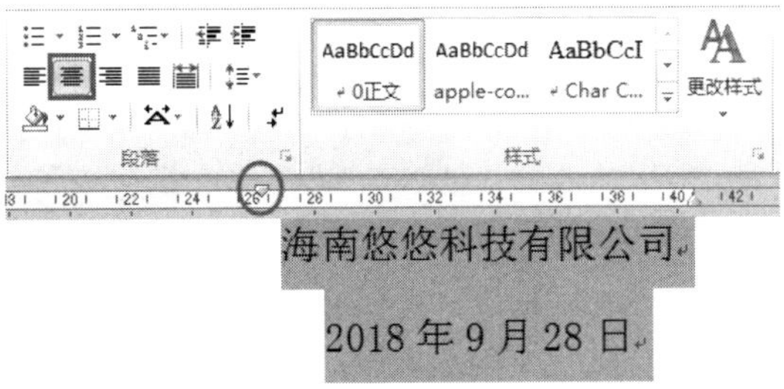

图 5.1.11　设置落款文字

4. 保存

按快捷组合键“Ctrl+S”或选择“文件”→“保存”菜单命令，在弹出的“保存”对话框中，选择存储文件的位置、文件名和文件类型，完成保存文件操作。

注意　如果已经完成保存，再次保存时则不显示对话框；养成随手按“Ctrl+S”组合键保存文件的习惯，以防正在编辑的文件因断电等原因而丢失。

5. 打印

按快键组合键“Ctrl+P”或选择“文件”→“打印”菜单命令，在弹出的窗口右侧可以预览打印的效果，在窗口的中部可以设置打印份数、选择打印机，如图 5.1.12 所示，最后单击 打印 按钮即可开始打印。

小贴士　安装打印机的方法，详见任务 2.6 安装打印机。

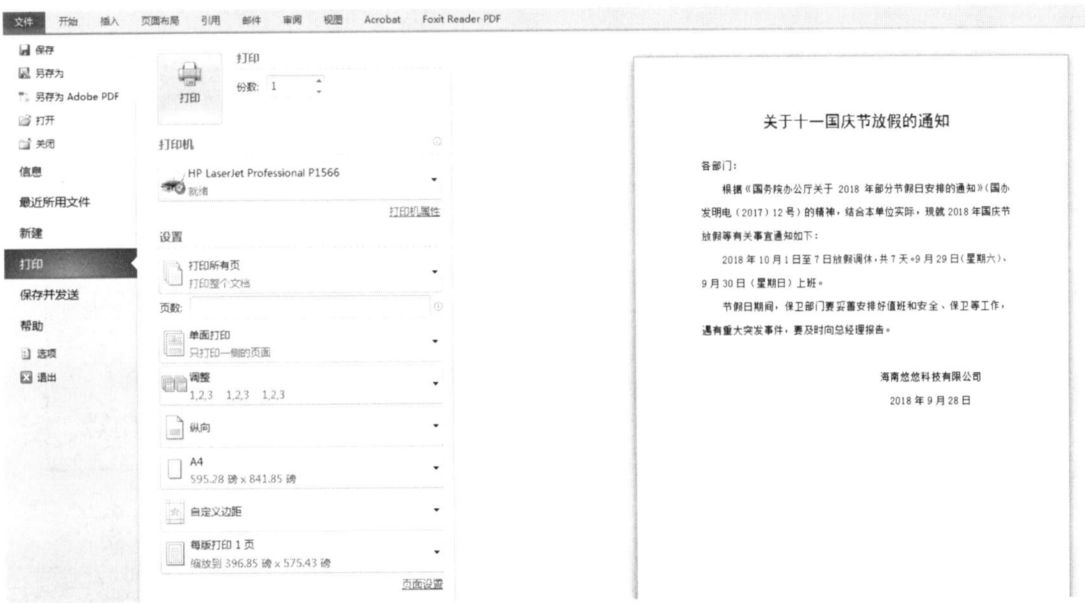

图 5.1.12　打印文件

6. 盖章后张贴

联系陈经理用单位的公章在落款文字的地方盖章，并按要求张贴在公司的信息公开栏，效果如图 5.1.13 所示。

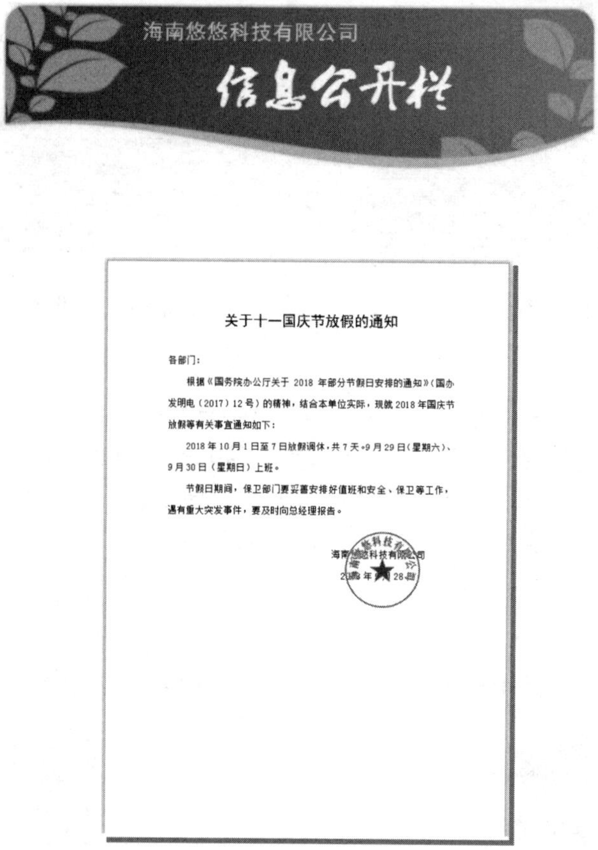

关于十一国庆节放假的通知

各部门：

根据《国务院办公厅关于 2018 年部分节假日安排的通知》（国办发明电（2017）12 号）的精神，结合本单位实际，现就 2018 年国庆节放假等有关事宜通知如下：

2018 年 10 月 1 日至 7 日放假调休，共 7 天。9 月 29 日（星期六）、9 月 30 日（星期日）上班。

节假日期间，保卫部门要妥善安排好值班和安全、保卫等工作，遇有重大突发事件，要及时向总经理报告。

海南悠悠科技有限公司

图 5.1.13　在“信息公开栏”张贴后的效果

拓展训练

序号	难度	项　目	要　求
1	*	制作请假条	效果如图 5.1.14 所示，标题为黑体、二号、居中，正文为宋体、四号、2 倍行距
2	**	制作发言稿	效果如图 5.1.15 所示，标题为黑体、二号、居中，正文为宋体、14 号，其他属性自行观察设置
3	***	制作公司简介	效果如图 5.1.16 所示，标题为黑体、二号、渐变填充橙色，正文的中文为“方正小标宋简体”字体、西文为“Roboto”字体、小四、加粗，其他属性自行观察设置

请假条

尊敬的陈经理：

我今天胃疼住院，2018 年 9 月 3 日至 4 日不能上班，需请病假 2 天，请批准。

申请人：

日　期：　　年　月　日

图 5.1.14　请假条

公司年会发言稿

各位亲爱的伙伴、各位来宾：

大家好!

满载收获的2018年已经挥手别去，充满生机的2019年迎春而来，新年的钟声已经敲响，历史又翻开了新的一页，在这辞旧迎新之际，我们大家欢聚一堂，共同总结。

一年来，公司的成长有每一位伙伴不懈努力的身影，我记得为了迎接亚洲博鳌论坛的到来，连续几天凌晨两点还在赶制动画片；我还记得动画片上映的欣喜；我会记住就发生在这里的点点滴滴，在你们的付出和努力下，公司不断成长，才有了今天的发展。

最后，在此我向各位伙伴、来宾拜一个早年，祝愿大家在新的一年里家庭幸福美满，身体健健康康，事业大展鸿图。

谢谢大家！

图 5.1.15　公司年会发言稿

公司简介

海南悠悠科技有限公司成立于2018年，注册资金500万元。公司秉承着精益求精、追求卓越的设计宗旨，坚持着永不妥协、超越自我的奋斗精神，凭借着睿智的眼光、远见的卓识，众志成城、追求卓越，始终走在动画时代的前列。

公司的发展壮大，离不开一支专业的精英队伍，一个集创意、设计、策划、制作、发布于一体的智囊型专业动漫团队。秉承着“创新、卓越、诚信、共赢”的经营理念，在当今这个瞬息万变的时代，用激情与独特抒写出一部从无到有、风雨兼程的动画品牌奋斗史！

图 5.1.16　公司简介

评价反馈

1．选择题

（1）常见的文字处理工具有（　　）

A．WPS　　B．MS Word　　C．记事本　　D．永中 Office

（2）文字常见的属性有（　　）

A．字体　　B．字号　　C．颜色　　D．下划线

E．粗体　　F．斜体　　G．着重号

（3）段落常见的属性有（　　）

A．对齐　　B．首行缩进　　C．行距　　D．颜色

E．段前段后

2．思考题

（1）如果想要的字体在Word中没有，怎么办？

（2）Word软件工具栏的“字号”下拉列表中“四号”和“16”有什么区别与联系？

任务 5.2　制作公文通知

扫一扫看表格创建微视频

扫一扫看表格编辑微视频

学习目标

您完成本学习任务后，应当能够：

（1）了解《党政机关公文格式国家标准》GB/T 9704—2012;

（2）掌握页面布局的设置，如页边距、纸张、网格等；

（3）掌握图片的插入与编辑方法；

（4）掌握表格的创建、编辑与格式化；

（5）掌握表格的数据排序、公式计算；

（6）掌握页码的插入与设置。

任务描述

总经理要求小海把国庆节期间的值班安排表作为附件放在通知中，并制作成正式公文通知，下发到各部门执行，值班安排手写稿如图 5.2.1 所示。总经理要求按照序号排序，并合计总时长。

序号	部门	值班人员	值班时段	时长（小时）
7	保卫科	赵晓科	10.1-3	24
8	保卫科	李龙	10.4-7	32
3	市场部	杨拓发	10.1-3	24
4	市场部	李丽	10.4-7	32
5	制作部	李明杰	10.1-3	24
6	制作部	刘杰	10.4-7	32
1	总裁办	张晓	10.1-3	24
2	总裁办	赵萌萌	10.4-7	32
9	合计时长（小时）			

图 5.2.1　值班安排

任务分析

办公室老赵告诉小海，公文必须要用公司的专用信纸，然后按照内部公文排版规定或参照《党政机关公文格式国家标准》GB/T 9704—2012 排版，文件中对纸张的大小、页边距、字体、字号、每行字数、每页行数等都有严格的要求。小海用百度搜索该标准并下载学习后，确定了公文通知制作的思路如图 5.2.2 所示。

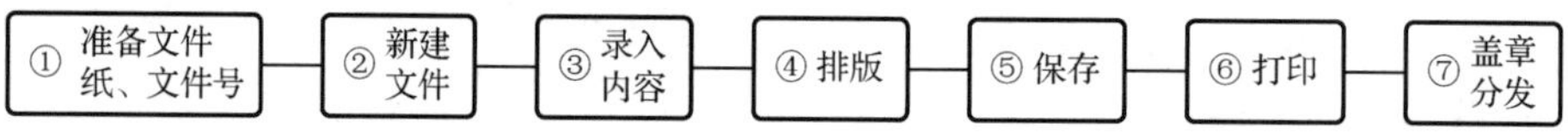

图 5.2.2　公文通知制作的思路

实施步骤

1. 准备文件纸、文件号

小海联系办公室主任和档案室领取了专用文件纸（见图 5.2.3）和文号“琼悠悠科技〔2018〕

66 号”，此文件需要印发给 8 个部门，抄送 3 位公司领导，并送档案室存档 1 份。小海预估打印后的效果如图 5.2.4 所示。

图 5.2.3　文件纸

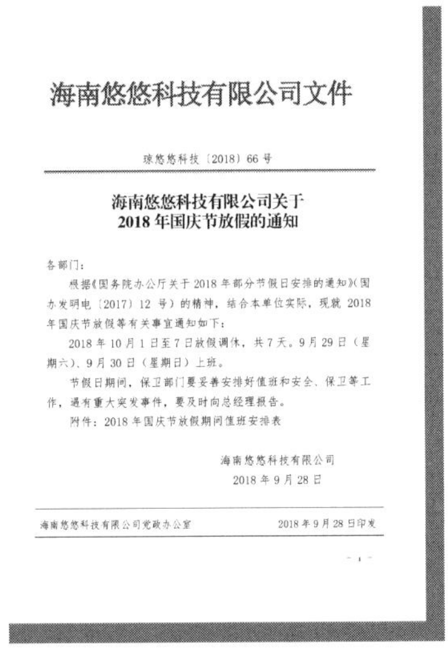

图 5.2.4　打印后的效果预估

2．新建 Word 文件

选择“开始”菜单的“Microsoft Office”→“Microsoft Word 2010”命令，启动 Microsoft Word 2010 程序，单击“文件”→“新建”菜单命令，在打开窗口的“可用模板”栏中双击“空白文档”图标按钮，如图 5.2.5 所示，即可新建 Word 文件。

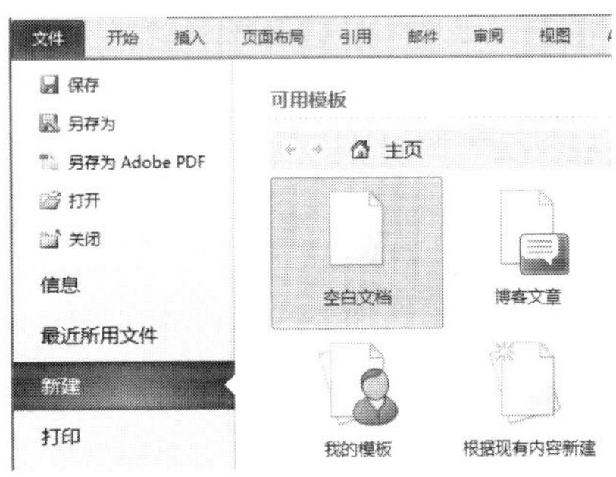

图 5.2.5　新建 Word“空白文档”

3．录入、编辑内容

（1）录入放假通知的内容，也可以复制任务 5.1“通知”中的文字部分。

（2）通知标题依据《党政机关公文格式国家标准》，修改为“海南悠悠科技有限公司关于 2018 年国庆节放假的通知”；在标题后增加“琼悠悠科技〔2018〕66 号”。

（3）在正文后增加“附件：2018 年国庆节放假期间值班安排表”，如图 5.2.6 所示。

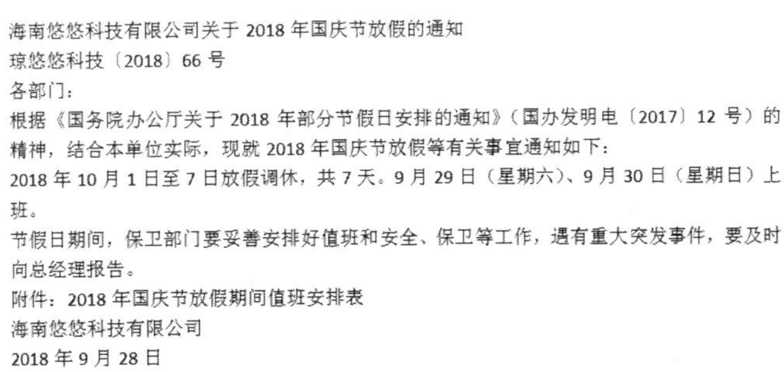
海南悠悠科技有限公司关于 2018 年国庆节放假的通知
琼悠悠科技〔2018〕66 号
各部门：
根据《国务院办公厅关于 2018 年部分节假日安排的通知》（国办发明电〔2017〕12 号）的精神，结合本单位实际，现就 2018 年国庆节放假等有关事宜通知如下：
2018 年 10 月 1 日至 7 日放假调休，共 7 天。9 月 29 日（星期六）、9 月 30 日（星期日）上班。
节假日期间，保卫部门要妥善安排好值班和安全、保卫等工作，遇有重大突发事件，要及时向总经理报告。
附件：2018 年国庆节放假期间值班安排表
海南悠悠科技有限公司
2018 年 9 月 28 日

图 5.2.6　录入正文

（4）选择“插入”选项卡，单击工具栏的“表格”按钮，在弹出的浮动窗格中选择并单击“1×1 表格”，如图 5.2.7 所示，即可插入 1 行 1 列的表格。

（5）在表格中输入发文单位和印发日期，即“海南悠悠科技有限公司”和“2018 年 9 月 28 日印发”，如图 5.2.8 所示。

（6）按“Ctrl+Enter”组合键实现换页，在下一页输入标题“附件 2018 年国庆节放假期间值班安排表”。

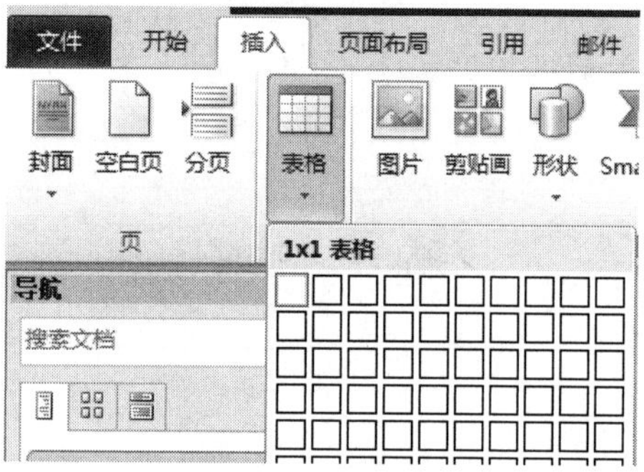

图 5.2.7　插入 1×1 表格

海南悠悠科技有限公司　　　2018 年 9 月 28 日印发

图 5.2.8　插入表格及文字

（7）选择“插入”→“表格”→“插入表格”命令，在弹出的对话框中，输入列数和行数，如图 5.2.9 所示，单击“确定”按钮即可插入相应行和列的表格。

（8）在表格中录入文字，如图 5.2.10 所示。

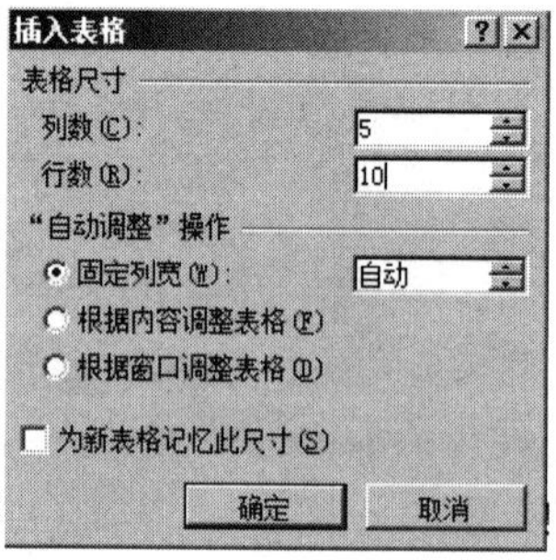

图 5.2.9 “插入表格”对话框

序号	部门	值班人员	值班时段	时长（小时）
7	保卫科	赵晓科	10.1-3	24
8	保卫科	李龙	10.4-7	32
3	市场部	杨拓发	10.1-3	24
4	市场部	李丽	10.4-7	32
5	制作部	李明杰	10.1-3	24
6	制作部	刘杰	10.4-7	32
1	总裁办	张晓	10.1-3	24
2	总裁办	赵萌萌	10.4-7	32
9	合计时长（小时）			

图 5.2.10　录入表格文字

4．排版

（1）选择“页面布局”→“页面设置”命令，在打开的对话框中自定义边距，如图 5.2.11 所示。

（2）根据 GB/T 9704—2012 中 5.2.3 条的要求，每面排版 22 行，每行排版 28 个字。选择“页面设置”对话框的“文档网格”选项卡，选择“指定行和字符网格”单选项，设置每行字数和每页行数，如图 5.2.12 所示。

（3）为了准确定位文本，以便打印时与公文纸完全吻合，插入信纸图片作为衬底参考。将光标定位在文件起始位置，选择“插入”→“图片”命令，选择图片文件“素材：\项目 5\任务 5.2\公文纸.jpg”。

（4）用鼠标右键单击该图片，在弹出的快捷菜单中选择“自动换行”→“衬于文字下方”，如图 5.2.13 所示。

（5）控制图片的 8 个控制点，调整图片的位置和大小，使其充满整个 Word 文件页

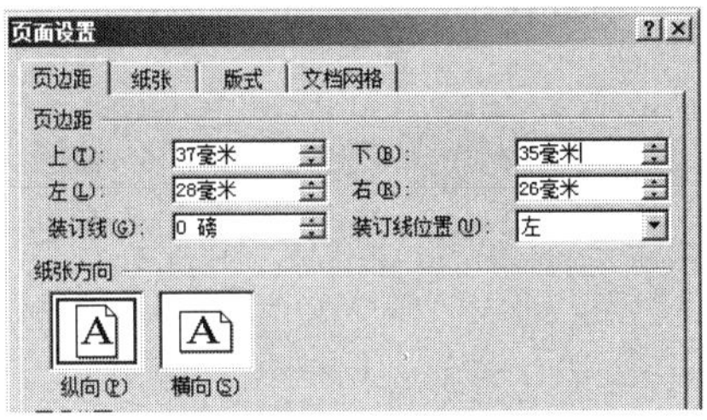

图 5.2.11　“页边设置”对话框

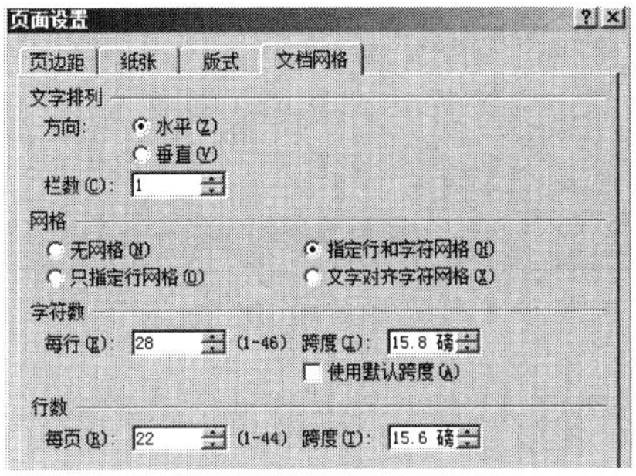

图 5.2.12　设置文档网格

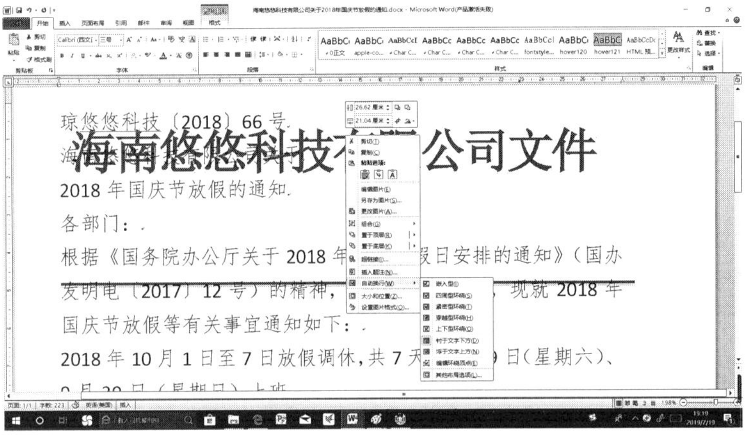

图 5.2.13　插入公文纸为参考衬底

面，效果如图 5.2.14 所示。

(6)通过多次换行，使“琼悠悠科技〔2018〕66 号”位于红色分割线以上，设置为居中、三号、仿宋，如图 5.2.15 所示。

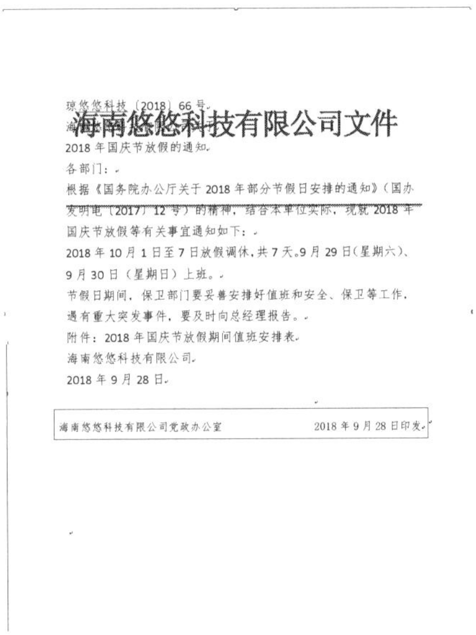

图 5.2.14　调整衬底的大小和位置

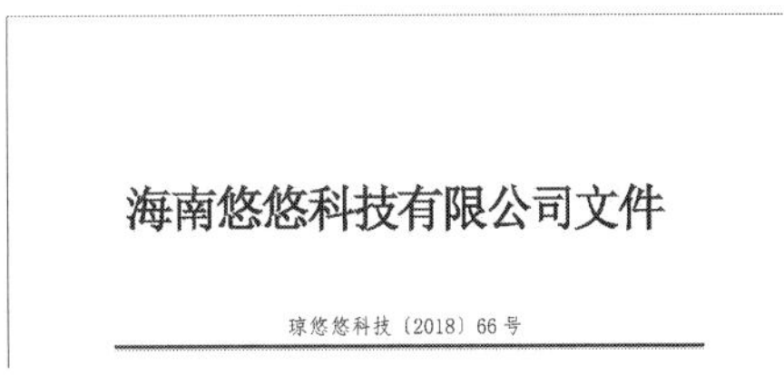

图 5.2.15　排版文号

（7）通过换行和剪切、粘贴使标题位于红色分割线下方，居中显示，行距选择“固定值”26 磅，文字设置为二号、小标宋体；如文字较多要回行时，标题应当形成梯形或菱形，排版后的效果如图 5.2.16 所示。

（8）选择正文，设置为仿宋、三号、行距 26 磅，其中抬头“各部门”不缩进，其他缩进 2 个汉字；落款文字居中，单位名称和日期设置为居中显示，通过拖动首行缩进标尺，使其靠右显示，如图 5.2.17 所示。

扫一扫看 Word 表格格式化微视频

海南悠悠科技有限公司文件

琼悠悠科技〔2018〕66 号

海南悠悠科技有限公司关于
2018 年国庆节放假的通知

图 5.2.16　排版标题

海南悠悠科技有限公司关于
2018 年国庆节放假的通知

各部门：

根据《国务院办公厅关于 2018 年部分节假日安排的通知》（国办发明电〔2017〕12 号）的精神，结合本单位实际，现就 2018 年国庆节放假等有关事宜通知如下：

2018 年 10 月 1 日至 7 日放假调休，共 7 天。9 月 29 日（星期六）、9 月 30 日（星期日）上班。

节假日期间，保卫部门要妥善安排好值班和安全、保卫等工作，遇有重大突发事件，要及时向总经理报告。

附件：2018 年国庆节放假期间值班安排表

海南悠悠科技有限公司
2018 年 9 月 28 日

图 5.2.17　正文排版

（9）选择包含发文单位和印发时间的表格，右击后在弹出的菜单中选择“表格属性”命令，在弹出的对话框中单击“表格”选项卡右下方的“边框和底纹”按钮，在弹出的对话框中单击上下边框线按钮，使表格的垂直边线不显示，如图 5.2.18 所示，两次单击“确定”按钮后返回。

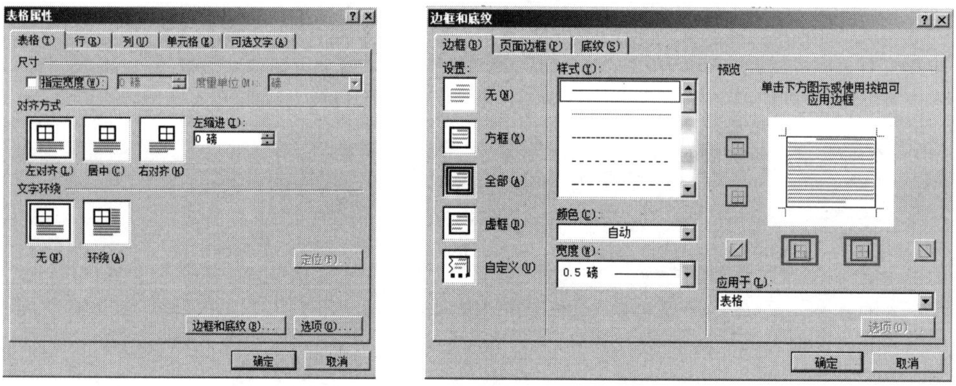

图 5.2.18　隐藏表格垂直线

（10）选择表格内文字，设置为四号、仿宋体，中部两端对齐，通过增加空格使“2018 年 9 月 28 日印发”右端对齐，如图 5.2.19 所示。

海南悠悠科技有限公司党政办公室	2018 年 9 月 28 日印发

图 5.2.19　排版印发单位和发文日期

（11）排版附件标题，“附件”参照正文格式排版，“2018 年国庆节放假期间值班安排表”换行后按照标题排版，效果如图 5.2.20 所示。

（12）因为值班表中的序号较乱，通过右击表格，在快捷菜单中选择“表格工具”→“布局”→“排序”命令，在弹出的对话框中，选择“主要关键字”为“列 1”，“类型”为“数字”，如图 5.2.21 所示，单击“确定”按钮后完成排序的效果如图 5.2.22 所示。

扫一扫看 Word 表格计算及排序微视频

附件

2018 年国庆节放假期间值班安排表

图 5.2.20　排版附件标题

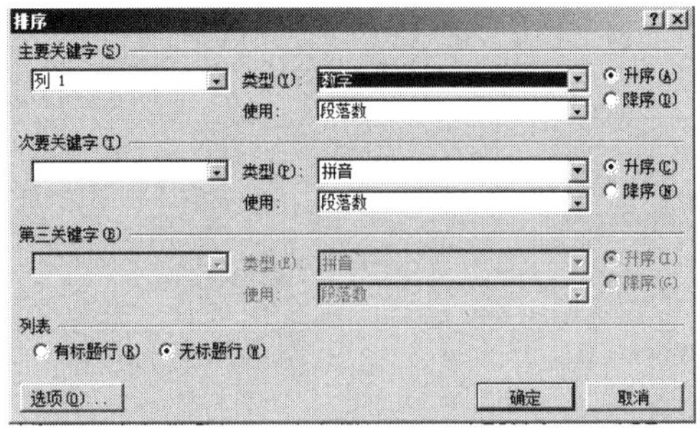

图 5.2.21　“排序”对话框

序号	部门	值班人员	值班时段	时长（小时）
1	总裁办	张晓	10.1-3	24
2	总裁办	赵萌萌	10.4-7	32
3	市场部	杨拓发	10.1-3	24
4	市场部	李丽	10.4-7	32
5	制作部	李明杰	10.1-3	24
6	制作部	刘杰	10.4-7	32
7	保卫科	赵晓科	10.1-3	24
8	保卫科	李龙	10.4-7	32
9	合计时长(小时)			

图 5.2.22　表格排序

（13）选择“合计时长（小时）”单元格及右侧连续 2 个单元格，右击后选择“合并单元格”菜单命令，然后选择该表格，设置文字为居中对齐、仿宋、三号、行距 26 磅，再用鼠标调整表格的垂直线位置，效果如图 5.2.23 所示。

（14）将鼠标定位在“合计时长（小时）”右侧的单元格内右击，在快捷菜单中选择“表格工具”→“布局”→“公式”命令，在弹出对话框的“公式”格中输入“=SUM(ABOVE)”，如图 5.2.24 所示，单击“确定”按钮即可完成单元格向上求和。

序号	部门	值班人员	值班时段	时长（小时）
1	总裁办	张晓	10.1-3	24
2	总裁办	赵萌萌	10.4-7	32
3	市场部	杨拓发	10.1-3	24
4	市场部	李丽	10.4-7	32
5	制作部	李明杰	10.1-3	24
6	制作部	刘杰	10.4-7	32
7	保卫科	赵晓科	10.1-3	24
8	保卫科	李龙	10.4-7	32
9	合计时长（小时）			224

图 5.2.23　表格排版

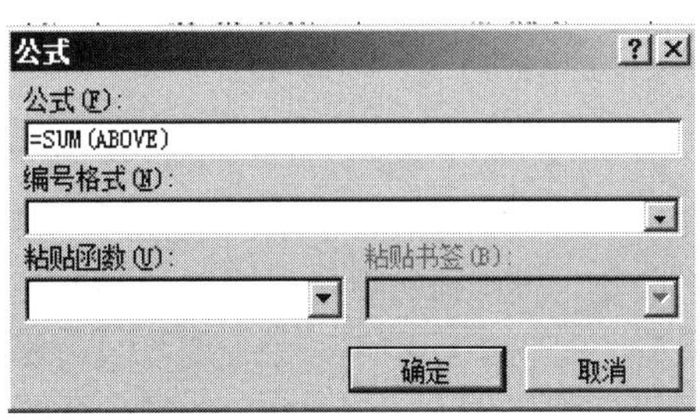

图 5.2.24　公式求和

（15）选择“插入”→“页码”→“页面底端”命令，选择“普通数字 3”样式，即可在右下端插入页码，选中页码内容，设置为宋体、四号，如图 5.2.25 所示。

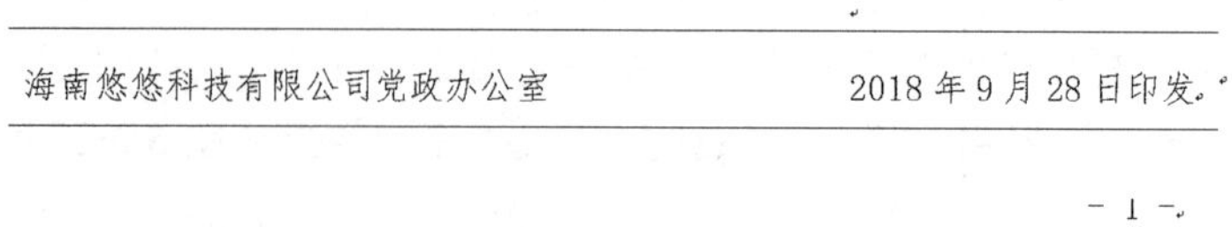

图 5.2.25　插入页码

（16）删除衬底图片，公文通知的整体排版效果如图 5.2.26 所示。

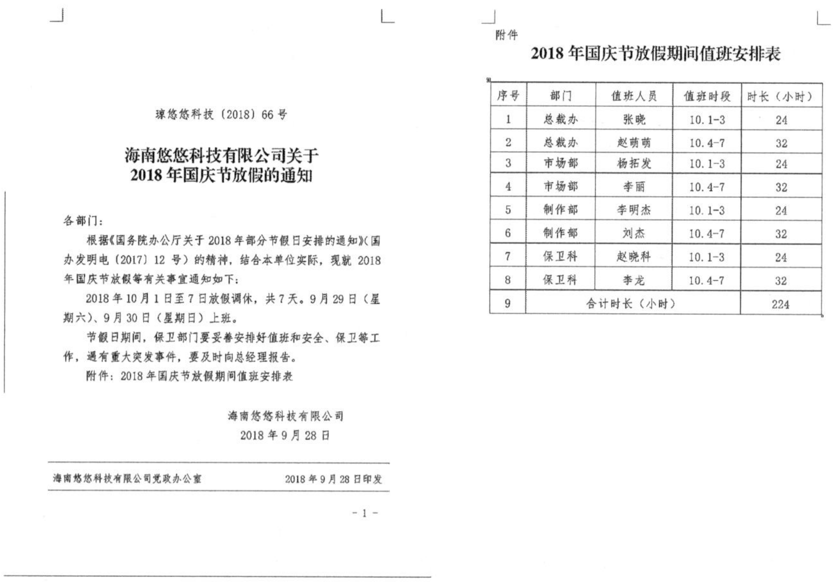

序号	部门	值班人员	值班时段	时长（小时）
1	总裁办	张晓	10.1-3	24
2	总裁办	赵萌萌	10.4-7	32
3	市场部	杨拓发	10.1-3	24
4	市场部	李丽	10.4-7	32
5	制作部	李明杰	10.1-3	24
6	制作部	刘杰	10.4-7	32
7	保卫科	赵晓科	10.1-3	24
8	保卫科	李龙	10.4-7	32
9	合计时长（小时）			224

图 5.2.26　整体排版效果

5．保存

按快捷组合键“Ctrl+S”或通过菜单“文件”→“保存”命令，在弹出的“保存”对话框中，选择存储文件的位置、文件名和文件类型，单击“确定”按钮完成保存。

6．打印

将 10 份公文纸装入打印机，按快捷组合键“Ctrl+P”或通过菜单“文件”→“打印”命令，在弹出的窗口右侧可以预览打印的效果，在窗口的中部可设置打印 10 份、选择打印机，最后单击打印按钮即可开始打印，如图 5.2.27 所示。

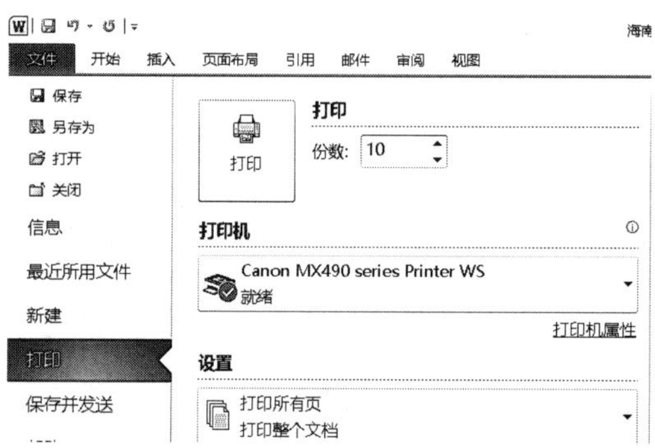

图 5.2.27　打印文件

7. 盖章

经过办公室主任审核后，联系经理用单位的公章在落款的地方盖章，最终的文件效果如图 5.2.28 所示。小海按照办公室主任的提示，将文件送交各部门签收，并进行了签收登记。

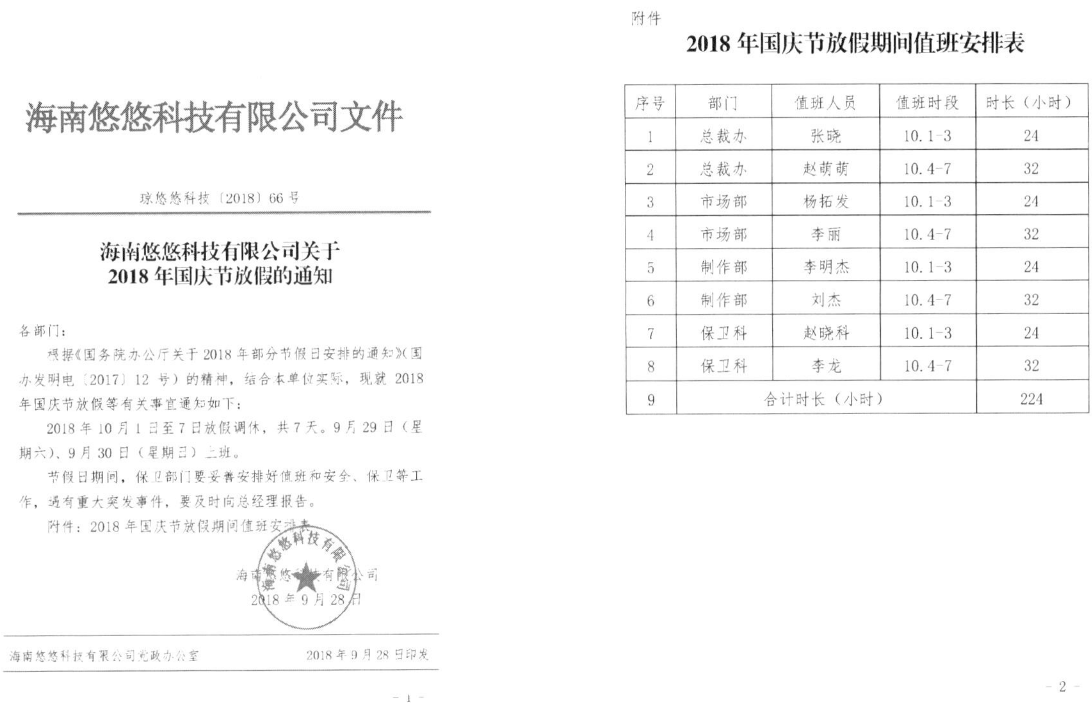

海南悠悠科技有限公司文件

琼悠悠科技〔2018〕66 号

海南悠悠科技有限公司关于
2018 年国庆节放假的通知

各部门：

根据《国务院办公厅关于 2018 年部分节假日安排的通知》（国办发明电〔2017〕12 号）的精神，结合本单位实际，现就 2018 年国庆节放假等有关事宜通知如下：

2018 年 10 月 1 日至 7 日放假调休，共 7 天。9 月 29 日（星期六）、9 月 30 日（星期日）上班。

节假日期间，保卫部门要妥善安排好值班和安全、保卫等工作，遇有重大突发事件，要及时向总经理报告。

附件：2018 年国庆节放假期间值班安排表

海南悠悠科技有限公司
2018 年 9 月 28 日

海南悠悠科技有限公司党政办公室　　2018 年 9 月 28 日印发

- 1 -

附件

2018 年国庆节放假期间值班安排表

序号	部门	值班人员	值班时段	时长（小时）
1	总裁办	张晓	10.1-3	24
2	总裁办	赵萌萌	10.4-7	32
3	市场部	杨拓发	10.1-3	24
4	市场部	李丽	10.4-7	32
5	制作部	李明杰	10.1-3	24
6	制作部	刘杰	10.4-7	32
7	保卫科	赵晓科	10.1-3	24
8	保卫科	李龙	10.4-7	32
9	合计时长（小时）			224

- 2 -

图 5.2.28　最终印发给各部门的文件

拓展训练

序号	难度	项　目	要　求
1	**	公司简介	效果如图 5.2.29 所示，标题为艺术字、仿宋、小初、居中，正文为仿宋、小四号、1.3 倍行距，图文混排，四周型，图片大小为 3.5 cm*5 cm，“映像圆角矩形”样式
2	***	销售额统计表（三线表）	效果如图 5.2.30 所示，标题为方正小标宋简字体、二号、居中，正文为仿宋、小三号、水平居中，其他属性自行观察设置，“月平均销售额”与“合计”利用公式 AVERAGE(LEFT)和 SUM(ABOVE)实现，表格边框线条 1.5 磅粗，表内线条 0.5 磅粗，表头背景为“蓝色”。 提示：先完成如图 5.2.31 所示效果，然后通过设置表格线，不显示竖直线，自上而下仅显示第 1、2 条横线和最后一条横线
3	***	Word 操作训练	登录全国计算机等级考试模拟系统，完成 3 套 Word 操作题

海南悠悠科技有限公司

海南悠悠科技有限公司成立于2018年，注册资金500万元。公司秉承着精益求精、追求卓越的设计宗旨，坚持着永不妥协、超越自我的奋斗精神，凭借着睿智的眼光、远见的卓识，众志成城、追求卓越，始终走在动画时代的前列。

公司的发展壮大，离不开一支专业的精英队伍，一个集创意、设计、策划、制作、发布于一体的智囊型专业动漫团队。秉承着“创新、卓越、诚信、共赢”的经营理念，在当今这个瞬息万变的时代，用激情与独特抒写出一部从无到有、风雨兼程的动画品牌奋斗史！

图 5.2.29　公司简介

海南悠悠科技有限公司2018年第一季度销售额统计表

序号	商品名称	1月份销售额（人民币：万元）	2月份销售额（人民币：万元）	三月份销售额（人民币：万元）	月平均销售额（人民币：万元）
1	红旗 Linux	80	99	54	77.67
2	WPS 企业版	66	85	55	68.67
3	360 杀毒软件企业版	91	42	39	57.33
	合计	237	226	148	203.67

图 5.2.30　销售额统计表

海南悠悠科技有限公司2018年第一季度销售额统计表

序号	商品名称	1月份销售额（人民币：万元）	2月份销售额（人民币：万元）	三月份销售额（人民币：万元）	月平均销售额（人民币：万元）
1	红旗 Linux	80	99	54	77.67
2	WPS 企业版	66	85	55	68.67
3	360 杀毒软件企业版	91	42	39	57.33
合计		237	226	148	203.67

图 5.2.31　销售额统计表录入版式

评价反馈

1. 简答题

（1）在文档中图片的环绕方式有哪几种？

（2）表格内文字的对齐方式有哪几种？

2. 思考题

（1）如果想排版打印文档在非标准的纸张上怎么办？

（2）想保护文档不被修改，怎么办？

任务 5.3　排版毕业论文

扫一扫看 Word 样式应用微视频

学习目标

您完成本学习任务后，应当能够：

（1）熟悉一般毕业论文的结构；

（2）进一步熟悉页面设置、文字和段落的设置；

（3）掌握页眉、页脚、页码的设置方法；

（4）掌握样式的使用方法。

任务描述

小海即将毕业，按照学校的人才培养方案安排，在老师的指导下初步完成了毕业论文。毕业论文包括封面、摘要、目录、正文、参考文献、致谢等多个部分，学校对排版有严格的要求，具体如下。

（1）页面设置：用 A4 纸打印，上边距 3 厘米，下边距 3 厘米 ，左边距 2 厘米，右边距 2 厘米，装订线 1 厘米，页眉、页脚的边距为 2 厘米，左侧装订。

（2）封面严格按照原模板，不得修改。

（3）“摘要”两字为三号黑体、单独一行、段前和段后间距 6 磅、居中；摘要的正文为小四号宋体、1 倍行距、首行缩进 2 字。摘要正文后下空一行。“关键词”三字为小四号宋体、加粗、段前空两个字符；关键词的正文一般为 3～5 个、小四号宋体、1 倍行距；每一关键词之间用分号隔开，最后一个关键词后没有标点符号。

（4）“目录”两字为三号黑体、单独一行、段前和段后间距 6 磅、居中；目录的正文应自动生成，中文用五号宋体，西文用五号 Times New Roman 体，单倍行距。

（5）正文：一级标题为黑体三号字、居中对齐、段前和段后间距 0.5 行；二级标题为黑体四号字、左顶格、段前和段后间距 0.5 行；三级标题为黑体小四号字、左顶格、段前和段后间距 0.5 行；正文全部用宋体小四号字、首行缩进 2 个字符、单倍行距，图表名称为宋体五号字、居中、单倍行距。

（6）参考文献必须符合《信息与文献 参考文献著录规则》GB/T 7714—2015。“参考文献”四个字为三号黑体、单独一行、段前和段后间距 6 磅、居中；参考文献正文为小四号宋体、1 倍行距。

（7）“致谢”两个字为三号黑体、单独一行、段前和段后间距 6 磅、居中；致谢的正文为小四号宋体、1 倍行距。

（8）页眉在奇数页显示论文题目，在偶数页显示***大学毕业论文，采用小五号、宋体、居中。

（9）正文的页脚用阿拉伯数字连续编排，在奇数页页码位于页脚右侧，在偶数页页码位于页脚左侧。

（10）封面、摘要、目录不显示页眉。目录页的页脚用罗马数字编序。

任务分析

对于毕业论文，不仅页数多，内容复杂，而且排版要求严格。必须认真阅读排版规范，并严格按照规范执行。在排版的过程中，除了常规的页面设置、文字和段落设置外，还涉及表格和图文混排，而且要设置页眉、页脚，还需要生成目录，采用 Word 中的样式可以快速提升排版效率。

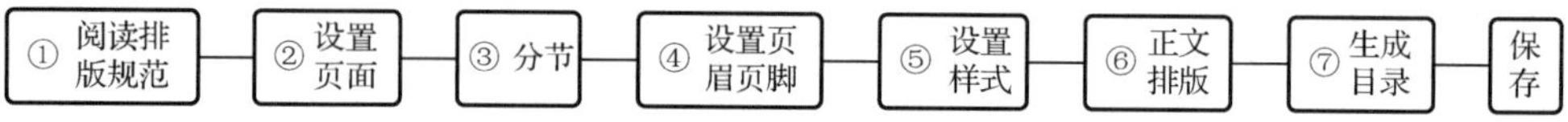

图 5.3.1　排版毕业论文的思路

实施步骤

扫一扫看 Word 模板使用微视频

1. 阅读排版规范

针对一些文件排版，不同学校、不同单位都不尽相同，所以在排版前必须要认真阅读排版规范，对于一些重要的数值，要用红色标注，以备提醒。

2. 设置页面

（1）打开毕业论文文件“素材：\项目 5\任务 5.3\毕业论文.docx”。

（2）选择“页面布局”→“页面设置”命令，在打开的“页面设置”对话框的“页边距”选项卡中，设置页边距和装订线等，如图 5.3.2 所示。

（3）在上述对话框中选择“版式”选项卡，设置页眉、页脚距边界的距离，如图 5.3.3 所示，单击“确定”按钮。

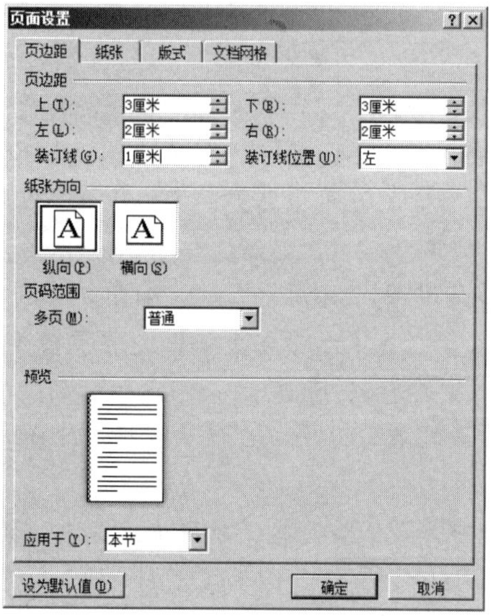

图 5.3.2　设置页边距

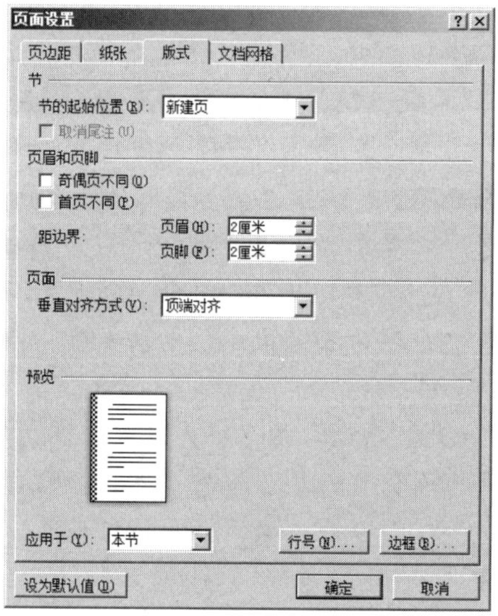

图 5.3.3　设置页眉、页脚距边界的距离

3. 分节

（1）将光标定位到摘要页的最后一个字后面，选择“页面布局”→“分隔符”→“下一

页”命令，则插入一个分节符，显示编辑标记状态下，分节符如图 5.3.4 所示。

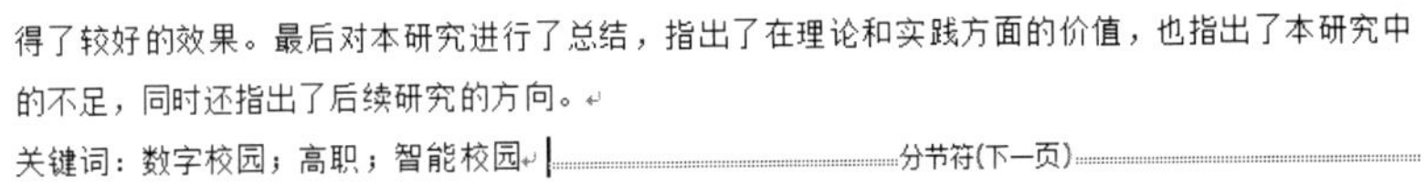

图 5.3.4 分节符

在默认情况下，大部分的编辑标记不显示，可以通过单击“开始”→“段落”中的“显示\隐藏编辑标记”图标按钮来查看或隐藏。

（2）将光标定位到目录页的最后一个字后面再次插入分节符，则全文被两个分节符分为三节。

4．设置页眉、页脚

（1）将光标定位在正文的任何奇数页，选择“插入”→“页眉”→“编辑页眉”命令，即可进入页眉的编辑状态，单击工具栏的“页眉和页脚工具”→“链接到前一条页眉”按钮，取消“链接到前一条页眉”的选中状态，使其与前一节的页眉断开，同时选择“奇偶页不同”复选项，如图 5.3.5 所示。

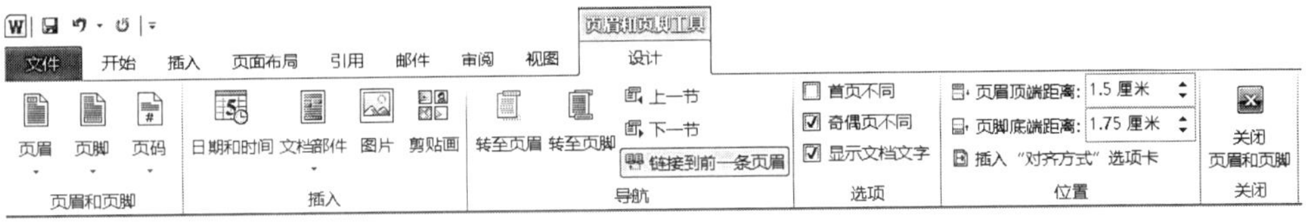

图 5.3.5 断开与前一条页眉的链接，设置奇偶页不同

（2）在奇数页的页眉处输入毕业设计题目“智能校园的研究与实践”，设置为宋体、小五号字、居中，如图 5.3.6 所示。

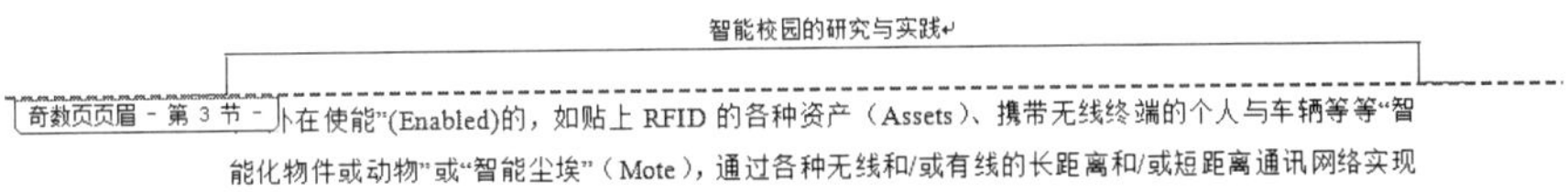

图 5.3.6 设置奇数页的页眉

（3）翻页到任意偶数页，输入“****大学毕业论文”，如图 5.3.7 所示。

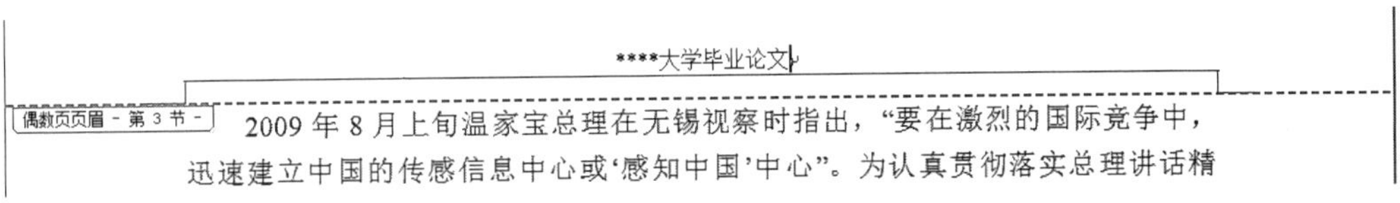

图 5.3.7 设置偶数页的页眉

（4）单击工具栏的“页眉和页脚工具”→“转至页脚”按钮，则光标切换至页脚；再单击工具栏的“页眉和页脚工具”→“页码”→“页面底端”按钮，在奇数页页脚右侧插入阿拉伯数字页码，在偶数页页脚左侧插入阿拉伯数字页码，如图 5.3.8 和 5.3.9 所示

图 5.3.8　奇数页页脚

图 5.3.9　偶数页页脚

5．设置样式

（1）选择“开始”→“样式”命令或按“Ctrl+Alt+Shift+S”组合键打开“样式”对话框，如图 5.3.10 所示。

（2）在“样式”对话框中单击 按钮，打开“根据格式设置创建新样式”对话框，设置样式“名称”为“一级标题”，“样式类型”为“段落”，“样式基准”为“标题 1”，“格式”分别设置为黑体三号、居中、段前和段后间距 0.5 倍行距，如图 5.3.11 所示。

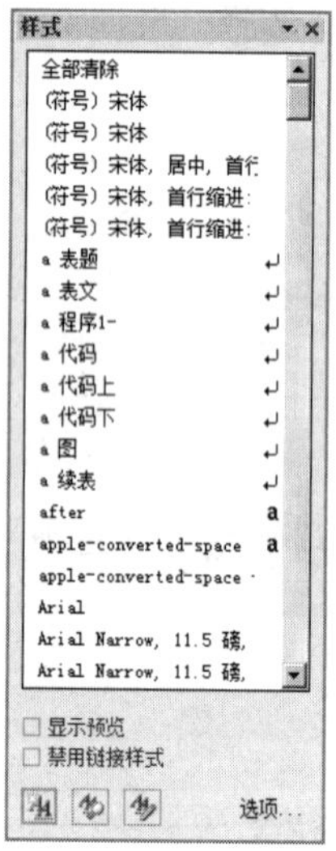

图 5.3.10 “样式”对话框

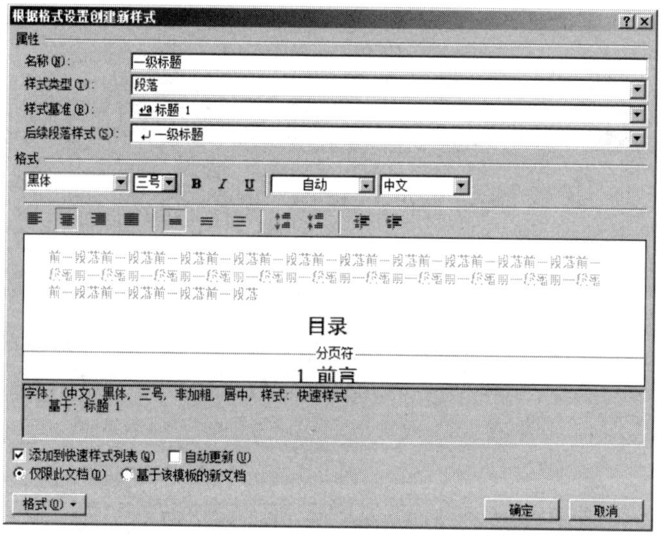

图 5.3.11 “根据格式设置创建新样式”对话框

（3）参照上述步骤，再新建二级标题、三级标题、正文、图表名称的样式。

6．正文排版

（1）按照排版要求对摘要部分进行排版。选中“摘要”2 个字，然后单击样式中的“一级标题”按钮，即可对“摘要”设置为三号黑体、加粗、单独一行、段前段后间距 6 磅、居中，如图 5.3.12 所示。

图 5.3.12　应用样式

（2）参照上一步，应用其他样式对文中相应级别的标题和正文进行排版。

7. 生成目录

将光标定位到“目录”后，选择“引用”→“目录”→“自动目录 1”命令，如图 5.3.13 所示，则自动生成目录如图 5.3.14 所示。

8. 保存文件

（1）选择“文件”→“保存”命令即可完成对文件的保存。

（2）为防止断电等原因造成文件丢失，请养成随手保存的习惯，也可以通过“文件”→“选项”命令打开“Word 选项”对话框设置自动保存时间，如图 5.3.15 所示。

（3）为防止别人修改文件，可以选择“审阅”→“限制编辑”命令，在弹出的窗格中选择要限制的内容，如图 5.3.16 所示，然后单击“是，启动强制保护”按钮，在弹出的对话框中设置密码，如图 5.3.17 所示。

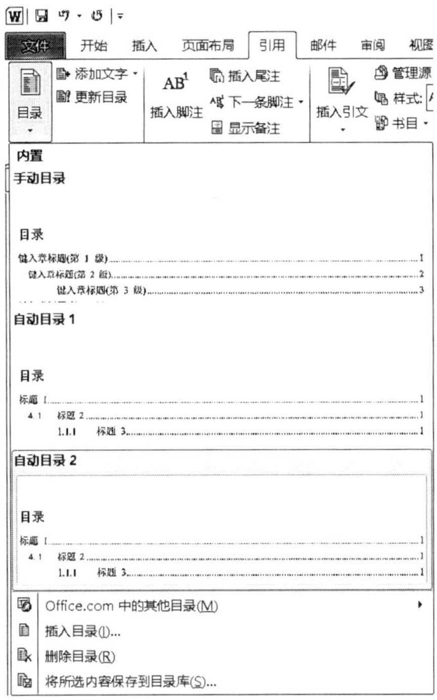

图 5.3.13　插入自动目录

扫一扫看 Word 目录编制微视频-

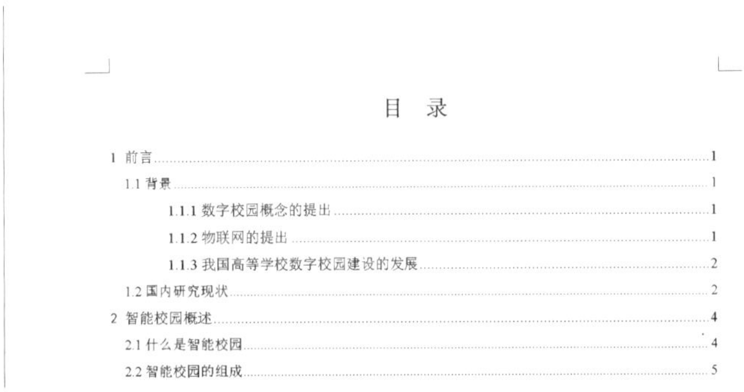

目　录

图 5.3.14　自动生成目录

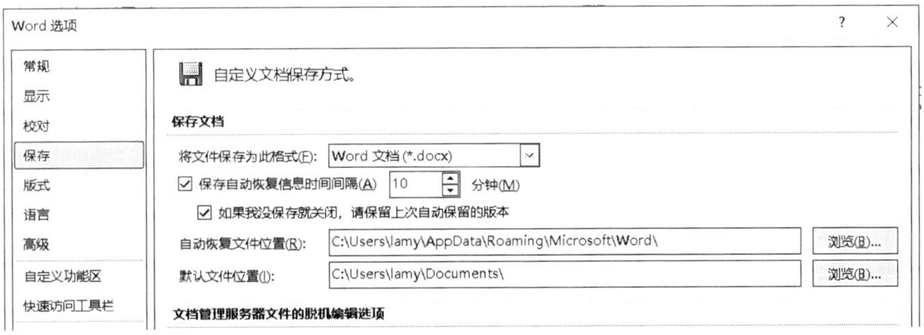

图 5.3.15　自动保存间隔时间设置

扫一扫看Word宏录制微视频

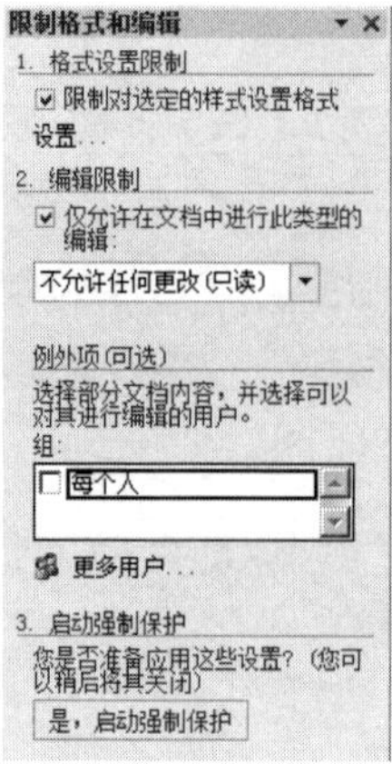

图 5.3.16 保护文档设置

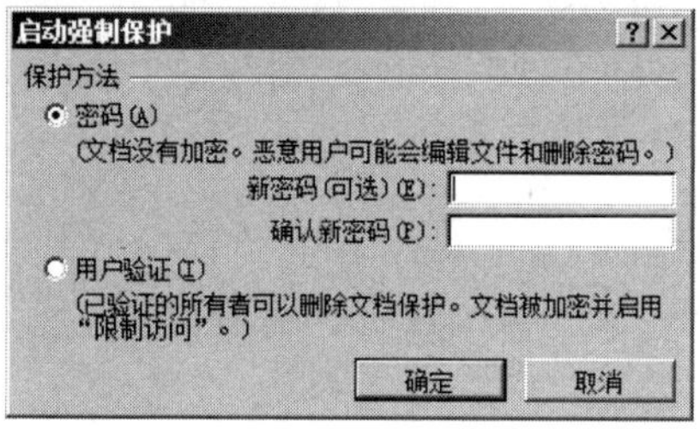

图 5.3.17 “启动强制保护”对话框

拓展训练

序号	难度	项　目	要　求
1	**	Word 操作训练	登录全国计算机等级考试模拟系统，完成三套 Word 操作题

评价反馈

思考题

（1）如果正在排版时突然停电了，如何找回丢失的文件？如何在工作中避免此类事故的发生？

（2）样式可以提升排版效率，样式能在不同文档之间共用吗？

项目6 电子表格软件的应用

思维导图

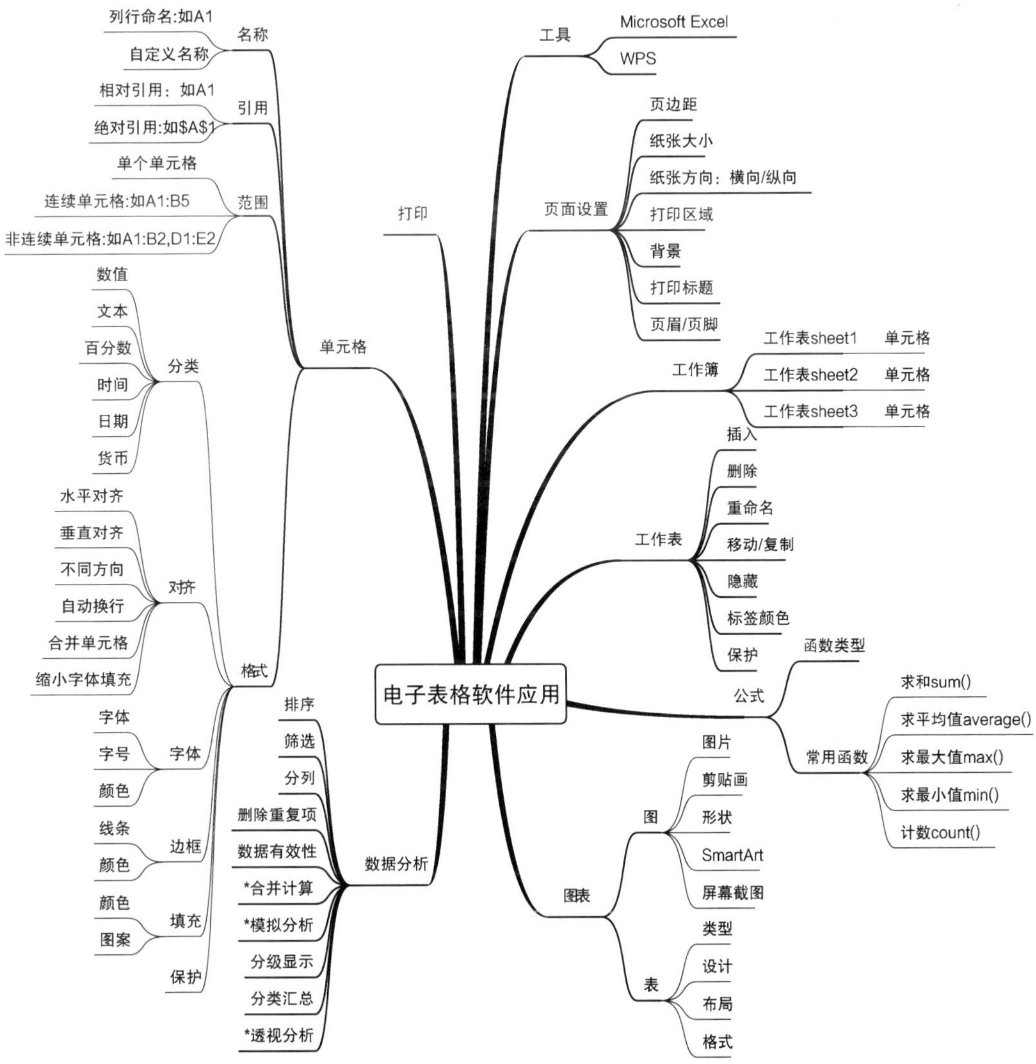

在大数据时代的今天，各种各样的数据在工作、生活、学习中随处可见，如何有效地组织管理这些数据是新一代大学生必须掌握的。电子表格就是一种易用的数据管理软件，常见的电子表格处理软件有微软公司的 Excel、金山公司的 WPS 等。电子表格处理软件主要通过设置样表、录入数据，并对数据进行关联、统计分析，将数据以图表形式输出。

任务 6.1　制作产品销售记录表

扫一扫看 Excel 软件简介微视频

扫一扫看 Excel 基本操作微视频

学习目标

您完成本学习任务后，应当能够:

（1）知道 Microsoft Excel 的启动与退出方法;

（2）熟悉 Microsoft Excel 中新建文件、保存文件的方法;

（3）熟悉 Microsoft Excel 设计电子表格的基本步骤;

（4）熟练掌握 Microsoft Excel 中录入数据的方法;

（5）掌握电子表格格式的设置方法。

任务描述

海南悠悠科技有限公司 2018 年 3 月份的销售记录表电子版文件损坏了，销售部经理找到了 3 月份打印出来的纸质文件，如图 6.1.1 所示，总经理要求小海把 2018 年 3 月的销售记录数据录入 Excel 表。

海南悠悠科技有限公司　销售记录表

单位：元

日　期	销售部门	销售人员	产品名称	型　号	数量	单价	金额	备注
2018 年 3 月 1 日	销售 1 部	杨晓静	办公软件	MS Office 2010 中文 64 位	1	2 000.00	2 000.00	
2018 年 3 月 1 日	销售 2 部	张美美	操作系统	Windows 7 旗舰版 64 位	21	2 460.00	51 660.00	
2018 年 3 月 3 日	销售 1 部	符小花	云盘	360 云盘，1 年，100 GB	5	99.00	495.00	
2018 年 3 月 6 日	销售 1 部	杨晓静	办公软件	WPS office 商业版	77	365.00	28 105.00	
2018 年 3 月 9 日	销售 3 部	符程敏	操作系统	Windows 7 专业版 64 位	121	1 399.00	169 279.00	
2018 年 3 月 11 日	销售 4 部	李木子	杀毒软件	McAfee，单机版	11	245.50	2 700.50	
2018 年 3 月 11 日	销售 1 部	杨晓静	操作系统	Windows 7 旗舰版 64 位	78	2 460.00	191 880.00	
2018 年 3 月 14 日	销售 2 部	张美美	杀毒软件	McAfee，单机版	55	245.00	13 475.00	
2018 年 3 月 15 日	销售 1 部	杨晓静	办公软件	Windows 7 旗舰版 64 位	61	2 460.00	150 060.00	
2018 年 3 月 17 日	销售 4 部	李木子	杀毒软件	McAfee，单机版	7	245.00	1 715.00	
2018 年 3 月 18 日	销售 3 部	符程敏	办公软件	MS Office 2010 中文 64 位	78	2 000.00	156 000.00	
2018 年 3 月 19 日	销售 3 部	符程敏	数据库软件	SQL Server 2016 企业版	21	1 566.00	32 886.00	
合计							800 255.50	

图 6.1.1　纸质销售记录表

任务分析

一个 Excel 文件就是一个工作簿，每个工作簿中有若干个表（sheet），每个表中可以包含最多 16 384 列、1 048 576 行。Excel 单元格的列用大写字母表示，行用阿拉伯数字表示，每个单元格采用“行列”组合名称，如 A1 代表第一行第一列交叉点对应的单元格。

公司销售记录表采用 A4 纸张横向打印而成，经过与其他月份销售表的电子稿比对格式，标题为黑体、18 号、居中，表头文字为宋体、12 号、加粗，表内文字为宋体、12 号，水平和垂直均居中，行高 27 磅，销售单价和金额保留 2 位小数。页边距为：上 2.5 cm、下 1.1 cm、左 1.9 cm、右 1.3 cm。

现制定工作思路如图 6.1.2 所示。

扫一扫看 Excel 数据输入和处理微视频

扫一扫看 Excel 单元格操作及行列操作微视频

图 6.1.2　制作产品销售记录表的思路

实施步骤

1. 新建文件

通过“开始”菜单命令，启动 Microsoft Excel 2010 程序，单击“文件”→“新建”菜单命令，在打开窗口的“可用模块”栏选择“空白工作簿”命令，如图 6.1.3 所示，单击“创建”按钮。

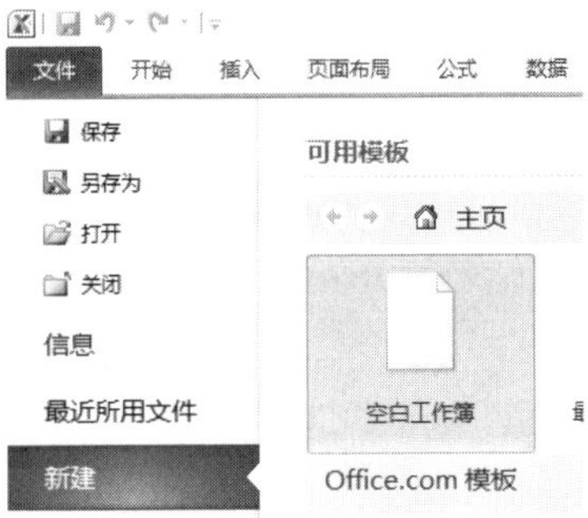

图 6.1.3　新建 Excel “空白工作簿”

2. 设计样表

（1）选择“页面布局”→“页边距”→“自定义边距”命令，在弹出对话框的“页面”选项卡选择“方向”为“横向”、“纸张大小”为“A4”，如图 6.1.4 所示；选择“页边距”选项卡，设置页边距，如图 6.1.5 所示，单击“确定”按钮后返回。

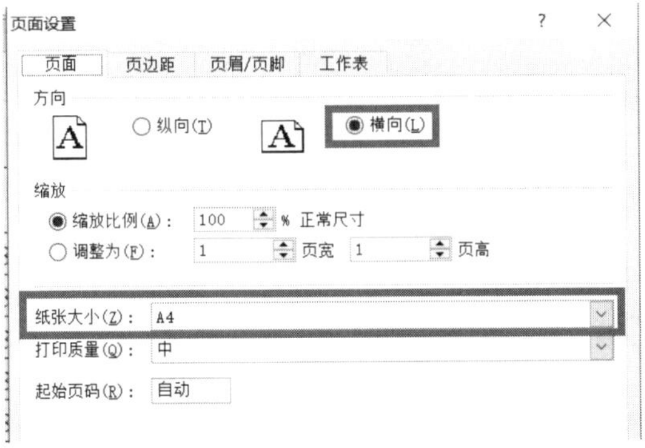

图 6.1.4　设置 A4 纸张方向

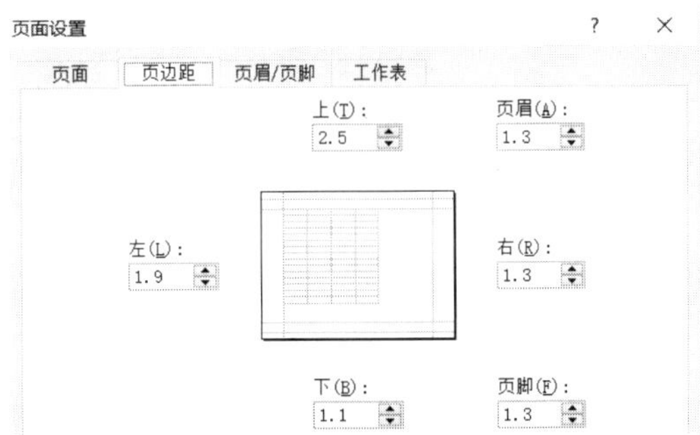

图 6.1.5　设置页边距

（2）在 sheet1 表中选中 A1 至 I1 单元格，在工具栏单击“开始”→“合并后居中”按钮，如图 6.1.6 所示。

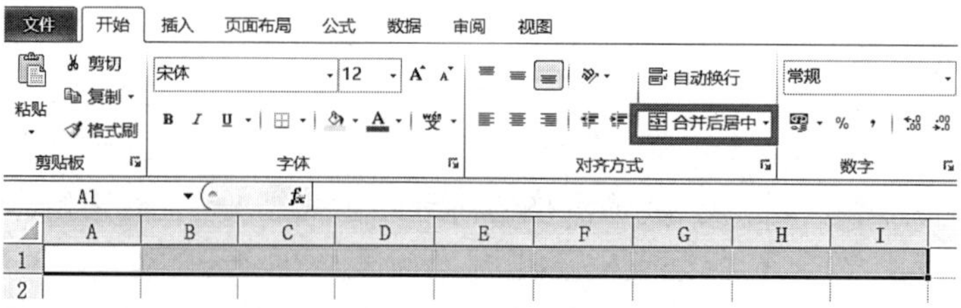

图 6.1.6 合并单元格

（3）在 A1 单元格输入“海南悠悠科技有限公司 销售记录表”，并设置为黑体、18 号，如图 6.1.7 所示。

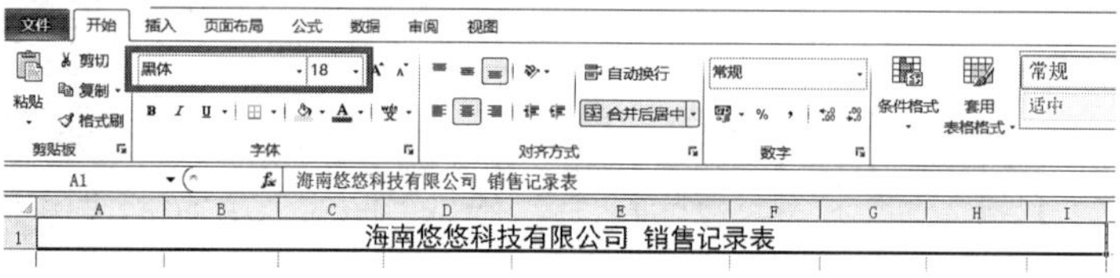

图 6.1.7 设置标题文字

（4）在单元格 I2 中输入“单位：元”，在 A3 至 I3 单元格中分别输入表头文字，并设置为宋体、12 号、加粗，如图 6.1.8 所示。

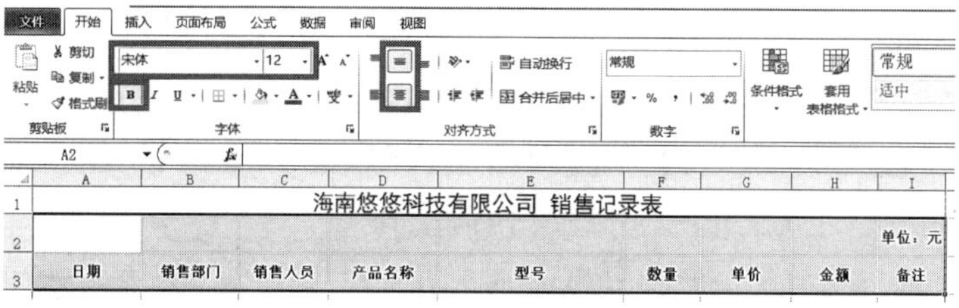

图 6.1.8 设置表头

（5）选择 A3 至 I16 单元格区域，用鼠标右键单击，在弹出的快捷菜单中选择“设置单元格格式”命令，如图 6.1.9 所示。在弹出的“设置单元格格式”对话框中，选择“边框”

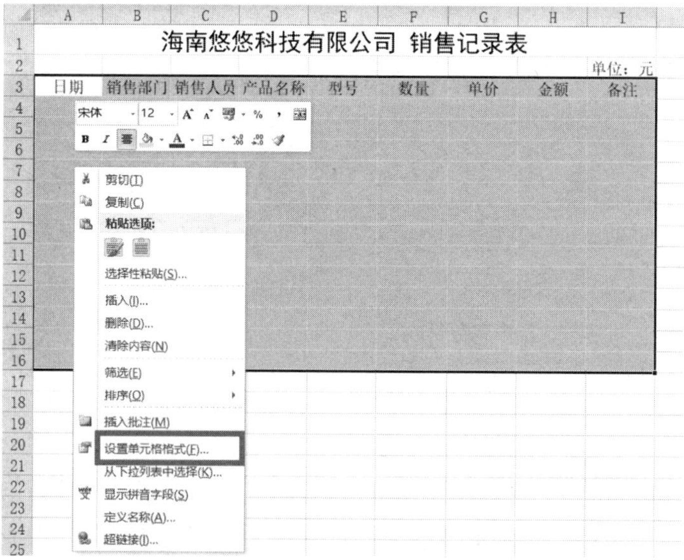

图 6.1.9 选择“设置单元格格式”菜单命令

扫一扫看 Excel 表格创建与调整微视频

扫一扫看 Excel 表格数据编辑与设置微视频

选项卡，然后分别单击“外边框”和“内部”，如图 6.1.10 所示，单击“确定”按钮后返回，表格效果如图 6.1.11 所示。

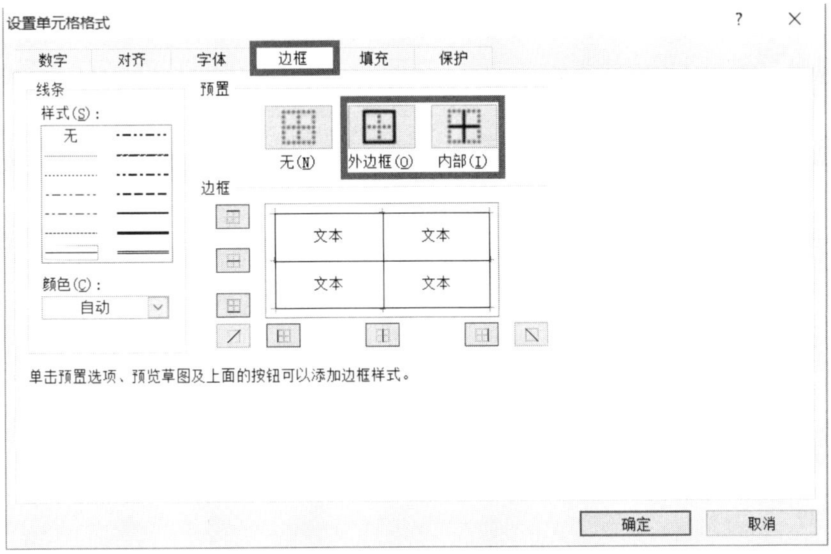

图 6.1.10 设置边框

（6）选择第 3 至第 16 行，用鼠标右键单击，在弹出的快捷菜单中选择“行高”命令，在弹出的窗口输入行高为“27”，如图 6.1.12 所示，单击“确定”按钮后即可完成行高 27 磅的设置。

图 6.1.11 设置边框后的销售记录表

图 6.1.12 设置行高

（7）选择 A 列，用鼠标右键单击，在弹出的快捷菜单中选择“列宽”命令，在弹出的窗口输入“14”并确定；同时选中 B、C、D、G、H 五列，设置列宽为“12”；设置 E 列的列宽为“24”、F 和 I 列的列宽为“9”，效果如图 6.1.13 所示。

（8）参照第一步合并 A17 至 G17 单元格，输入“合计”，效果如图 6.1.14 所示。

（9）选中 A4 至 A16 单元格，用鼠标右键单击，在弹出的快捷菜单中选择“设置单元格格式”命令，如图 6.1.9 所示，在弹出的对话框中，选择“数字”选项卡，在“分类”列表框中选择“日期”，在“示例”列表框中选择所需要的格式为“2001 年 3 月 14 日”，如图 6.1.15 所示。

图 6.1.13　设置列宽

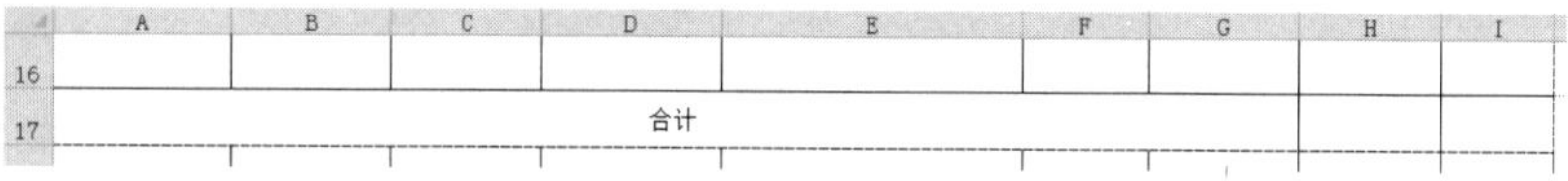

图 6.1.14　合并 A17 至 G17 单元格

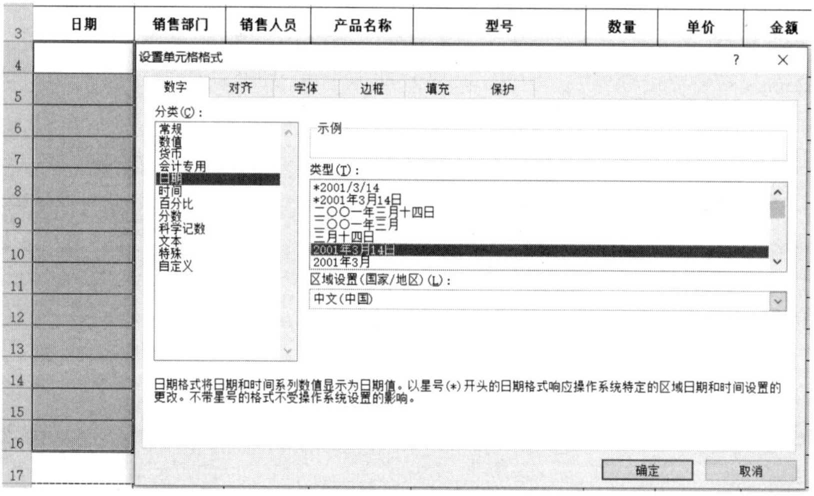

图 6.1.15　设置日期格式

（10）按住 Ctrl 键不放，先选中 H4 至 H17 单元格，然后继续选中 G4 至 G16 单元格，用鼠标右键单击，在弹出的快捷菜单中选择“设置单元格格式”命令，如图 6.1.9 所示，在弹出的对话框中，选择“数字”选项卡，在“分类”列表框中选择“数值”，在“示例”列表框中选择“小数位数”为“2”及负数显示的效果，如图 6.1.16 所示。

3. 录入数据

按照总经理提供的纸质数据表，将“日期、销售部门、销售人员、产品名称、型号、数量、单价”字段的各行数据录入样表，其中录入日期时，可以录入“2018.3.1”或“2018/3/1”等日期样式，系统会自动转换为样表中设置的显示效果“2018 年 3 月 1 日”；同样，单价的

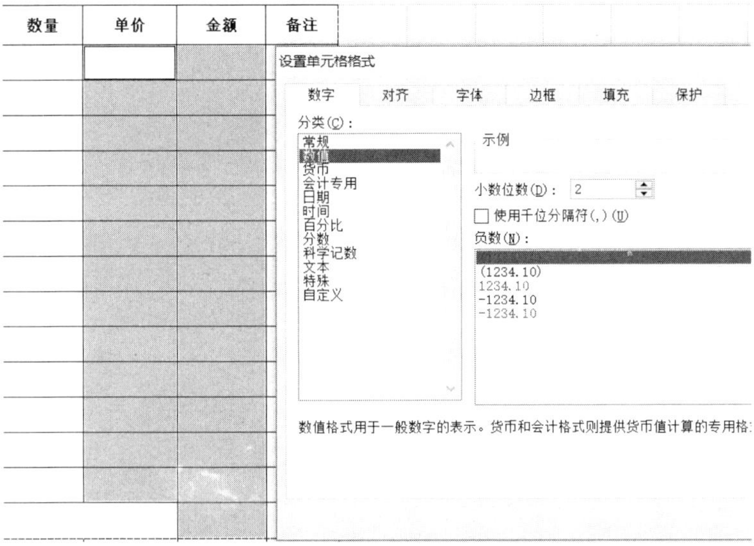

图 6.1.16　单价和金额列数值格式设置

扫一扫看修改Excel图表元素微视频

扫一扫看页面设置与打印微视频

小数部分如没有，则直接输入整数，小数部分会自动添加 0，如输入“999”，则显示“999.00”。

4. 关联数据

（1）选择单元格 H4，输入“=F4*G4”后按回车键，将自动计算 F4 和 G4 的乘积，即数量和单价的乘积，输入“F4”和“G4”的操作也可以用鼠标单击相应单元格代替，被引用的单元格出现颜色线框，如图 6.1.17 所示。

（2）用鼠标选择 H4 单元格，将鼠标移动到该单元格的右下角鼠标指针变为“+”时，单击并保持住向下拖动到 H16，如图 6.1.18 所示，则 H5 至 H16 单元格会自动计算金额。

E	F	G	H
型号	数量	单价	金额
MS Office2010中文64位	1	2000.00	=F4*G4

图 6.1.17　计算金额单元格值

扫一扫看输入与使用公式微视频

H
金额
2000.00

图 6.1.18　自动计算

（3）选择 H17 单元格，选择菜单“公式”→“自动求和”命令，则 H17 单元格中将自动出现 H4 至 H16 单元格的求和公式，被求和的单元格被动态虚线围绕，如图 6.1.19 所示，按回车键确定后即求和，公式也可以手动输入，效果等同。

数量	单价	金额
1	2000.00	2000.00
21	2460.00	51660.00
5	99.00	495.00
77	365.00	28105.00
121	1399.00	169279.00
11	245.50	2700.50
78	2460.00	191880.00
55	245.00	13475.00
61	2460.00	150060.00
7	245.00	1715.00
78	2000.00	156000.00
21	1566.00	32886.00
		=SUM(H4:H16)

图 6.1.19　公式计算合计

5. 保存

按“Ctrl+S”组合键或选择“文件”→“保存”命令，在弹出的“保存”对话框中，选择存储文件的位置、文件名和文件类型，单击“确认”按钮后完成保存。

6. 打印

（1）选择 A1 至 I17 区域，选择“页面布局”→“打印区域”→“设置打印区域”命令，如图 6.1.20 所示，即可将选择区域设置为打印区域。

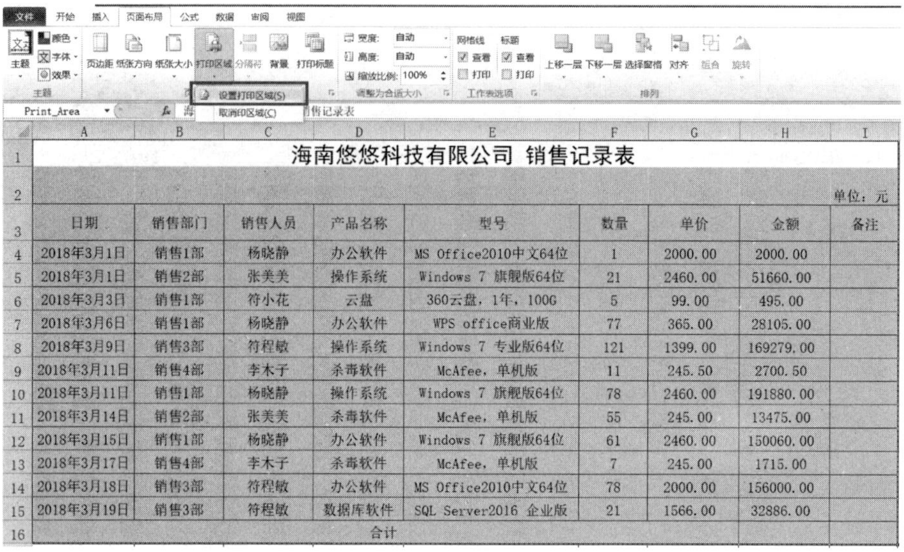

图 6.1.20 设置打印区域

（2）按“Ctrl+P”组合键或选择“文件”→“打印”命令，在弹出的窗口右侧可以预览打印的效果，设置打印 1 份、选择打印机，如图 6.1.21 所示，最后单击“打印”按钮即开始打印。

图 6.1.21 打印设置

拓展训练

序号	难度	项　目	要　求
1	**	Excel 操作训练	登录全国计算机等级考试模拟系统，完成三套 Excel 操作题

评价反馈

思考题

（1）在 Microsoft Word 中也有表格功能，为什么还需要学习 Microsoft Excel？

（2）在 Microsoft Excel 为什么有最多行和列的限制？

（3）在设置为“数值”属性的单元格输入 18 位身份证号码，有没有可能发生错误？为什么？

（4）举例说明至少 4 个函数的功能和使用方法。

任务 6.2　制作季度销售统计分析表

学习目标

扫一扫看函数使用基础微视频

扫一扫看常用函数使用方法微视频

您完成本学习任务后，应当能够：

（1）熟悉常见图表的类型；

（2）掌握对数据进行排序的方法；

（3）掌握对数据进行筛选的方法；

（4）掌握对数据进行分类汇总的方法。

任务描述

海南悠悠科技有限公司 2018 年 1～3 月份的销售记录表恢复后，总经理需要小海对数据进行排序、筛选、分类汇总，以了解业绩情况，具体要求为：

（1）按每笔业务金额进行由高到低的排序；

（2）筛选员工符程敏的业绩；

（3）用饼图展示各销售部门的销售金额；

（4）以“销售部门”为行，以“产品名称”为列，统计销售金额，如图 6.2.1 所示。

销售部门	办公软件	操作系统	杀毒软件	数据库软件	云盘	总计
销售 1 部						
销售 2 部						
销售 3 部						
销售 4 部						
总计						

图 6.2.1　统计销售金额

任务分析

在企业的经营过程中，有大量的数据项目和很多的表格，销售总监和公司高管经常需要从不同角度对数据进行排序、筛选、分类汇总、图表展示，利用数据透视表进行交互数据处理，以便对经营过程进行调控。现制定工作思路如图 6.2.2 所示。

图 6.2.2　制作季度销售统计分析表的思路

实施步骤

扫一扫看对数据进行排序微视频

扫一扫看表格数据筛选及高级筛选微视频

1. 打开文件

打开“2018 年 1～3 月销售记录表.xlsx”。

2. 数据排序

（1）选择工作表“sheet1”,拖动鼠标选中 A3 至 H21 数据区域。

（2）选择“数据”→“排序”命令，如图 6.2.3 所示，在打开的“排序”对话框的“主要关键字”中选择“金额”字段，“次序”中选择“降序”，如图 6.2.4 所示。

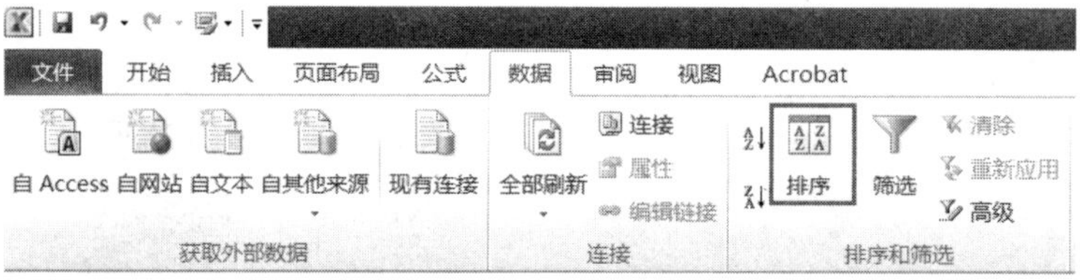

图 6.2.3　排序选项

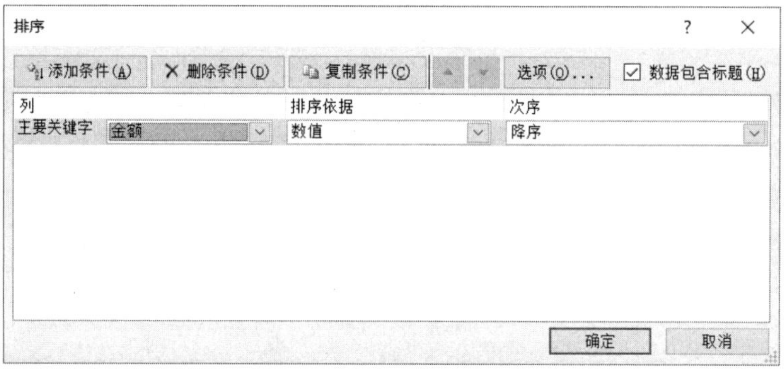

图 6.2.4　“排序”对话框

（3）单击“确定”按钮后完成排序，效果如图 6.2.5 所示。

海南悠悠科技有限公司 销售记录表								
								单位：元
日期	销售部门	销售人员	产品名称	型号	数量	单价	金额	备注
2018年3月22日	销售2部	张美美	操作系统	红旗Linux Desktop 5.0	398	498.00	198204.00	
2018年3月11日	销售1部	杨晓静	操作系统	Windows 7 旗舰版64位	78	2460.00	191880.00	
2018年3月9日	销售3部	符程敏	操作系统	Windows 7 专业版64位	121	1399.00	169279.00	
2018年3月21日	销售1部	杨晓静	操作系统	Windows 7 专业版64位	121	1399.00	169279.00	
2018年3月18日	销售3部	符程敏	办公软件	MS Office 2010中文版64位	78	2000.00	156000.00	
2018年3月15日	销售1部	杨晓静	办公软件	Windows 7 旗舰版64位	61	2460.00	150060.00	
2018年3月1日	销售2部	张美美	操作系统	Windows 7 旗舰版64位	21	2460.00	51660.00	

图 6.2.5　排序效果

3. 数据筛选

（1）重新打开“2018 年 1～3 月销售记录表.xlsx”，拖动鼠标选中 A3 至 H21 数据区域。

（2）选择“数据”→“筛选”命令，数据进入筛选状态，如图 6.2.6 所示。

海南悠悠科技有限公司 销售记录表								
								单位：元
日期	销售部门	销售人员	产品名称	型号	数量	单价	金额	备注
2018年3月22日	销售2部	张美美	操作系统	红旗Linux Desktop 5.0	398	498.00	198204.00	
2018年3月11日	销售1部	杨晓静	操作系统	Windows 7 旗舰版64位	78	2460.00	191880.00	
2018年3月9日	销售3部	符程敏	操作系统	Windows 7 专业版64位	121	1399.00	169279.00	
2018年3月21日	销售1部	杨晓静	操作系统	Windows 7 专业版64位	121	1399.00	169279.00	
2018年3月18日	销售3部	符程敏	办公软件	MS Office2010中文64位	78	2000.00	156000.00	

图 6.2.6　数据进入筛选状态

（3）单击“销售人员”列表名后面的倒三角按钮，在弹出的窗口中选择“符程敏”，如图 6.2.7 所示，单击“确定”按钮后筛选效果如图 6.2.8 所示。如要取消筛选，再次选择“数据”→“筛选”命令。

4. 图表展示

（1）重新打开“2018 年 1～3 月销售记录表.xlsx”，拖动鼠标依次选择 A3 至 H21 的数据区域，以“销售部门”为主要关键字做升序排序。

（2）再次选择 A3 至 H21 的数据区域，选择“数据”→“分级显示”→“分类汇总”命令，在打开的“分类汇总”对话框中，设置“分类字段”为“销售部门”，设置“汇总方式”为“求和”，设置“选定汇总项”为“金额”，如图 6.2.9 所示。

海南悠悠科技有限公司 销售记录表								
								单位：元
日期	销售部门	销售人员	产品名称	型号	数量	单价	金额	备注
2018年3月9日	销售3部	符程敏	操作系统	Windows 7 专业版64位	121	1399.00	169279.00	
2018年3月18日	销售3部	符程敏	办公软件	MS Office2010中文64位	78	2000.00	156000.00	
2018年3月19日	销售3部	符程敏	数据库软件	SQL Server2016 企业版	21	1566.00	32886.00	

图 6.2.8　筛选后效果

图 6.2.7　筛选项设置

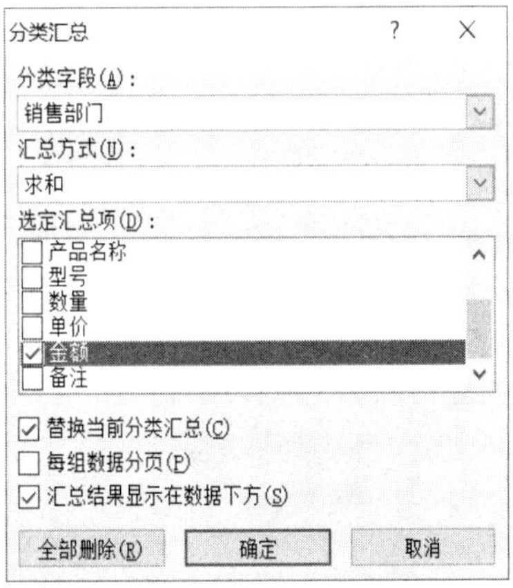

图 6.2.9　“分类汇总”对话框

（3）单击“确定”按钮完成数据汇总，如图 6.2.10 所示。单击“分类汇总”按钮右侧的“隐藏明细数据”后，明细数据被隐藏，效果如图 6.2.11 所示。

扫一扫看表格数据分类汇总微视频

	A	B	C	D	E	F	G	H	I
1	海南悠悠科技有限公司 销售记录表								
2									单位：元
3	日期	销售部门	销售人员	产品名称	型号	数量	单价	金额	备注
4		总计						1212313.50	
5		销售1部 汇总						547795.00	
6	2018年3月11日	销售1部	杨晓静	操作系统	Windows 7 旗舰版64位	78	2460.00	191880.00	
7	2018年3月21日	销售1部	杨晓静	操作系统	Windows 7 专业版64位	121	1399.00	169279.00	
8	2018年3月15日	销售1部	杨晓静	办公软件	Windows 7 旗舰版64位	61	2460.00	150060.00	
9	2018年3月6日	销售1部	杨晓静	办公软件	WPS office商业版	77	365.00	28105.00	
10	2018年3月24日	销售1部	杨晓静	操作系统	红旗Linux Desktop 5.0	12	498.00	5976.00	
11	2018年3月1日	销售1部	杨晓静	办公软件	MS Office2010中文64位	1	2000.00	2000.00	
12	2018年3月3日	销售1部	符小花	云盘	360云盘，1年，100G	5	99.00	495.00	

图 6.2.10　分类汇总后的数据

扫一扫看表格数据透视表和数据透视图微视频

	A	B	C	D	E	F	G	H	I
1	海南悠悠科技有限公司 销售记录表								
2									单位：元
3	日期	销售部门	销售人员	产品名称	型号	数量	单价	金额	备注
4		总计						1212313.50	
5		销售1部 汇总						547795.00	
13		销售2部 汇总						291444.00	
18		销售3部 汇总						358165.00	
22		销售4部 汇总						14909.50	
27	合计							1658127.00	

图 6.2.11　隐藏明细数据后的分类汇总

（4）按住 Ctrl 键不放，依次选中 B5 至 B22 和 H5 至 H22 数据区域，如图 6.2.12 所示。

	A	B	C	D	E	F	G	H	I
1	海南悠悠科技有限公司 销售记录表								
2									单位：元
3	日期	销售部门	销售人员	产品名称	型号	数量	单价	金额	备注
4		总计						1212313.50	
5		销售1部 汇总						547795.00	
13		销售2部 汇总						291444.00	
18		销售3部 汇总						358165.00	
22		销售4部 汇总						14909.50	
27	合计							1658127.00	

图 6.2.12　选择数据

（5）选择“插入”→“图表”→“饼图”命令，如图 6.2.13 所示。选择该图表，选择“设计”→“图表布局”→“布局 2”命令，并将标题修改为“2018 年 1～3 月销售统计”，如图 6.2.14 所示。

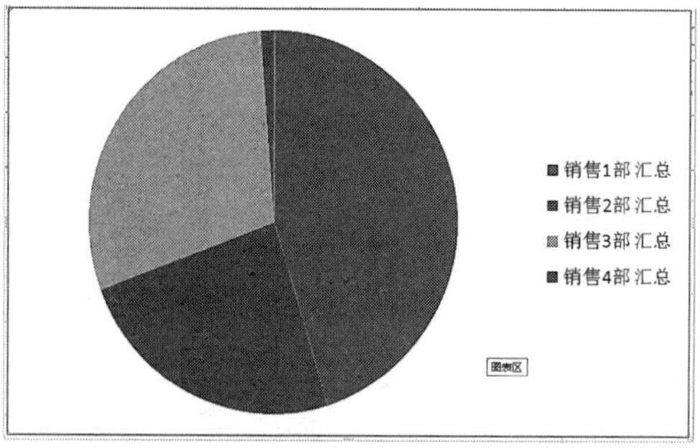

图 6.2.13　部门汇总饼图

图 6.2.14　销售统计数据饼图

5．交互数据处理

（1）重新打开“2018 年 1～3 月销售记录表.xlsx”，拖动鼠标选中 A3 至 H21 数据区域。

（2）选择“插入”→“表格”→“透视数据表”命令，弹出如图6.2.15所示对话框，单击“确定”按钮后数据透视表如图6.2.16所示。

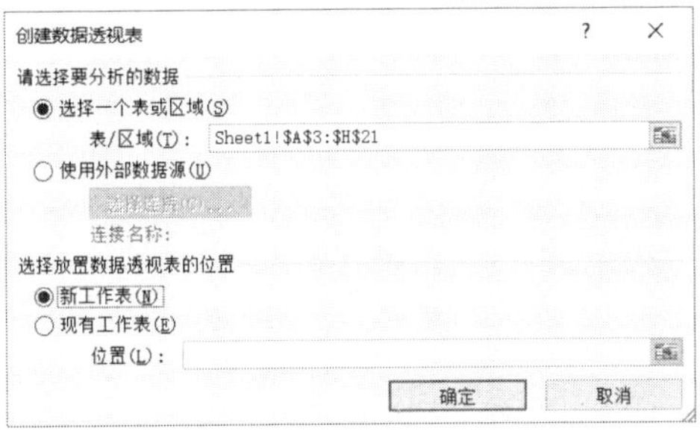

图6.2.15　“创建数据透视表”对话框

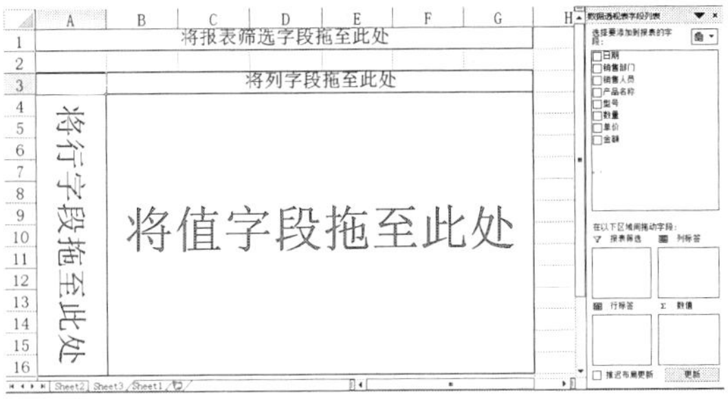

图6.2.16　透视表设置

（3）从右侧“数据透视表字段列表”中，把“销售部门”拖动到“行标签”，将“产品名称”拖动到“列标签”，将“金额”拖动到“数值”，则显示效果如图6.2.17所示。

求和项:金额	产品名称					
销售部门	办公软件	操作系统	杀毒软件	数据库软件	云盘	总计
销售1部	180165	367135			495	547795
销售2部	28105	249864	13475			291444
销售3部	156000	169279		32886		358165
销售4部			4415.5		10494	14909.5
总计	364270	786278	17890.5	32886	10989	1212313.5

图6.2.17　透视表

扫一扫看导入Web网页数据及处理微视频

扫一扫看使用切片器和表格转换微视频

拓展训练

序号	难度	项　目	要　求
1	**	Excel操作训练	登录全国计算机等级考试模拟系统，完成三套Excel操作题

评价反馈

思考题

（1）Microsoft Excel中一共有多少类图表？每类图表有什么特点？

（2）通过网络查询什么是数据库，Microsoft Excel和数据库有什么区别与联系？

项目7 演示文稿软件的应用

思维导图

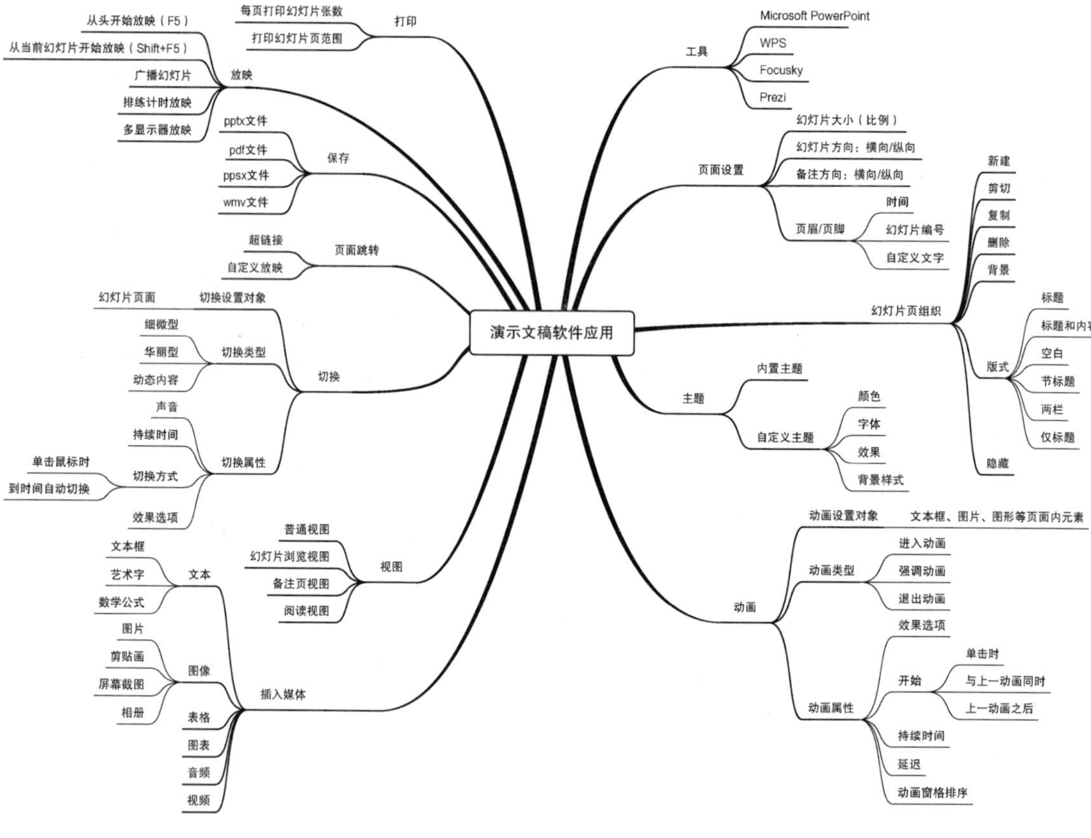

在信息化时代的今天，利用多媒体展示已经成为最常见的一种方式，如演讲、学习汇报、工作汇报、作品展示等。常见的幻灯片软件有微软公司的 PowerPoint、金山公司的 WPS、广州万彩公司的 Focusky、匈牙利公司的 Prezi 等。针对 PowerPoint 有 iSlide 等插件，可以提升 Microsoft PowerPoint 的功能。

演示文稿软件主要通过设置页面、插入幻灯片、编辑幻灯片、设置动画效果、设置切换效果、设置播放方式等，对文件进行创建、修改和美化操作，然后进行播放与展示。

任务 7.1　制作工作汇报演示文稿

扫一扫看 PowerPoint 2010 基本使用微视频

扫一扫看 PPT 文件创建与保存微视频

学习目标

您完成本学习任务后，应当能够：

（1）熟悉演示文稿设计与播放的全过程；

（2）掌握 Microsoft PowerPoint 的页面设置方法；

（3）掌握艺术字的插入方法；

（4）掌握图片的插入方法；

（5）掌握动画的设置方法；

（6）掌握页面切换的设置方法。

任务描述

小海毕业后到海南悠悠科技有限公司工作一年了，公司要求员工进行述职，对一年来的工作进行汇报，并用幻灯片展示。

任务分析

小海经过现场考察，发现汇报用的 LED 大屏幕的比例是 16∶9。同时小海认真梳理了一年来的工作内容、工作完成情况、工作不足之处、明年工作目标等并撰写了汇报文稿，然后收集了工作中的相关图片等素材，并计划按照以下思路制作演示文稿，如图 7.1.1 所示。

图 7.1.1　制作演示文稿的思路

实施步骤

1. 新建文件

通过“开始”菜单命令，启动 Microsoft PowerPoint 2010 软件，单击“文件”→“新建”命令，在打开的窗口中选择“可用的模板和主题”栏的“空白演示文稿”命令，单击“创建”按钮后打开如图 7.1.2 所示的演示文稿主界面。

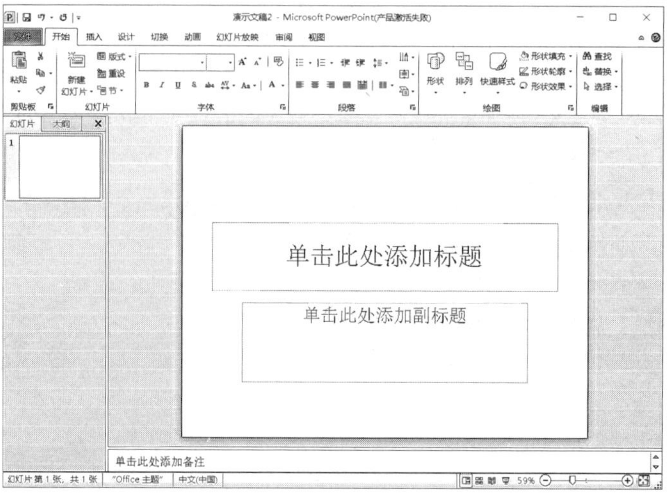

图 7.1.2　新建 Microsoft PowerPonit 文件

2．设置页面

选择"设计"→"页面设置"命令，在弹出的窗口中选择幻灯片大小为"全屏显示（16:9）"，单击"确定"按钮，如图 7.1.3 所示。

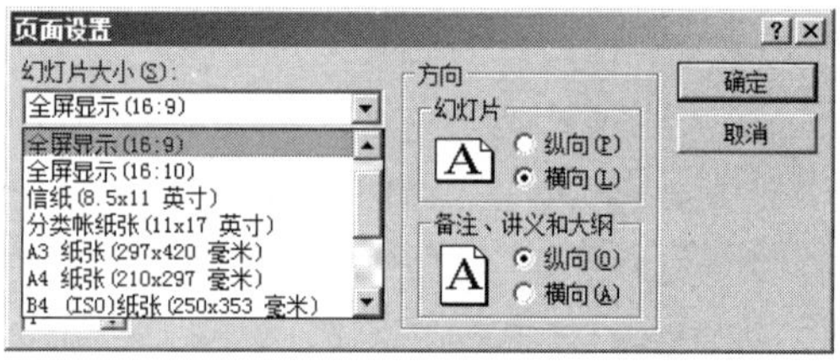

图 7.1.3　"页面设置"对话框

3．选择主题

单击"设计"选项卡"主题"工具栏中相应主题的图标按钮，当前的幻灯片即可应用该主题风格，如图 7.1.4 所示。

扫一扫看 PPT 幻灯片主题应用背景母版微视频

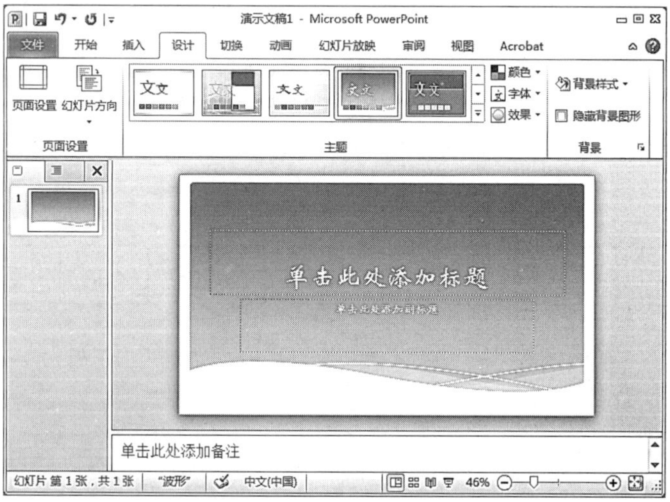

图 7.1.4　设置幻灯片主题风格

4．组织页面

根据演示内容的需要，按照以下步骤组织五个页面。

（1）增加页面：在“幻灯片浏览”窗格中选择当前幻灯片，通过按回车键，增加四张幻灯片页面，示例如图 7.1.5 所示。

图 7.1.5　增加幻灯片

扫一扫看 PPT 幻灯片编辑微视频

扫一扫看 PPT 幻灯片文本编辑微视频

（2）设置版式：选中相应的幻灯片并右击，选择快捷菜单中的“版式”命令，在子菜单中选择相应的版式。

5. 录入内容

根据汇报内容，单击“插入”选项卡工具栏的“图片”“文本框”等图标按钮，如图 7.1.6 所示，可将图片、文字等信息录入相应的页面。如果对原有格式的字体、颜色、位置不满意，均可以单独选择后进行调整。输入内容后的效果如图 7.1.7 所示。

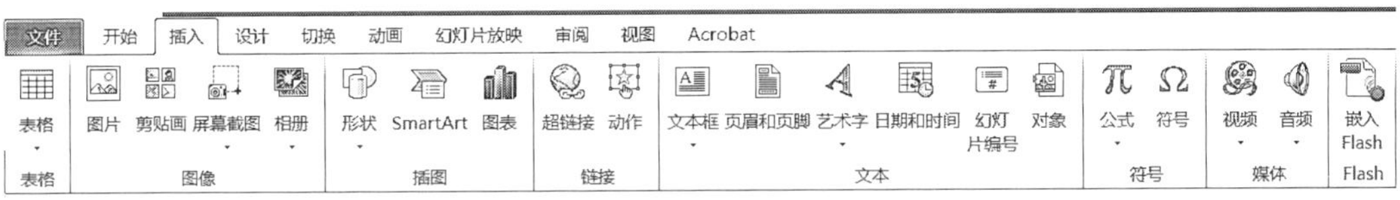

图 7.1.6　“插入”选项卡的工具栏

图 7.1.7　输入内容后的效果

（1）在第 1～4 页，输入相应的文字。

（2）在第 2 页，插入剪贴画。

（3）在第 3 页，插入“素材:\ 项目 7\任务 7.1\查找不足.jpg”，并调整图片的大小和位置。

（4）在第 4 页，插入“素材:\ 项目 7\任务 7.1\努力.png”，并调整图片的大小和位置。

（5）在第 5 页，插入艺术字“谢谢”。

6．设置动画

为了增强展示效果，单击幻灯片页面内的各文本框、图片、图形等元素，再选择“动画”选项卡工具栏的图标按钮，根据想要的合适的动画效果，单击“效果选项”“动画窗格”和“计时”栏按钮进行详细设置，如图 7.1.8 所示。

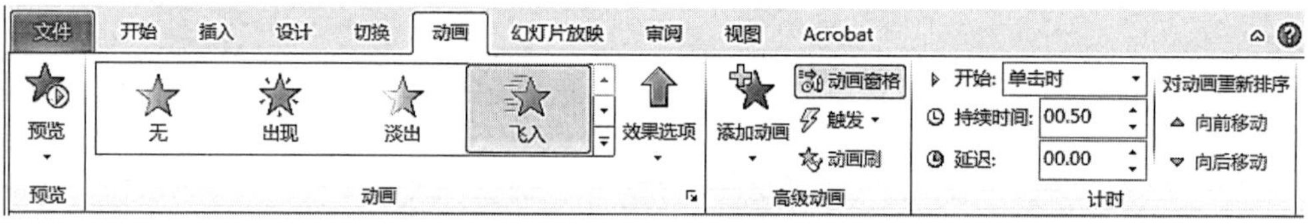

图 7.1.8　动画设置工具

（1）在第 1 页，将标题“2018 年工作总结”设置为“缩放”动画，“开始”选项为“上一动画之后”。

（2）在第 2 页，将剪贴画设置为“飞入”动画，“方向”选项为“自右侧”。

（3）在第 3 页，将图片设置为“脉冲”动画，“开始”选项为“上一动画之后”。

（3）在第 4 页，将图片设置为“陀螺旋”动画，“开始”选项为“上一动画之后”。

7．设置页面切换

为了增强展示效果，选择“幻灯片浏览”窗格中的幻灯片页面，根据想要的合适的页面切换效果，单击“切换”选项卡工具栏的“效果选项”和“计时”栏图标按钮，对页面切换效果进行详细设置，如图 7.1.9 所示。

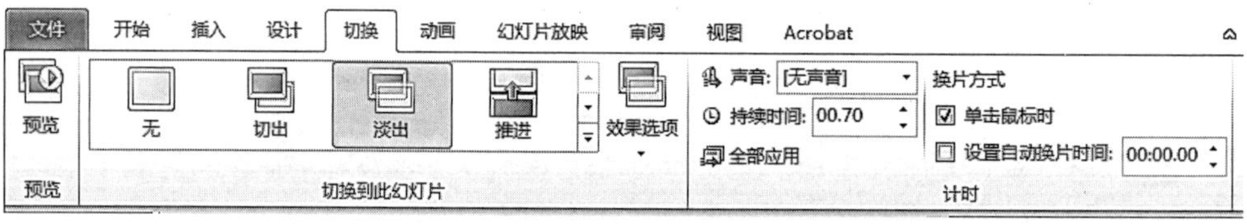

图 7.1.9　页面切换设置工具

8．设置放映

在“幻灯片放映”选项卡的工具栏，根据放映要求，单击不同图标按钮可对幻灯片放映进行设置，如图 7.1.10 所示。本次演示较为简单无须做特殊设置。

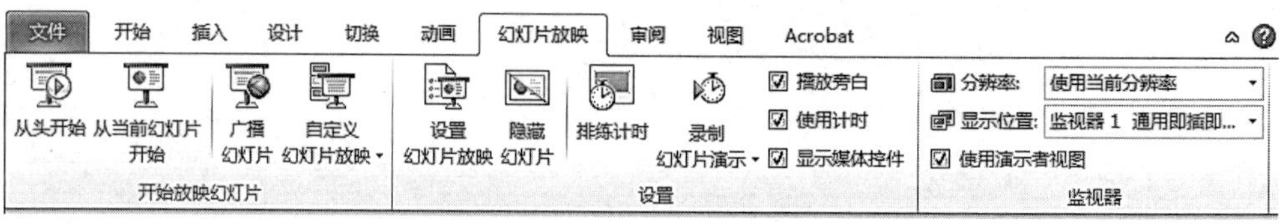

图 7.1.10　幻灯片放映设置工具

9．保存文件

按组合键“Ctrl+S”或选择“文件”→“保存”命令，对文件进行保存。

拓展训练

序号	难度	项　目	要　求
1	**	自我介绍	完成自我介绍演示文稿，设置页面比例为 16∶9，至少包含 5 张幻灯片页面，内容图文并茂，为幻灯片页面内元素设置适当的动画效果，为幻灯片页面设置切换效果
2	**	PPT 操作训练	登录全国计算机等级考试模拟系统，完成三套 PPT 操作题

评价反馈

1．简答题

（1）Microsoft PowerPoint、WPS、Focusky、Prezi 幻灯片制作工具有什么差异？

（2）备注窗格中的备注有什么作用？

2．思考题

（1）幻灯片文件制作完成后，如果在另外一台计算机上播放，会有哪些潜在的问题？如何避免？

（2）在本任务中，为什么第 3 页的图片边缘是透明的，而第 2 页的图片边缘不透明？

（3）如何才能做出更好看的幻灯片？

任务 7.2　制作区域文化宣传演示文稿

扫一扫看设置 PPT 幻灯片图片形状艺术字微视频

扫一扫看 PPT 幻灯片页眉页脚打印微视频

学习目标

您完成本学习任务后，应当能够：

（1）了解幻灯片的模板；

（2）掌握修改母版的方法；

（3）掌握超级链接的设置方法；

（4）掌握打包 PPT 的方法。

任务描述

在 2018 年 4 月，国家决定在海南全岛建设自由贸易试验区，支持海南逐步探索稳步推进中国特色自由贸易港建设。海南悠悠科技有限公司作为海南岛一家本土互联网企业，计划利用酒店大堂的触摸屏电视充分展示海南的环境、发展和人情风貌，向游客和市民宣传海南岛的发展优势与政策。

任务分析

该 PPT 需要在触摸屏电视上展示，由客人随机自主播放，那就需要给客户充分的交互功能，同时要考虑到屏幕的尺寸。为了给客人更好的感受，需要对文字、图片、声音、视频等多种媒体进行集中整合呈现。

经过小海的调查，酒店的触摸屏电视屏幕比例为 16∶10。根据企划部提供的文案、图片、音频和视频等资料，小海初步梳理了制作要点。

（1）触摸屏电视的屏幕比例为 16∶10。

（2）从网络购买专业的 PPT 模板，提高工作效率。

（3）在每页显示客服咨询电话，以便为客人提供周全的咨询服务。

（4）循环播放音乐。

（5）演示文稿应该循环播放，除按 Esc 键，一般无法退出。

（6）客人进入首页后可以自行选择进入其他页面浏览，即进入到不同的主题页面，然后返回首页，交互结构如图 7.2.1 所示。

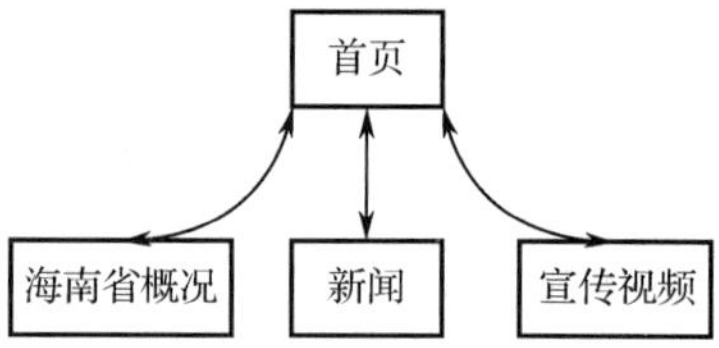

图 7.2.1　宣传演示文稿交互结构

根据以上思考和准备，形成以下制作思路，如图 7.2.2 所示。

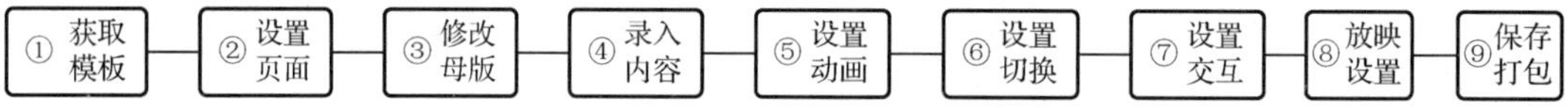

图 7.2.2　制作宣传演示文稿的思路

实施步骤

扫一扫看 PPT 幻灯片表格插入与编辑微视频

扫一扫看 PPT 幻灯片图形插入编辑微视频

扫一扫看 PPT 幻灯片模板微视频

1. 获取模板

登录天猫（见图 7.2.3）、我图网（见图 7.2.4）、演界网等平台，在线选择购买商业正版 PPT 模板。当然也可以不用模板自己直接制作演示文稿。购买的模板一般有完整的背景、配色方案、动画、切换效果等，只需要替换相应的文字和素材，即可快速完成幻灯片的制作。

图 7.2.3　天猫 PPT 模板检索页面

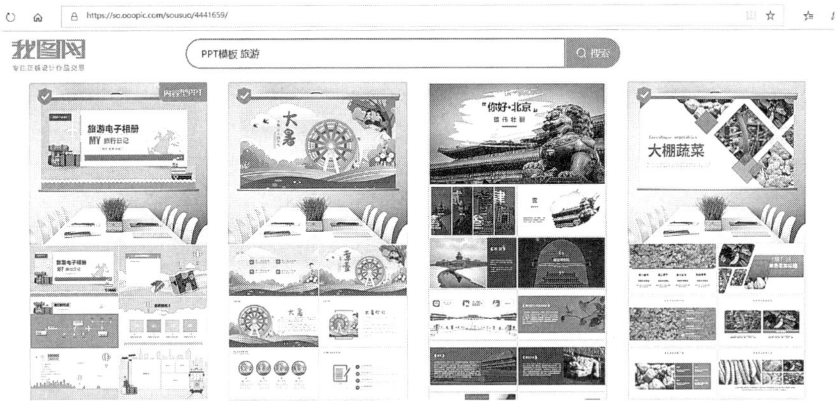

图 7.2.4　我图网 PPT 模板检索页面

2. 设置页面

购买模板并下载后，用 Microsoft PowerPoint 打开，选择“设计”→“页面设置”命令，设置幻灯片大小为“全屏显示（16:10）”，如图 7.2.5 所示。

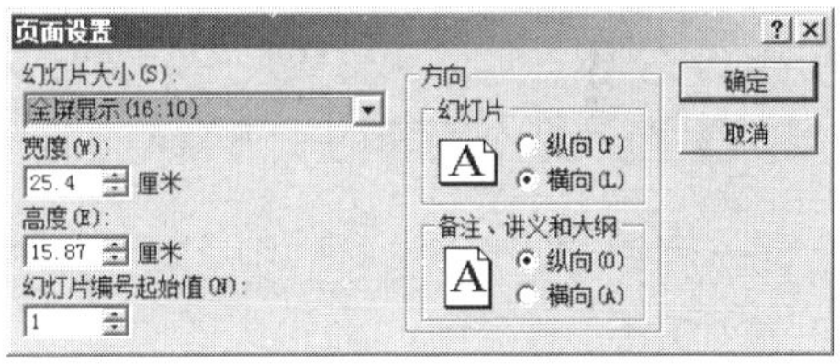

图 7.2.5　“页面设置”对话框

3. 修改母版

为让每个页面均显示公司的客服电话，只要在母版页面加入电话信息，则每个新建的相应页面都会包含该信息。

（1）选择“视图”→“幻灯片母版”命令，进入幻灯片母版视图，如图 7.2.6 所示。

（2）选择“插入”→“艺术字”命令，在母版右下角插入“客服电话：0898-000000”，调整字体和字号，如图 7.2.7 所示。

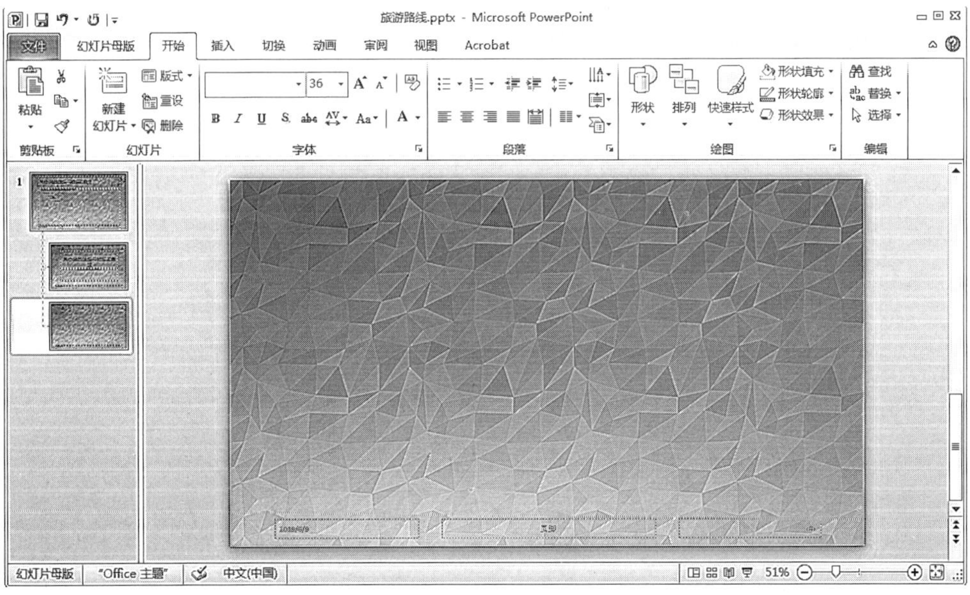

图 7.2.6　幻灯片母板视图

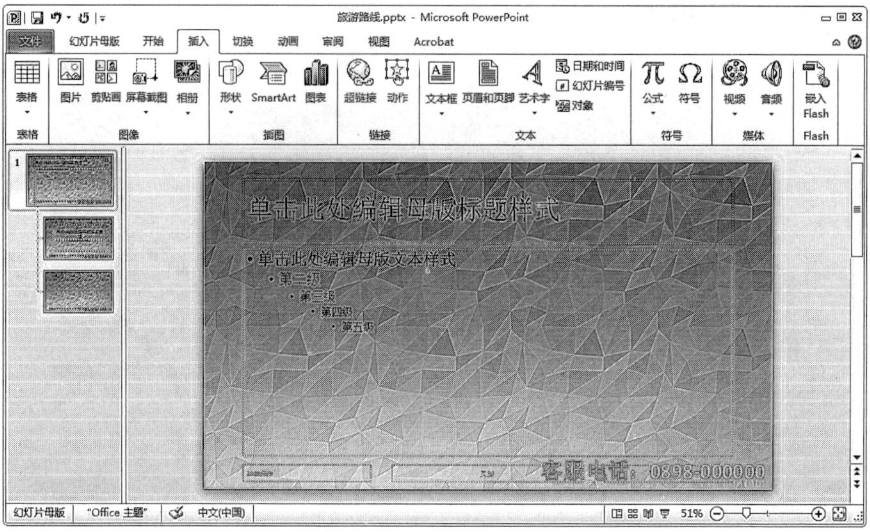

图 7.2.7 在母版上设置客服电话

（3）选择“幻灯片母版”→“关闭母版视图”命令，则返回到 Microsoft PowerPoint 正常的编辑页面，每个页面的右下角都显示“客服电话：0898-000000”。

4. 录入内容

增加幻灯片页面，为相应的页面录入内容，并进行格式设置，步骤如下。

（1）在第 1 页录入文字和插入音频。选择“插入”→“音频”→“文件中的音频”命令，导入“素材：\项目 7\任务 7.2\万泉河水清又清.mp3”，单击“音频工具”→“播放”选项卡的工具栏功能按钮，设置“开始”为“跨幻灯片播放”，选择“放映时隐藏”“循环播放，直到停止”“播完返回开头”等复选项，如图 7.2.8 所示。录入文字并排版后的整体效果如图 7.2.9 所示

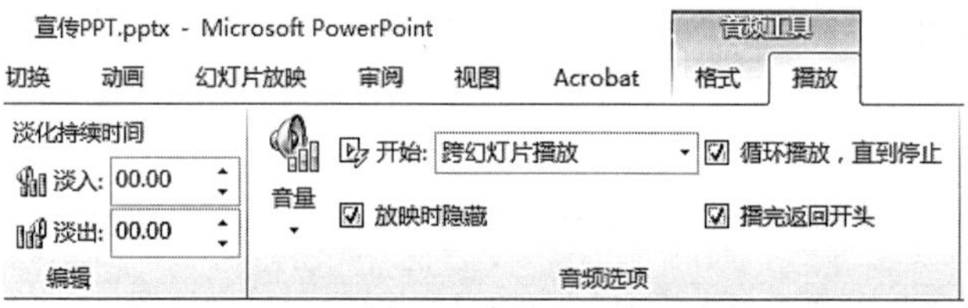

扫一扫看 PPT 幻灯片视频音频编辑微视频

图 7.2.8 音频播放属性设置

图 7.2.9 第 1 页整体效果

（2）在第 2 页录入文字，导入图片“素材：\项目 7\任务 7.2\海南地图.jpg”，设置图片样式为“金属框架”，排版后效果如图 7.2.10 所示。

图 7.2.10　第 2 页效果

（3）在第 3 页录入文字，导入图片“素材：\项目 7\任务 7.2\海南自贸区.jpg”，设置图片样式为“透视阴影，白色”；在左下角插入箭头图形，排版后效果如图 7.2.11 所示。

图 7.2.11　第 3 页效果

（4）在第 4 页插入视频“素材：\项目 7\任务 7.2\宣传片.wmv”，设置样式为“简单框架，白色”，单击“音频工具”→“播放”选项卡的工具栏功能按钮，设置“开始”为“自动”，如图 7.2.12 所示，整体排版效果如图 7.2.13 所示。

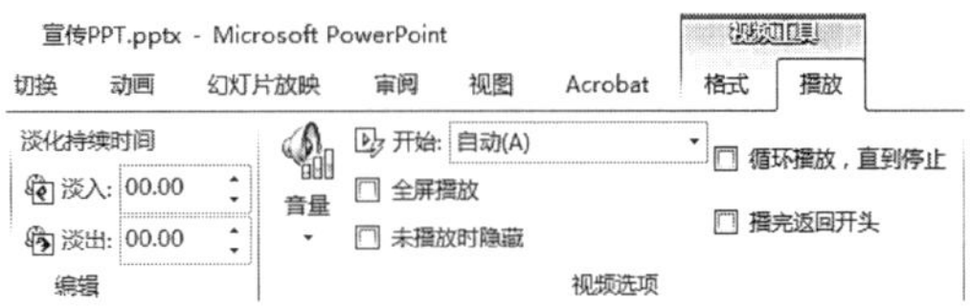

图 7.2.12　视频播放属性设置

5. 设置动画

可以使用原模板的动画，也可以自行设置动画形式。

6. 设置切换

可以使用原模板的页面切换方式，也可以结合演示环境和对象情况自行设置页面切换效果。

图 7.2.13　第 4 页效果

7. 设置交互

（1）选中第 1 页的“海南省概况”右击，选择快捷菜单中的“超链接”命令，如图 7.2.14 所示。在弹出的“插入超链接”对话框中选择在文档中的位置为“2.幻灯片 2”，如图 7.2.15 所示。

扫一扫看 PPT 幻灯片超链接书签插入微视频

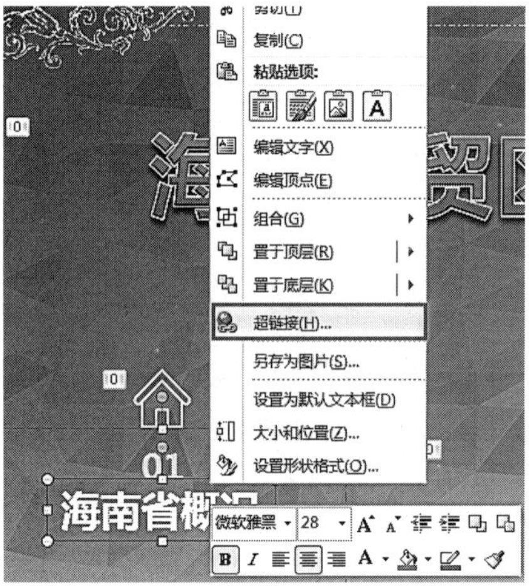

图 7.2.14　超链接

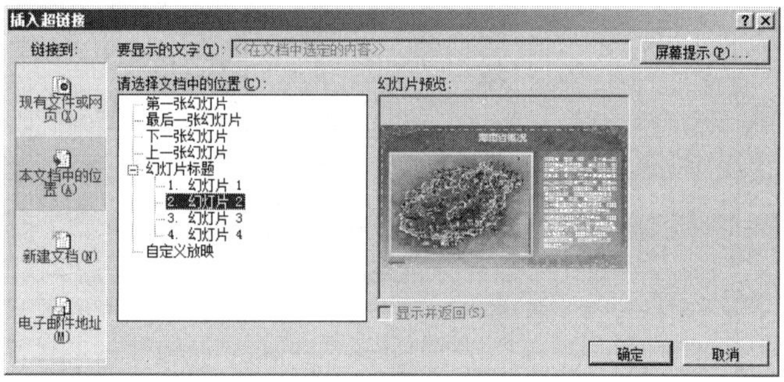

图 7.2.15　超链接到幻灯片 2

（2）参照上一步，将第 1 页的“新闻”超链接到本文档中的“3.幻灯片 3”，将第 1 页的“宣传视频”超链接到本文档中的“4.幻灯片 4”。

（3）参照第一步，选择第 2、3、4 页左下角的箭头，将其超链接到本文档中的“1.幻灯片 1”。

8. 放映设置

为了让观众可以直接控制，但又不能退出。选择“幻灯片放映”→“设置幻灯片放映”命令，在弹出的对话框中选择“循环放映，按 Esc 键终止”复选项，如图 7.2.16 所示。

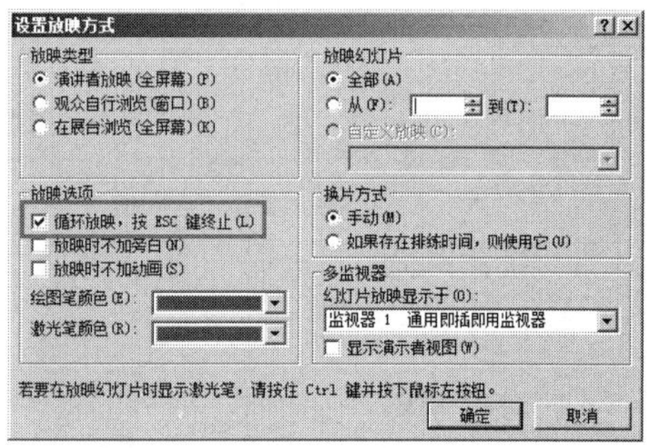

图 7.2.16 “设置放映方式”对话框

9. 打包保存

如果计算机上没有安装 Microsoft PowerPoint 或播放 PPT 文件的软件，则无法播放 PPT 文件。为此，可以通过选择“文件”→“另存为”命令，在打开的对话框中选择“存储类型”为“PowerPoint 放映（*.ppsx）”，如图 7.2.17 所示，单击“保存”按钮保存文件后，即可在没有安装 Microsoft PowerPoint 的计算机上播放 PPT 文件。

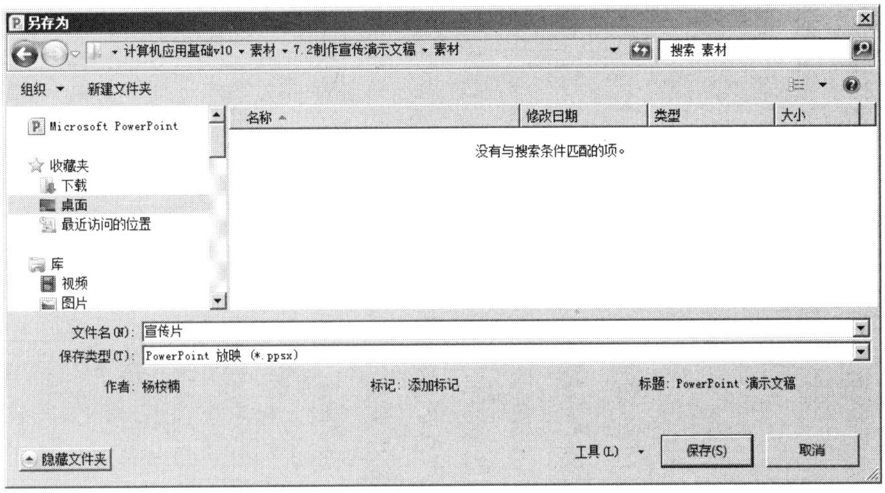

图 7.2.17 “另存为”对话框

注意　幻灯片文件编辑完成后，仍然需要保存 pptx 格式文件，以备修改。因为 ppsx 格式文件不可编辑，仅用于播放。

拓展训练

序号	难度	项　目	要　求
1	**	我的母校介绍	完成对我的母校介绍的演示文稿，设置页面比例为 16∶9，至少包含 5 张幻灯片页面，内容图文并茂，为幻灯片页面内元素设置适当的动画效果，为幻灯片页面设置切换效果；具有选择进入与返回的功能
2	**	PPT 操作训练	登录全国计算机等级考试模拟系统，完成三套 PPT 操作题

评价反馈

思考题

（1）如果在做 PPT 文件过程中，需要的字体在系统中没有，怎么办？

（2）PPT 可否实现网络播放，即别人通过网络观看你播放的 PPT？如何实现？

项目8 系统维护

思维导图

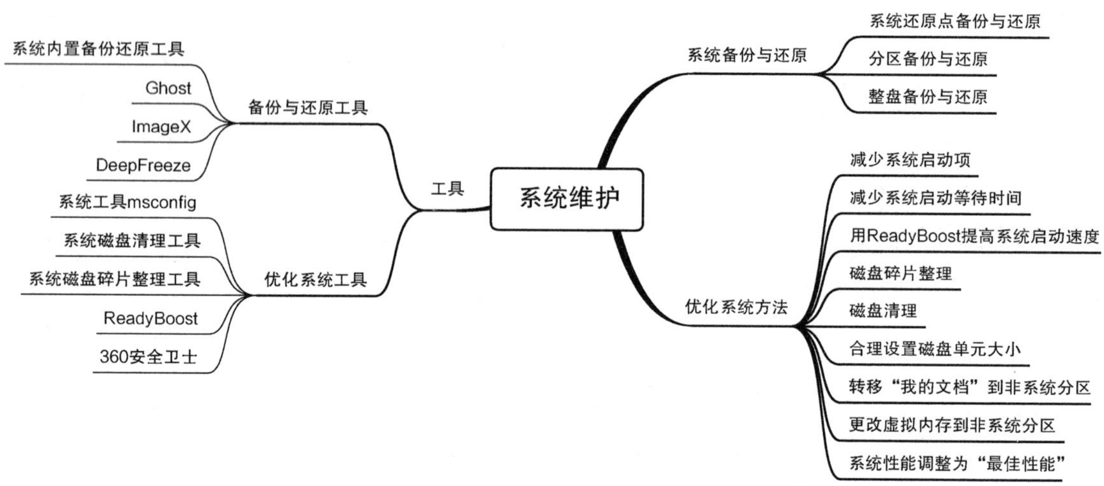

对于计算机这种精密而复杂的电子设备来说，工作环境对其寿命有至关重要的影响。计算机在使用过程中由于缺乏合理维护、操作不当或其他原因而出现故障后，不得不重装操作系统，通常这一过程不仅费时费力，而且还有可能损坏用户的宝贵数据。而这些问题都可以通过系统备份与还原来避免，并且只要及时对系统进行合理的清理优化，就可使计算机以最佳状态运行。本项目将介绍如何备份及还原系统、如何提高系统的启动速度，以及如何优化磁盘来提高系统的运行速度。

任务 8.1 系统备份与还原

学习目标

您完成本学习任务后，应当能够：

（1）了解计算机操作系统的备份原理；

（2）熟悉计算机操作系统的备份方法；

（3）熟悉计算机操作系统的还原方法。

任务描述

小海刚换了一份工作，公司给他配置了一台新计算机。以前在电脑城的张师傅曾经跟他说过，为了计算机的安全最好马上对计算机系统进行备份。张师傅也告诉小海，备份系统最好在安装完驱动程序后就进行，这时的系统最干净，也最不容易出现问题，小海也准备这样做。

任务分析

许多用户都有过因为计算机出现故障而不得不重新安装操作系统的经历，但安装过程费时费力，需要重新安装整个操作系统、外部设备驱动程序及各种应用程序，并重新进行系统设置。如果操作系统崩溃时会造成个人资料的遗失，这说明了系统备份与还原的重要性。

小海刚安装好操作系统和外设驱动软件后，利用 Ghost 或系统工具对操作系统进行整个硬盘备份或者只对操作系统进行备份，一旦某一天计算机操作系统出现故障，可将计算机还原到备份前的状态。

任务导学

8.1.1 系统备份

系统备份能够保存当前计算机的状态，包括操作系统、应用程序及个人资料的配置，从而在系统出现问题时能够将其还原为备份时的状态。这样不仅消除了用户重装操作系统的烦恼，也为用户个人数据的安全提供了保障。

Windows 7 系统提供了多种备份系统的方式，包括备份文件、创建系统还原点及创建系统映像等。

1．备份文件

备份文件允许为使用计算机的所有人员创建数据文件的备份。用户可以让操作系统自动选择备份的内容，或者根据需要选择要备份的个别文件夹、库和驱动器。在默认情况下，系统将定期创建备份。用户可以更改备份计划，并且可以随时手动创建备份。在设置文件备份后，系统将跟踪新增加或修改的文件（夹），并将它们添加到备份中，从而节省备份文件所占用的空间。

2．备份系统还原点

系统还原点表示计算机操作系统文件的存储状态，它包含有关注册表设置和 Windows 的其他系统信息等。用户可以使用还原点将计算机操作系统文件及时还原到较早的时间点，从而可以在不影响个人文件（如电子邮件、文档或照片）的情况下，撤销对计算机所做的系统更改。

在默认情况下，系统会按特定的时间间隔自动创建还原点，并且当系统检测到计算机开始发生更改时（如安装程序或驱动程序），也将自动创建还原点。同时，Windows 7 也允许用户在任何时间手动创建系统还原点。

3．创建系统映像

系统映像是驱动器的精确副本，在默认情况下，它包含操作系统运行所需的分区、用户的系统设置、程序及文件。如果硬盘或计算机无法工作，则可以使用系统映像来还原计算机的内容。

提示 若要创建某个分区的系统映像，该分区和保存备份文件的分区都必须使用 NTFS 文件系统。尽管系统映像包括个人文件，但还是建议用户使用 Windows 7 的文件备份功能定期备份个人文件，以便根据需要还原个别文件和文件夹。

8.1.2 系统还原

系统还原可以让用户选择某一备份，将计算机或某些文件（夹）恢复到备份的状态，因此能够撤销由于计算机故障或者用户误操作而对数据文件造成的损坏。

1．还原文件

用户可以使用 Windows 7 的文件还原功能还原丢失、受到损坏或意外更新的备份版本的文件，也可以还原备份的单个文件、文件组或所有文件。

2．还原系统还原点

使用还原点来还原系统，会将系统文件和设置及时返回到以前的状态。它会影响 Windows 系统文件、程序和注册表设置，还可能更改计算机上任何用户账户下创建的脚本、批处理文件和其他类型的可执行文件，但是它不影响个人文件，比如电子邮件、文档或照片。

提示 如果要还原用户的个人文件，请参考上面介绍的“还原文件”功能。

3．还原系统映像

如果硬盘或计算机无法工作，可以使用系统映像来还原计算机的内容。从系统映像还原计算机时，将进行完整还原，不能选择个别项进行还原，当前的所有程序、系统设置和文件都将被系统映像中的相应内容替换。

提示　如果需要还原个人文件，请使用上面介绍的“还原文件”功能。

实施步骤

1．使用 Windows 7 备份文件

（1）选择“开始”菜单中的“控制面板”命令，打开“控制面板”，如图 8.1.1 所示。

图 8.1.1　控制面板

（2）单击“系统和安全”下的“备份您的计算机”命令，进入“备份或还原文件”界面，如图 8.1.2 所示。

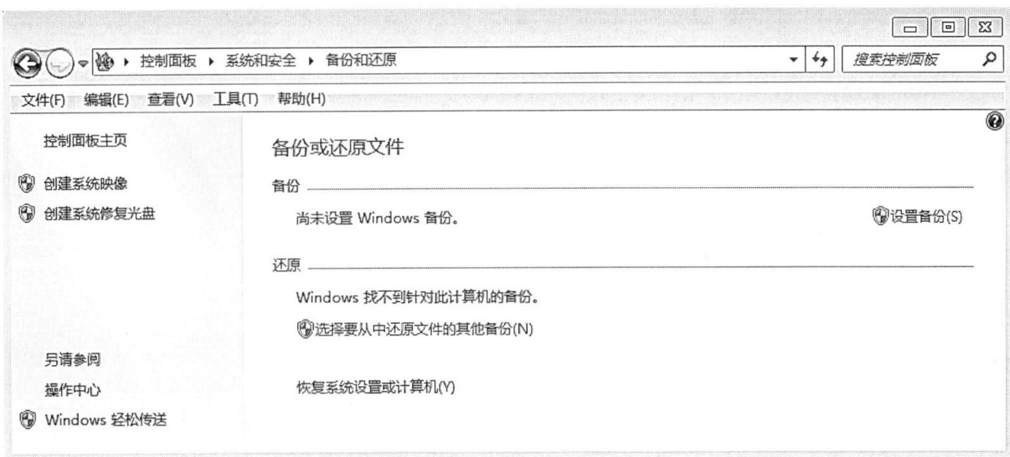

图 8.1.2　“备份或还原文件”界面

（3）单击“设置备份”按钮，进入“设置备份”向导，选择保存备份文件的位置，如图 8.1.3 所示。

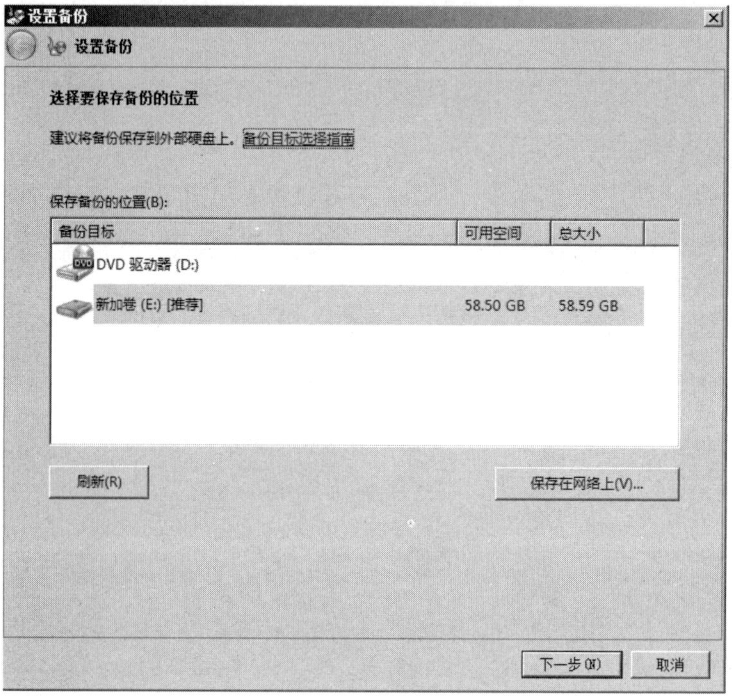

图 8.1.3　设置备份向导

提示　用户可选择将备份文件保存在本地磁盘或者网络上其他计算机中。为了保证备份文件的安全性，请将其保存在外部硬盘上。

（4）单击“下一步”按钮，系统将提示用户确定备份内容的选择方式，如图 8.1.4 所示。

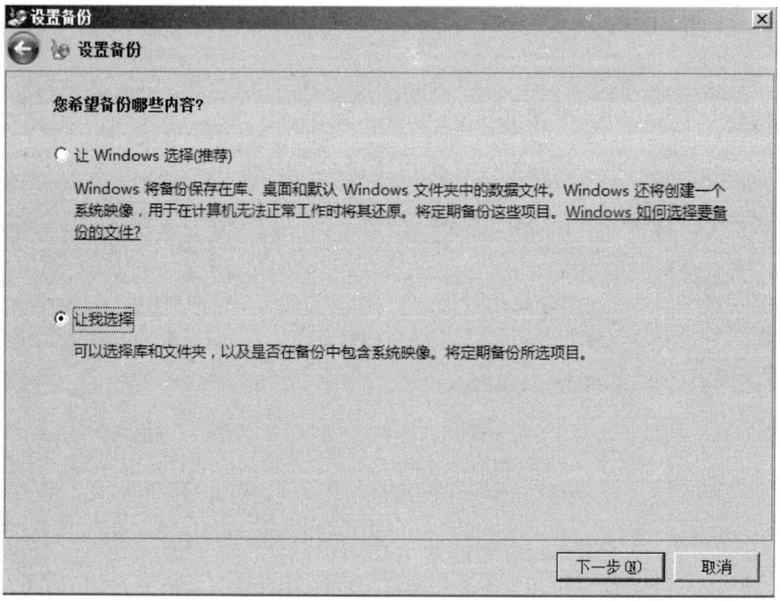

图 8.1.4　备份内容的选择方式

（5）选择“让我选择”单选项，单击“下一步”按钮，在需要备份的文件和文件夹前面的复选框中打钩，如图8.1.5所示。

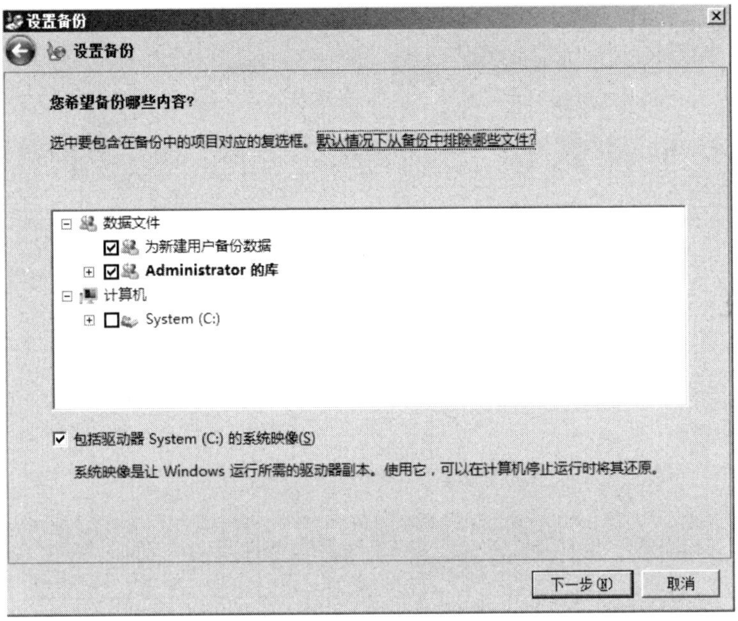

图8.1.5 选择备份内容

（6）单击“下一步”按钮，查看备份设置，如图8.1.6所示。

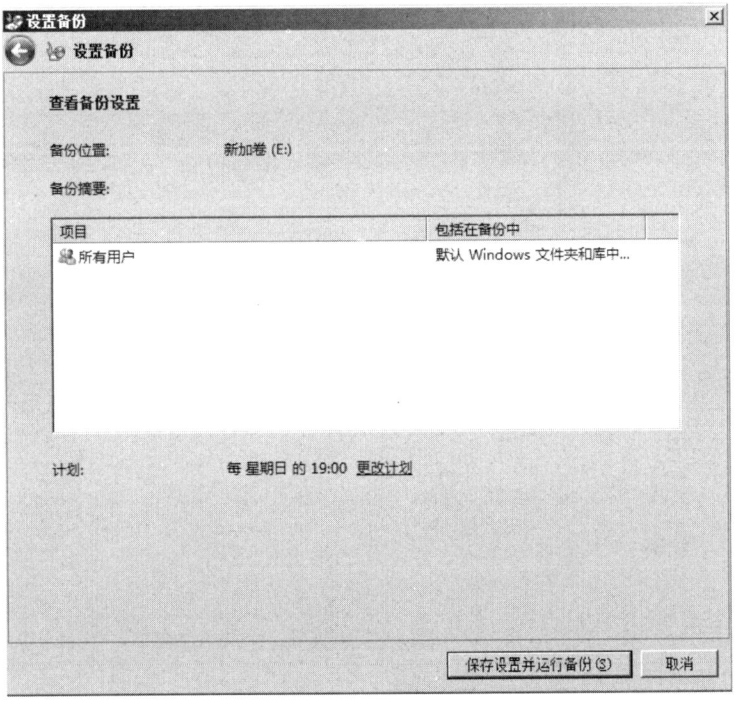

图8.1.6 查看备份设置

（7）单击“保存设置并运行备份”按钮，系统将自动开始进行备份，如图 8.1.7 所示。

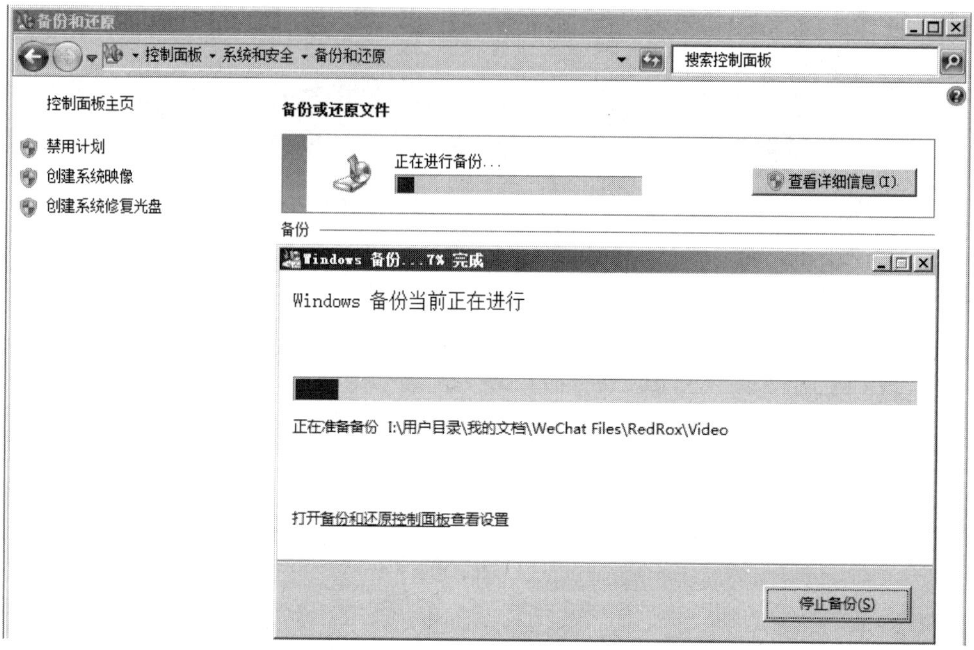

图 8.1.7　开始进行备份

（8）备份完成后的“备份或还原文件”界面如图 8.1.8 所示。

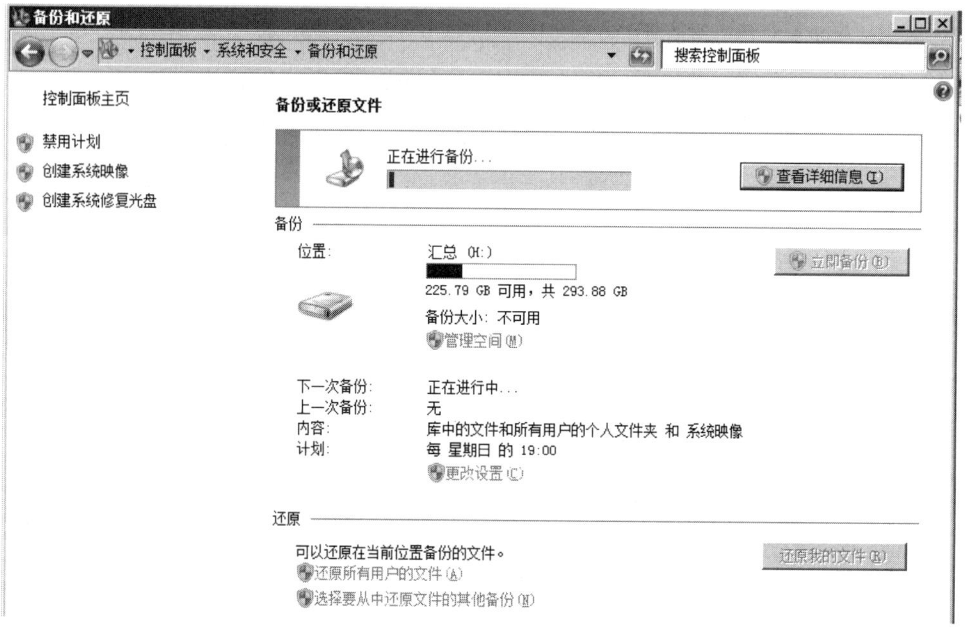

图 8.1.8　“备份或还原文件”界面

2. 使用 Windows 7 手动创建系统还原点

（1）选择“开始”→“计算机”菜单命令后右击，弹出快捷菜单如图 8.1.9 所示。

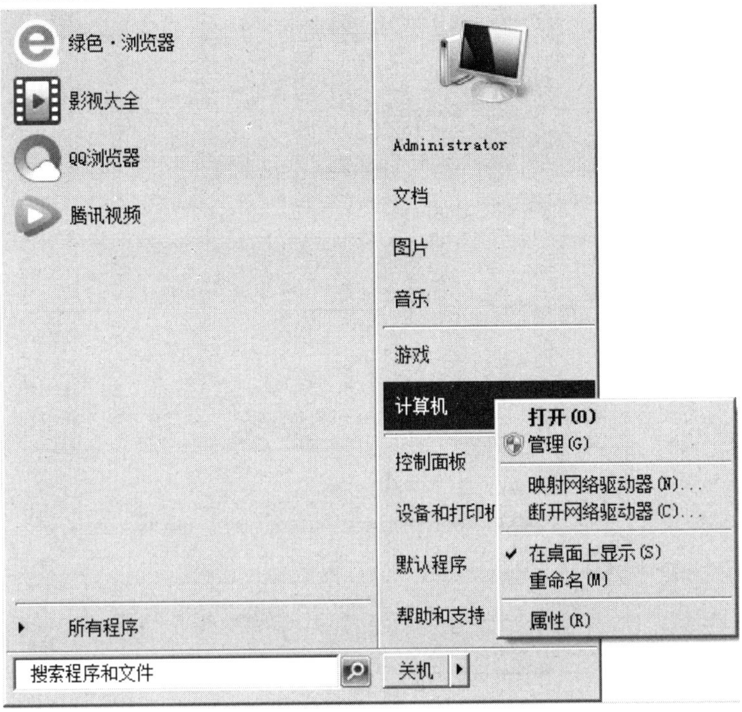

图 8.1.9 “计算机”命令的快捷菜单

（2）选择“属性”命令，打开“系统”界面，如图 8.1.10 所示。

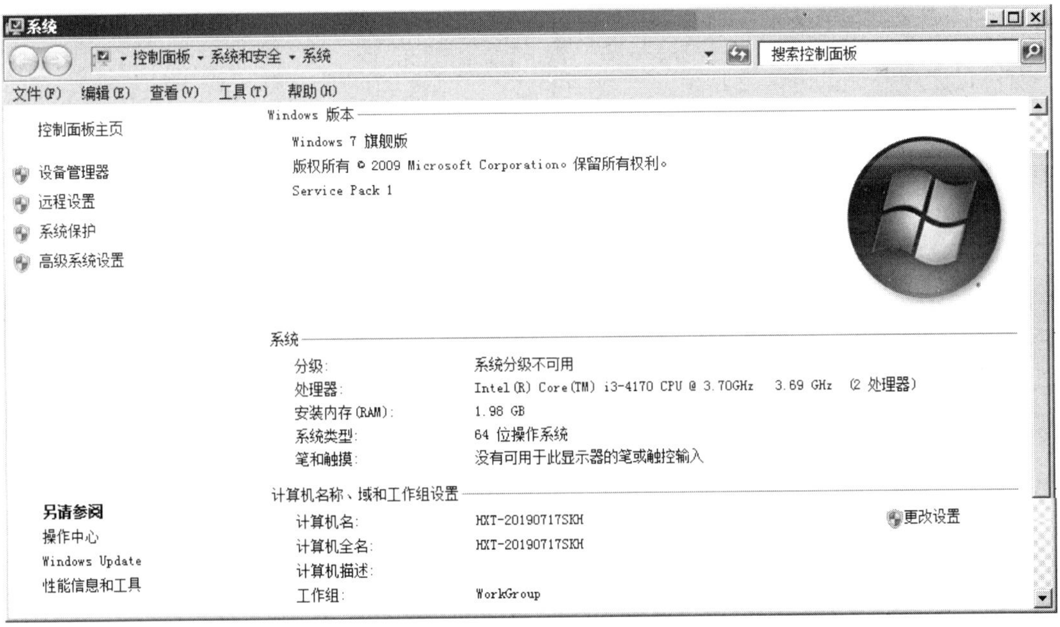

图 8.1.10 “系统”界面

（3）单击左侧的“系统保护”命令，打开“系统属性”对话框的“系统保护”选项卡，如图 8.1.11 所示。

（4）单击“创建”按钮，打开“创建还原点”对话框，输入还原点的描述信息，如图 8.1.12 所示。

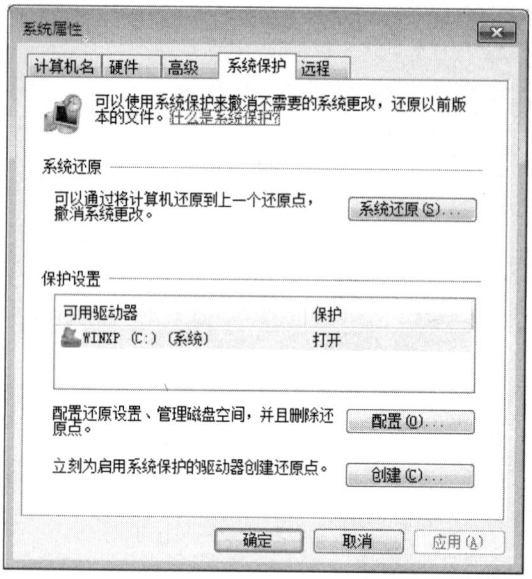

图 8.1.11 “系统属性”对话框的“系统保护”选项卡

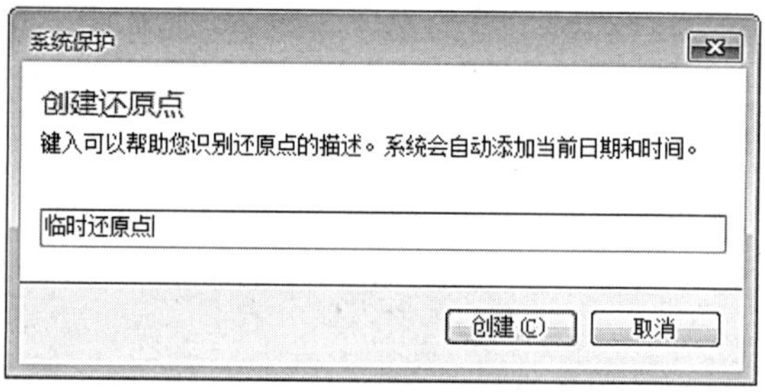

图 8.1.12 “创建还原点”对话框

（5）单击“创建”按钮，开始创建系统还原点，如图 8.1.13 所示。

（6）创建系统还原点成功后弹出提示框，单击“关闭”按钮，如图 8.1.14 所示。

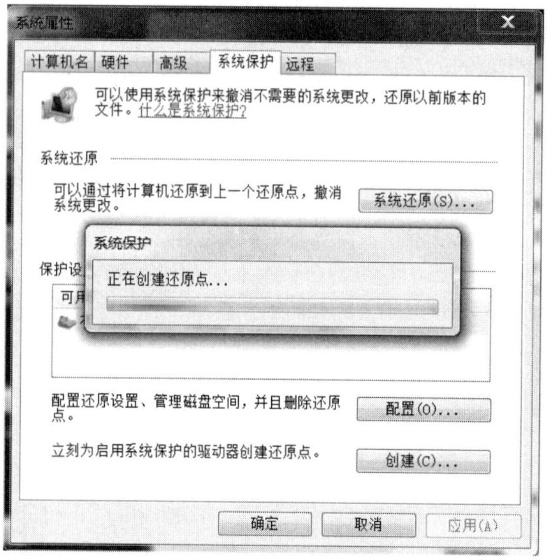

图 8.1.13 开始创建系统还原点

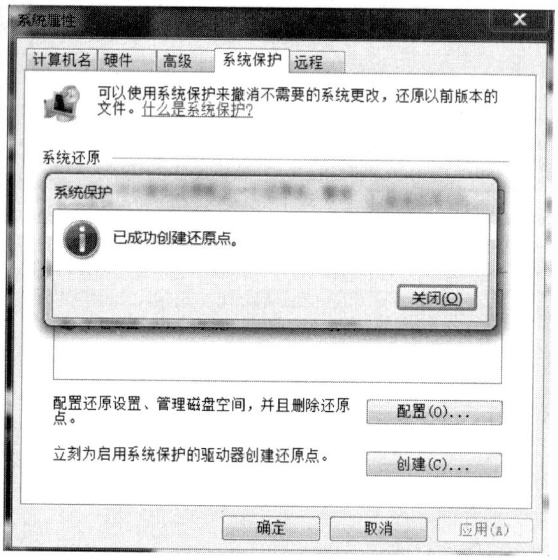

图 8.1.14 创建还原点成功提示框

3．使用 Windows 7 创建系统映像

（1）在图 8.1.2 的“备份或还原文件”界面中，单击左侧的“创建系统映像”命令，打开“创建系统映像”向导，选择保存系统映像的位置，如图 8.1.15 所示。

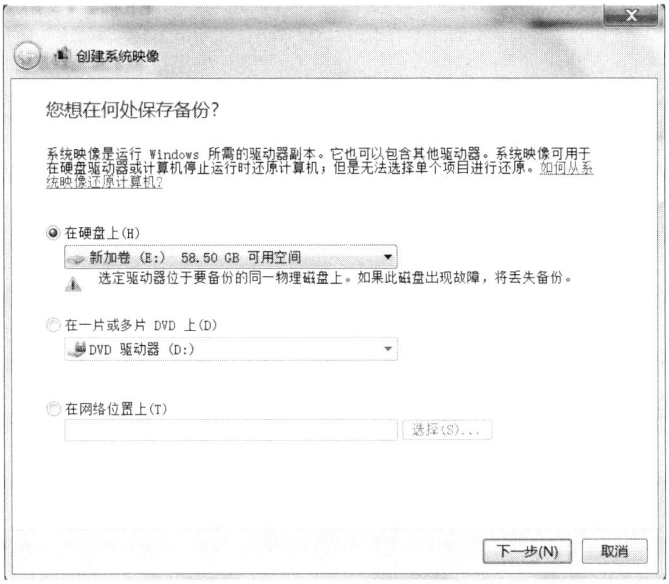

图 8.1.15 “创建系统映像”向导

> **提示** Windows 7 允许将备份保存在硬盘、光盘及网络中其他计算机上。

（2）单击“下一步”按钮，选择要加入系统映像的磁盘分区，如图 8.1.16 所示。

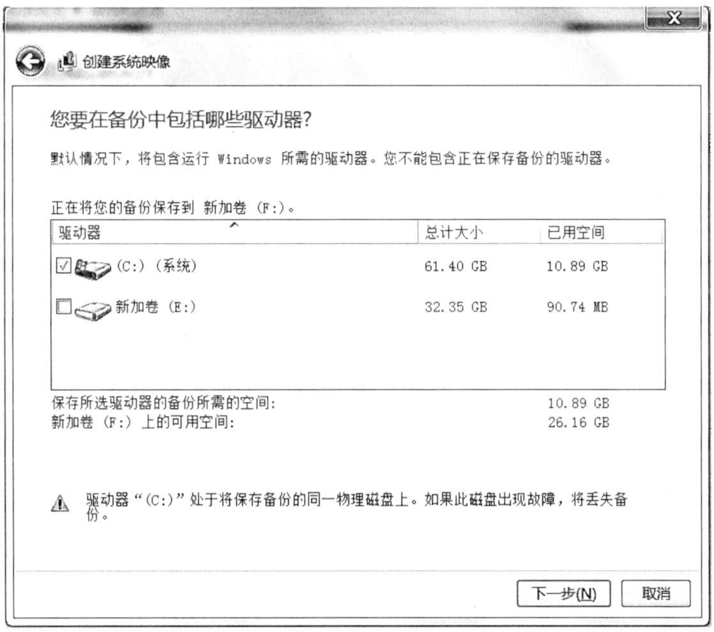

图 8.1.16 选择要备份的磁盘分区

（3）单击“下一步”按钮，确认备份设置，如图 8.1.17 所示。

（4）单击“开始备份”按钮，开始创建系统映像，如图 8.1.18 所示。

（5）如果是第一次创建系统映像，在备份完成时，系统会提示“是否要创建系统修复光盘”，用户可根据需要选择。此处选择“不再显示此消息”复选项，单击“否”按钮，如图 8.1.19 所示，再单击“关闭”按钮。

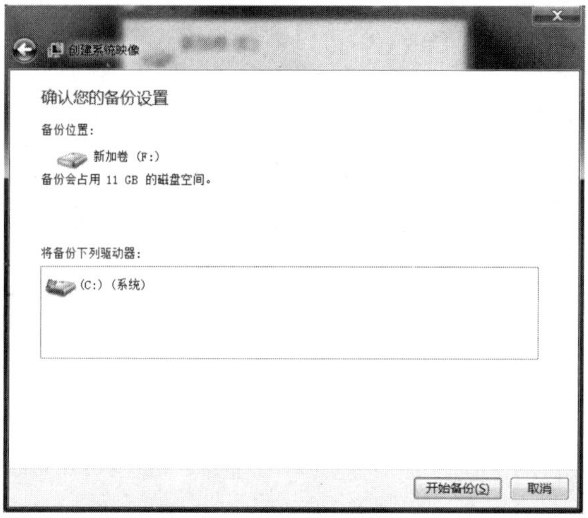

图 8.1.17　确认备份位置

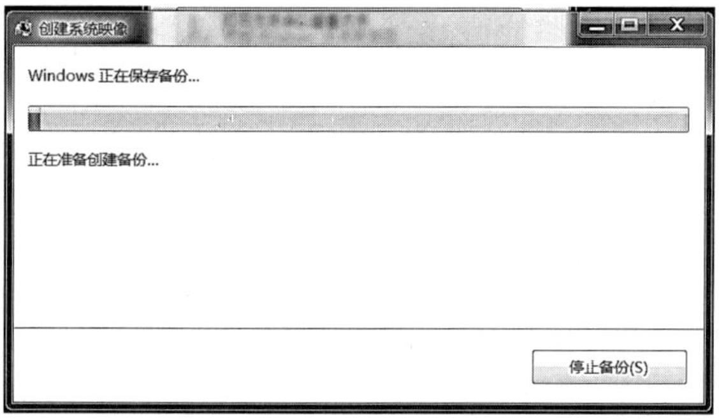

图 8.1.18　开始创建系统映像

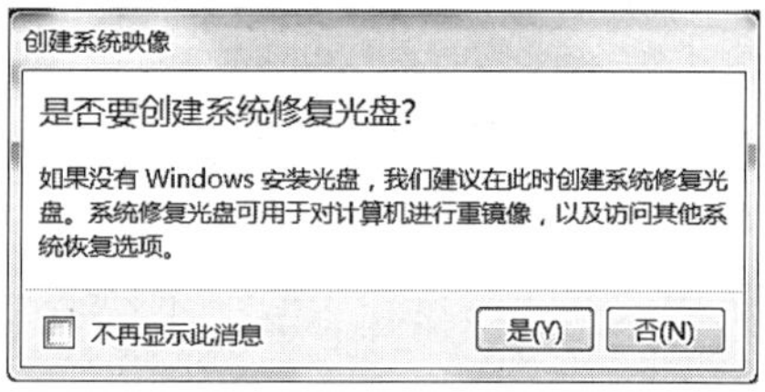

图 8.1.19　系统映像创建完成后的提示框

4．使用 Windows 7 还原文件

（1）在图 8.1.8 的“备份或还原文件”界面中，单击“还原我的文件”按钮，打开“还原文件”向导，如图 8.1.20 所示。

图 8.1.20　“还原文件”向导

（2）单击“浏览文件夹”按钮，打开“浏览文件夹或驱动器的备份”对话框，导航到文件夹备份的位置，选择要还原的文件夹备份，如图 8.1.21 所示。

图 8.1.21 “浏览文件夹或驱动器的备份”对话框

（3）单击“添加文件夹”按钮，返回“还原文件”界面，如图 8.1.22 所示。

图 8.1.22 “还原文件”界面

重复上面两个步骤的操作，直到添加完所有要还原的文件（夹）备份。

（4）单击“下一步”按钮，选择文件的还原位置，如图 8.1.23 所示。

（5）单击“还原”按钮，开始文件还原操作。如果还原位置存在与备份中同名的文件，则需要选择复制文件的方案，如图 8.1.24 所示。

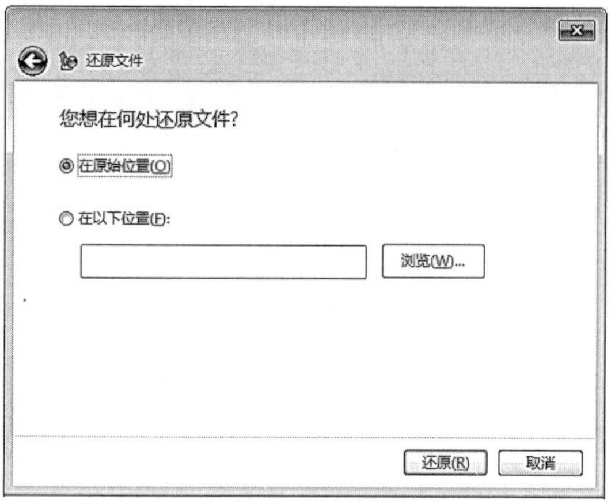

图 8.1.23　选择文件的还原位置

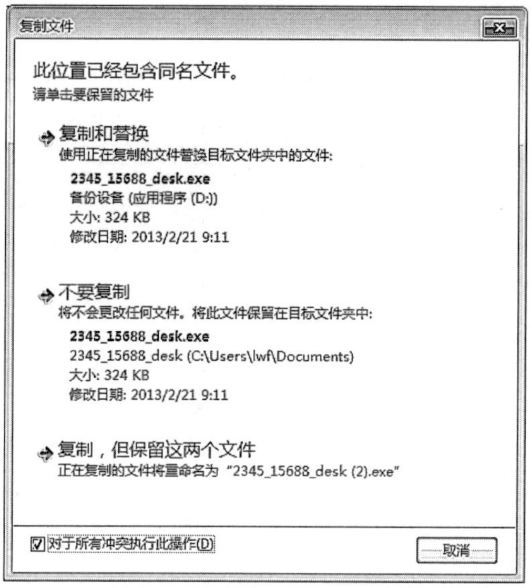

图 8.1.24　选择文件复制方案

提示　如果用户不确定是否要覆盖当前位置的文件，建议单击“复制，但保留这两个文件”选项。

（6）待文件还原成功后，单击“完成”按钮，如图 8.1.25 所示。

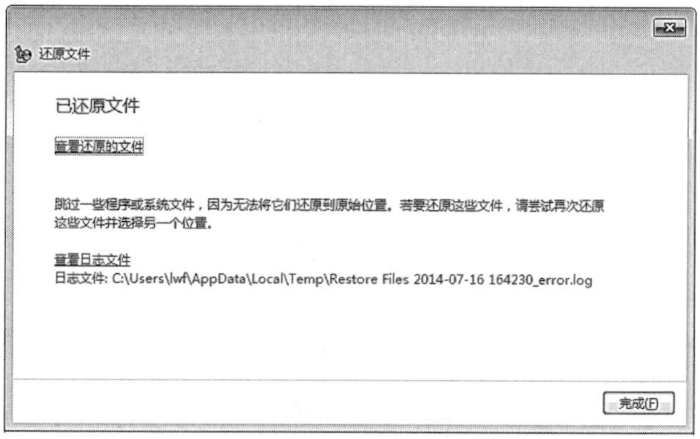

图 8.1.25　成功还原文件

5. 使用 Windows 7 还原系统还原点

（1）在图 8.1.8 “备份或还原文件”界面中，单击界面下方的“恢复系统设置或计算机”命令，进入“恢复”界面，如图 8.1.26 所示。

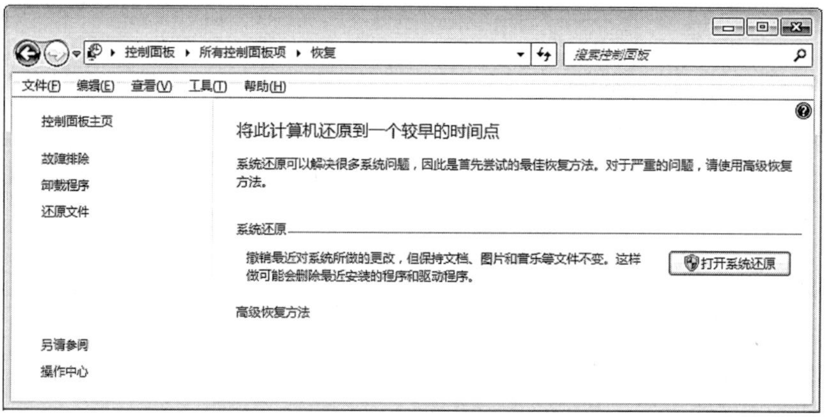

图 8.1.26　“恢复”界面

（2）单击“打开系统还原”按钮，打开“系统还原”向导，如图 8.1.27 所示。

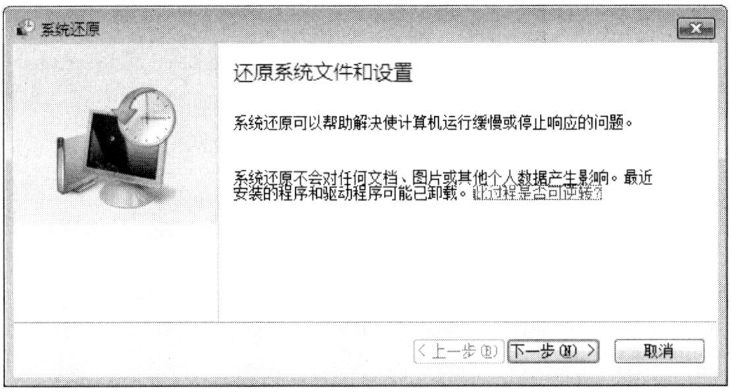

图 8.1.27 “系统还原”向导

（3）单击“下一步”按钮，根据还原点的描述信息，选择要进行还原的还原点，如图 8.1.28 所示。

（4）单击“下一步”按钮，在打开的对话框中确认所选还原点的相关信息，如图 8.1.29 所示。

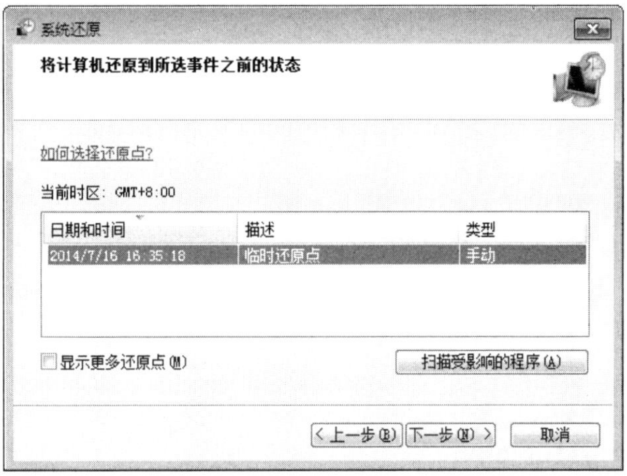

图 8.1.28 选择还原点

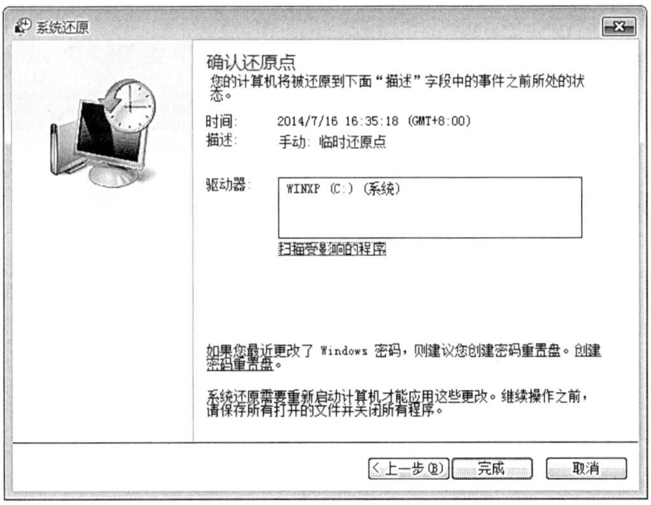

图 8.1.29 “确认还原点”对话框

注意 请确认还原点的时间，它表示计算机将被还原到该时间所处的状态。

（5）单击“完成”按钮，将弹出警告信息提示框，如图 8.1.30 所示。

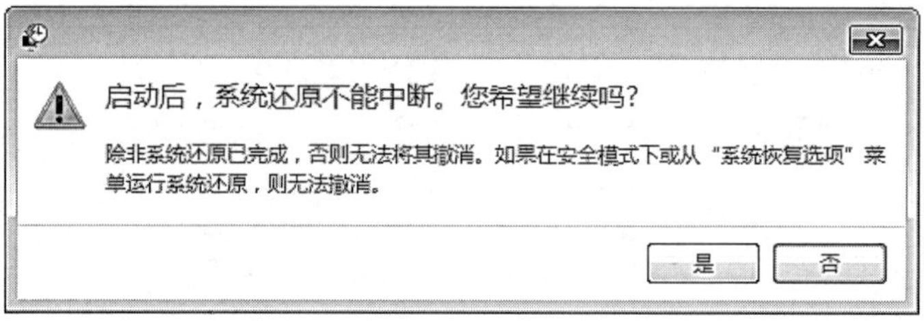

图 8.1.30　系统还原警告信息提示框

（6）单击“是”按钮，计算机将重新启动，并开始系统还原，系统还原完成后弹出提示框，如图 8.1.31 所示。计算机将重新进入 Windows 7 系统。

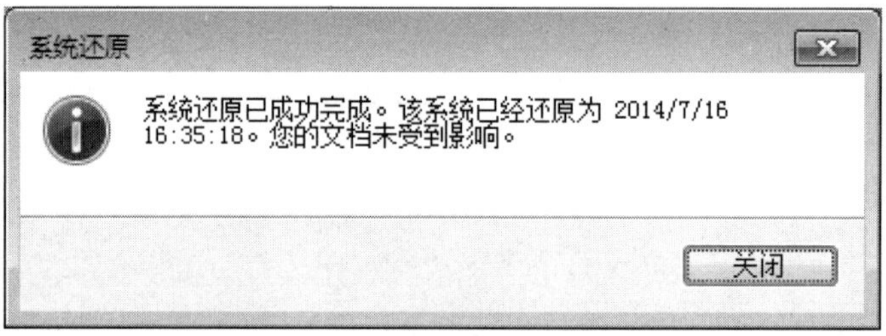

图 8.1.31　系统还原成功提示框

6．使用 Windows 7 还原系统映像

（1）在如图 8.1.26 所示的“恢复”界面中单击“高级恢复方法”命令，进入“高级恢复方法”界面，如图 8.1.32 所示。

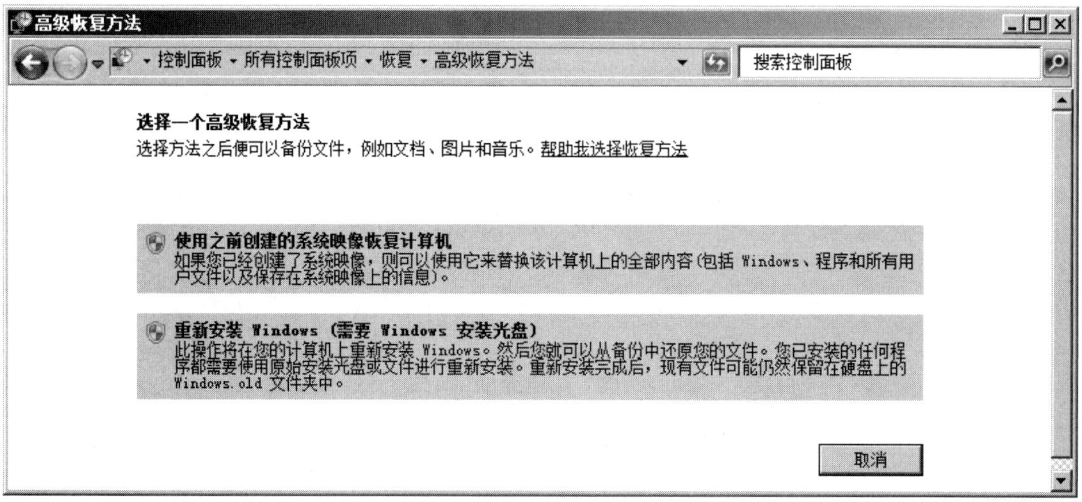

图 8.1.32　“高级恢复方法”界面

（2）单击“使用之前创建的系统映像恢复计算机”命令，系统将提示用户是否要备份文件，如图 8.1.33 所示。

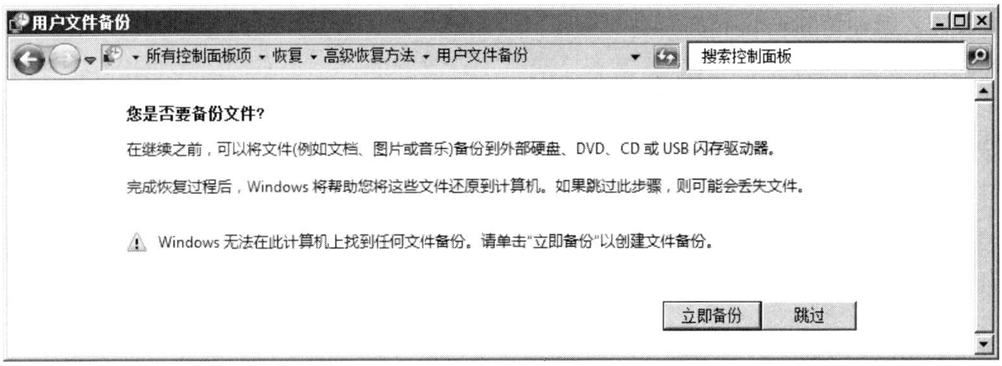

图 8.1.33 提示用户是否要备份文件

注意 为防止系统还原覆盖用户的个人文件，请在进行还原操作前做好重要文件的备份工作。

（3）为介绍方便，这里选择“跳过”文件备份操作。单击“跳过”按钮，进入“重新启动”界面，如图 8.1.34 所示。

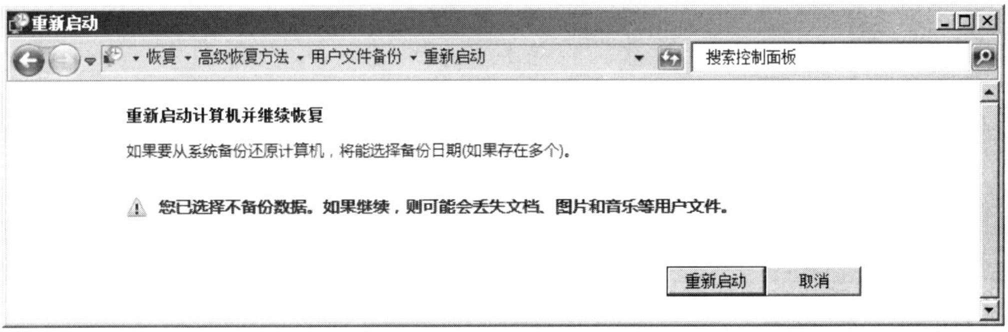

图 8.1.34 “重新启动”界面

（4）单击“重新启动”按钮，系统将重新启动并进入“系统恢复”向导，如图 8.1.35 所示。

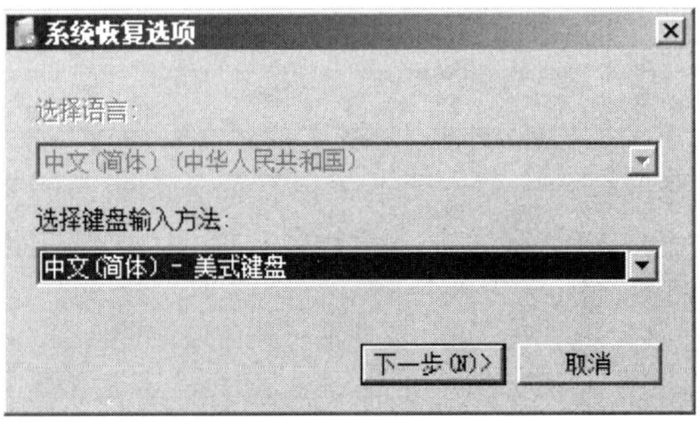

图 8.1.35 “系统恢复”向导

（5）单击“下一步”按钮，选择已经备份的系统映像，如图 8.1.36 所示。

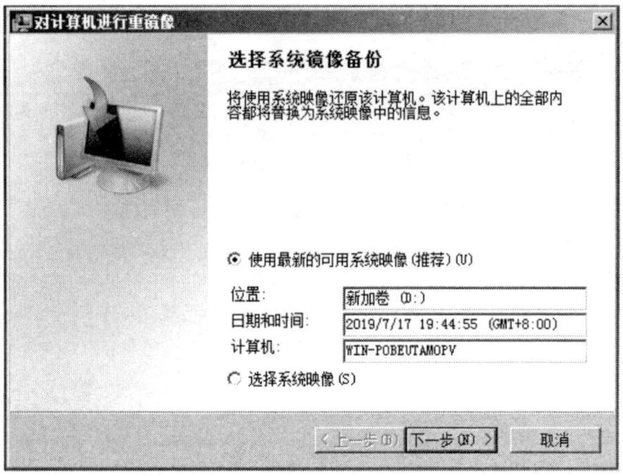

图 8.1.36　选择系统映像

（6）单击“下一步”按钮，选择其他的还原方式，如图 8.1.37 所示。

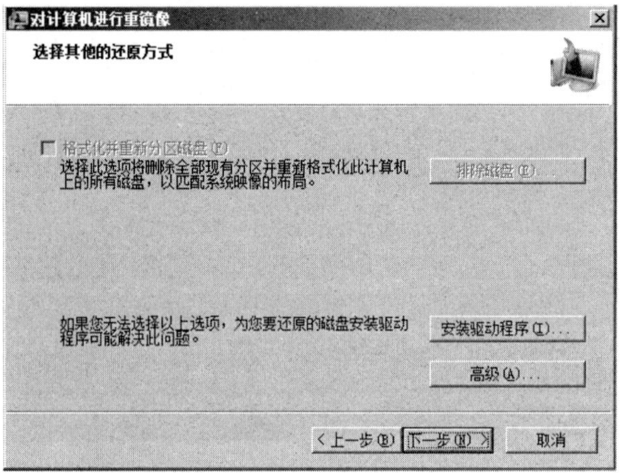

图 8.1.37　选择其他的还原方式

注意　由于系统还原操作将会覆盖目的分区的所有数据，因此请在开始还原以前，确认选择了正确的还原分区，以免造成数据的丢失。

（7）单击“下一步”按钮，确认还原信息后单击“完成”按钮，将弹出警告信息提示对话框。

（8）单击“是”按钮，将开始系统映像的还原过程，如图 8.1.38 所示

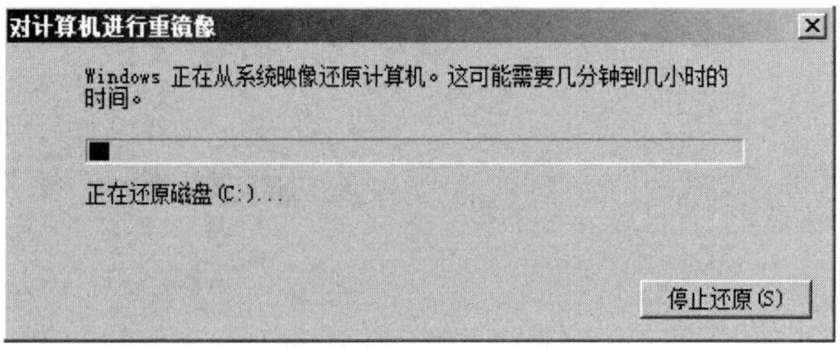

图 8.1.38　开始还原系统映像

（9）在还原完成后，将弹出提示信息，询问是否立即自动重新启动计算机，单击“立即重新启动”按钮，完成重启系统后将进入创建系统映像之前的 Windows 7 系统状态。

拓展训练

序号	难度	项 目	要 求
1	*	使用 Windows7 对系统进行备份	备份一份文件、创建一个系统还原点及创建一个系统映像
2	**	使用 Windows7 对系统进行还原	把刚备份的文件、创建的系统还原点及创建的系统映像还原
3	***	使用第三方软件对系统进行备份及还原	下载并安装一个流行的系统备份还原工具软件（如 Ghost）对系统进行备份和还原

评价反馈

1．选择题

（1）在操作系统及各种硬件设备的驱动程序安装完成后，用户可以（　　）操作系统，以便于在计算机系统崩溃时能够及时对其进行恢复操作。

A．重新安装　　B．优化　　C．还原　　D．备份

（2）Windows 7 提供了多种备份系统的方式，包括（　　）。

A．备份文件　　B．创建系统还原点

C．创建系统映像　　D．管理驱动程序

2．判断题

（1）系统会自动地定期创建备份。（　　）

（2）系统还原可以让用户选择某一备份，将计算机或某些文件（夹）恢复到备份的状态，因此能够避免由于计算机故障或者用户误操作而对数据文件造成的损坏。（　　）

（3）若要创建某个分区的系统映像，该分区和保存备份文件的分区都必须使用 NTFS 文件系统。（　　）

3．思考题

（1）为什么计算机安装完操作系统及外设驱动程序后需要备份？

（2）什么是系统还原点及系统映像？

任务 8.2　优化系统

学习目标

您完成本学习任务后，应当能够：

（1）了解系统运行速度变慢的原因；

（2）熟悉基本的系统优化的知识；

（3）能够解决系统启动和运行速度过慢的问题；

（4）在教师的指导下，实施系统优化的方法。

任务描述

小海找到了一份新工作，公司给他配了一台旧计算机，计算机一开始运行时速度还可以，但用了一段时间后，速度就变慢了。小海开始找原因了，这台计算机是中毒了还是怎么回事？

任务分析

计算机用户经常碰到过这样的情况：一台计算机经过格式化、新装上系统时，速度很快，但使用一段时间后性能就会有明显的下降。这固然与系统中的各种软件增加、负荷变大有关。但是添加新软件并不是造成系统负荷增加的唯一原因，而如硬盘碎片的增加、软件删除后留下的无用注册文件等，都有可能导致系统性能的下降。因此只要及时对系统进行合理的清理优化，就可使计算机以最佳状态运行。

任务导学

8.2.1 加速系统启动过程

许多计算机用户在装机一段时间后就开始抱怨系统的启动速度太慢。造成这种情况的原因很多，最主要的两点原因是系统启动项过多和系统启动等待时间过长。这种现象可以使用ReadyBoost加速系统启动过程。

在安装完一些软件后，安装程序会提示用户是否选择“开机自动启动”，有些程序甚至不提示用户而自动设置为“开机时自动启动”，其实它们很多是用户不经常使用的程序。用户可以选择性地关闭一些程序的“自动启动”功能，以提高系统启动速度。另外可以通过“系统配置”，对启动等待时间进行设置，如从30秒改成5秒或者10秒以减少系统启动的等待时间。

8.2.2 优化磁盘运行速度

1. 磁盘碎片整理

硬盘在使用一段时间后，由于反复写入和删除文件，磁盘中的空闲扇区会分散到整个磁盘中不连续的物理位置上，从而使文件不能存储在连续的扇区里。这样，在读写文件时就需要到不同的地方去读取，因而增加了磁头的来回移动，降低了磁盘的访问速度。

磁盘碎片整理，就是通过系统软件或者专业的磁盘碎片整理软件对电脑磁盘在长期使用过程中产生的碎片和凌乱文件重新整理，释放出更多的磁盘空间，因此可提高电脑的整体性能和运行速度。

2. 磁盘清理

大量垃圾文件的产生不仅占用太多的硬盘空间，最为严重的是造成操作系统速度的减慢。这也是用户反映在使用Windows以后速度会变慢的一个重要因素，因此计算机需要使用磁盘清理工具，不断地清理系统中的垃圾文件，以提高系统的工作效率和节省硬盘空间。

3. 合理设置磁盘单元大小

磁盘单元大小其实就是磁盘分区的最小单位。在硬盘分区内文件通常会在多个磁盘单元中分布。如果将不同体积的文件合理存储在适当单元大小的分区内，不仅能够提升读取性能，同时还能够节省硬盘空间。例如视频、音乐和光盘镜像等这类占用存储空间较大的文件，可以存放在磁盘单元中设定较大的分区中，这样有利于提升读取性能。

4．优化系统的文件夹路径设置

对于一些重要的文件，为安全起见计算机用户需要将它们存储在非系统分区里。如“我的文档”路径一般在系统分区的 C:盘下，而为了安全起见，通常计算机用户的工作文件都不会保存在系统分区上，因此很有必要转移一下“我的文档”路径。还有内存在计算机中的作用很大，电脑中所有运行的程序都需要存放在内存中，如果执行的程序很大或很多，就会导致内存消耗殆尽。为解决这个问题，Windows 系统中运用了虚拟内存技术，即拿出一部分硬盘空间来充当内存使用，以缓解内存紧张的情况。

实施步骤

1．通过系统配置减少启动项

（1）选择“开始”菜单的“所有程序”→“附件”→“运行”命令，如图 8.2.1 所示。

（2）弹出“运行”对话框，在“打开”文本框中输入“msconfig”，如图 8.2.2 所示。

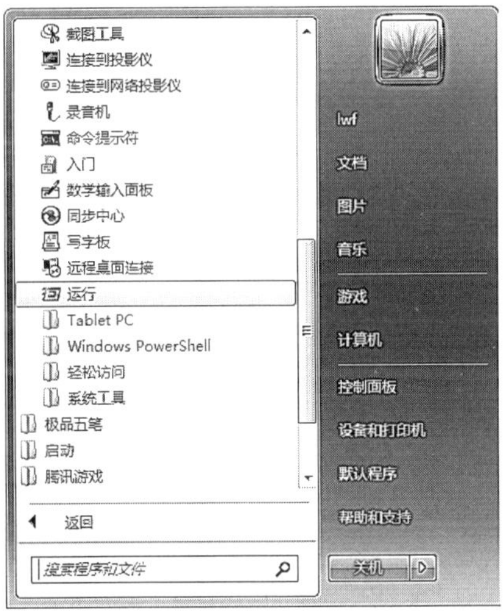

图 8.2.1 选择“运行”菜单命令

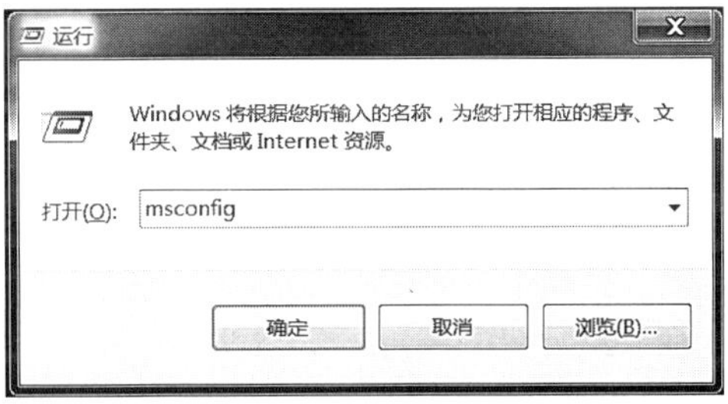

图 8.2.2 “运行”对话框

（3）单击“确定”按钮运行 msconfig 程序，打开如图 8.2.3 所示的“系统配置”对话框。

（4）在“系统配置”对话框中，选择“启动”选项卡，对其中的启动项目进行设置，单击“应用”按钮完成设置。

提示 在键盘上找到 Windows 键，同时按“Windows+R”组合键可以打开“运行”对话框。

注意 一般情况下需要留下杀毒程序作为启动项目，另外有些系统程序即使用户设置为开机不启动也会自行启动。

2. 减少系统启动的等待时间

（1）在“系统配置”对话框中选择“引导”选项卡，如图 8.2.4 所示，单击 Windows 7，对启动等待时间进行设置，如从 30 秒改成 5 秒或者 10 秒，单击“应用”按钮。

图 8.2.3 “系统配置”对话框

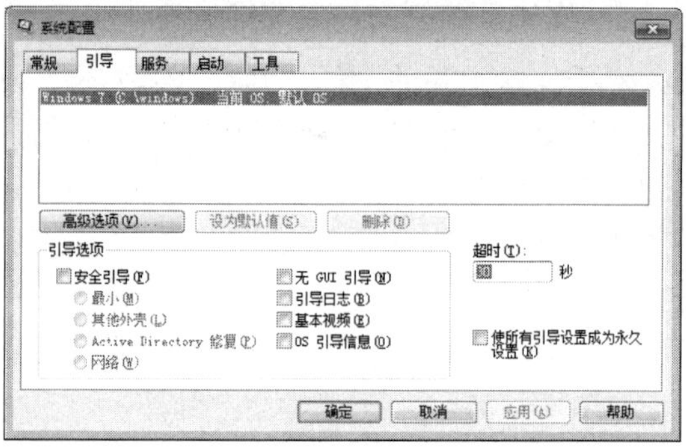

图 8.2.4 “引导”选择卡

（2）在“系统配置”对话框的“引导”选项卡中，单击“高级选项”按钮，将进入如图 8.2.5 所示的“引导高级选项”对话框。

（3）单击“处理器数”，根据用户机器是否双核来设置处理器数量，单击“确定”按钮，系统将提示重新启动计算机，如图 8.2.6 所示。

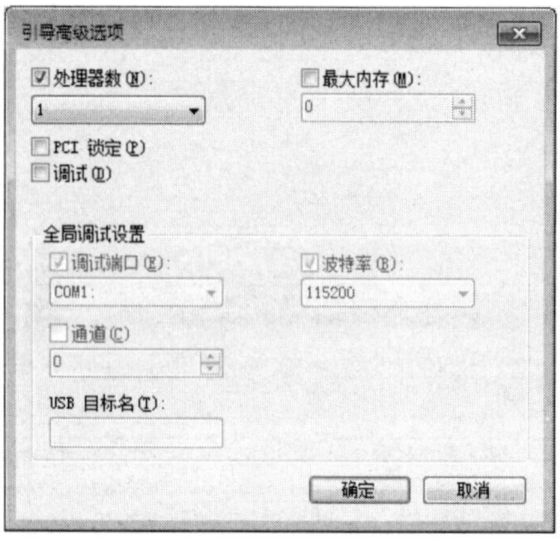

图 8.2.5 “引导高级选项”对话框

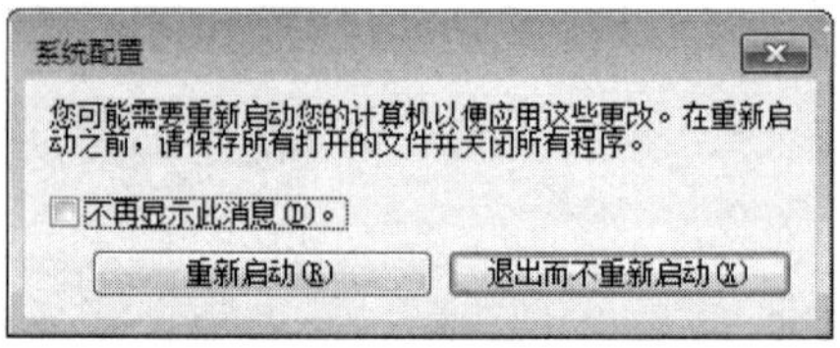

图 8.2.6 重新启动提示

（4）单击“重新启动”按钮，计算机重新启动使刚才的设置生效；如果单击“退出而不重新启动”按钮，设置将在下次系统重新启动时生效。

3. 利用 ReadyBoost 加速系统启动

（1）插入优盘。

（2）在弹出的“自动播放”面板中选择“加速我的系统”命令，如图 8.2.7 所示。

提示 如果系统并未弹出“自动播放”面板，用户可打开“计算机”窗口，在优盘图标上右击后选择快捷菜单的“属性”命令。

（3）进入如图 8.2.8 所示的优盘属性管理界面，选择“ReadyBoost”选项卡，单击“使用这个设备”并设置使用空间。

图 8.2.7　选择“加速我的系统”

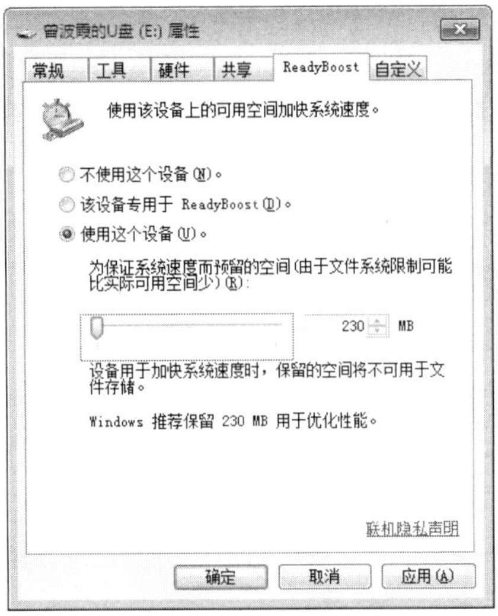

图 8.2.8　优盘属性管理界面

（4）单击“确定”按钮，系统将使用此优盘进行 ReadyBoost 加速系统启动，提示如图 8.2.9 所示。

图 8.2.9　ReadyBoost 加速系统启动提示

4．磁盘碎片整理

（1）打开“计算机”窗口，在 C:盘上右击弹出快捷菜单，如图 8.2.10 所示。

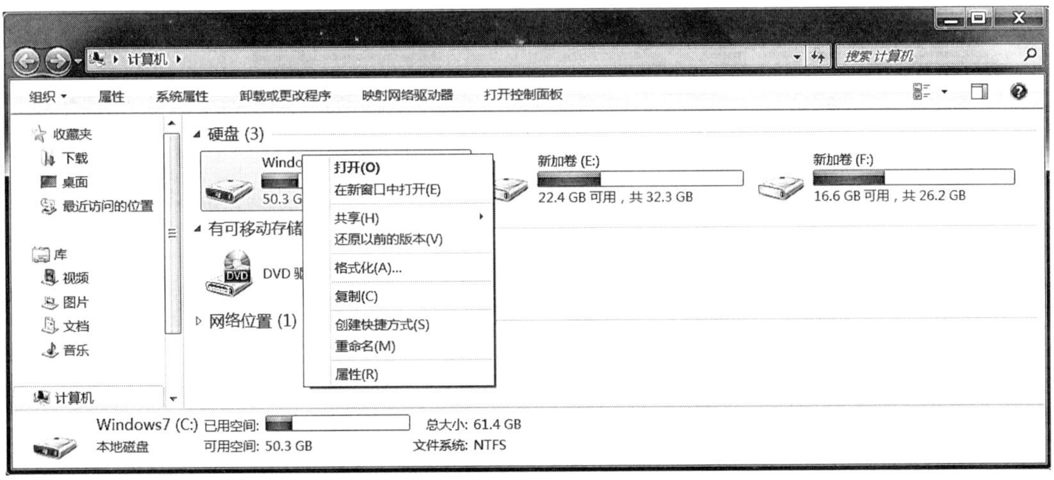

图 8.2.10　“计算机”窗口

（2）选择“属性”命令，进入如图 8.2.11 所示的 C:盘属性设置界面，选择“工具”选项卡。

（3）单击“立即进行碎片整理”按钮，进入如图 8.2.12 所示的“磁盘碎片整理程序”对话框。

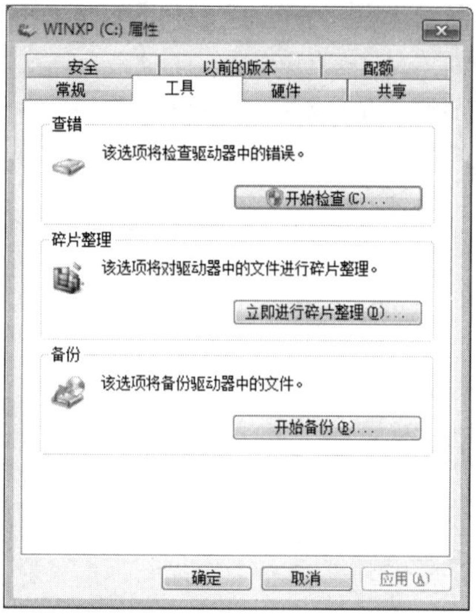

图 8.2.11　C:盘属性设置界面

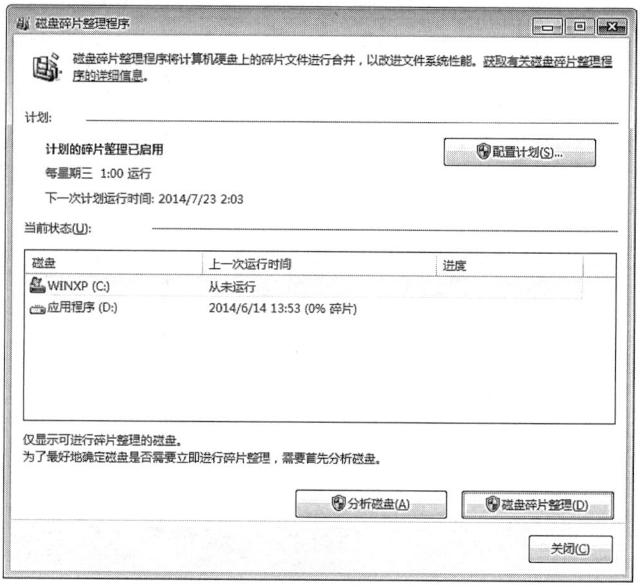

图 8.2.12　“磁盘碎片整理程序”对话框

（4）选择需要整理的磁盘，单击“磁盘碎片整理”按钮，磁盘碎片整理程序将进行已选择磁盘的碎片整理，如图 8.2.13 所示。

图 8.2.13　进行磁盘碎片整理

提示　一般情况下进行磁盘碎片整理时，应先对磁盘进行分析，碎片百分比较高时进行碎片整理比较有效，当然也可以直接进行磁盘碎片整理。

5．磁盘清理

（1）选择“开始”菜单的“所有程序”→“附件”→“系统工具”→“磁盘清理”命令，如图 8.2.14 所示。

（2）在弹出的“磁盘清理：驱动器选择”对话框中选择要进行磁盘清理的驱动器，如图 8.2.15 所示。

（3）单击“确定”按钮，“磁盘清理”程序会对已选择的驱动器上可释放的空间进行计算，如图 8.2.16 所示。

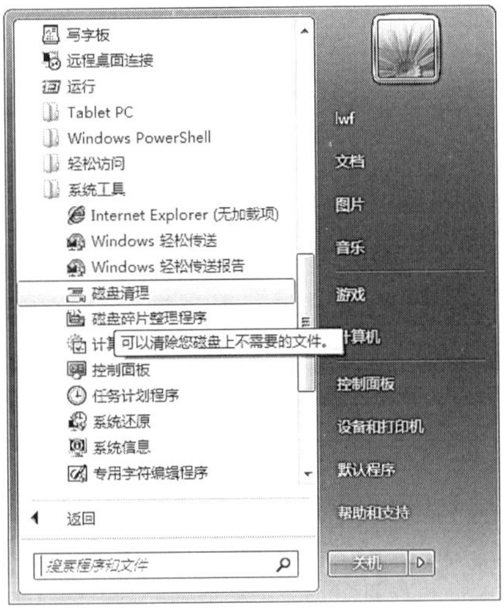

图 8.2.14　“磁盘整理”菜单命令

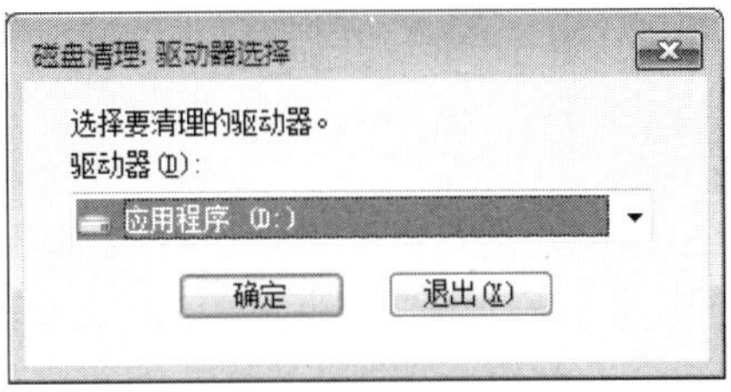

图 8.2.15　选择驱动器

图 8.2.16　计算可释放空间

（4）进入如图 8.2.17 所示的磁盘清理设置界面，选择要删除的文件。

（5）单击“确定”按钮，系统弹出如图 8.2.18 所示的删除文件提示框。

（6）单击“删除文件”按钮，将开始进行磁盘清理，如图 8.2.19 所示。

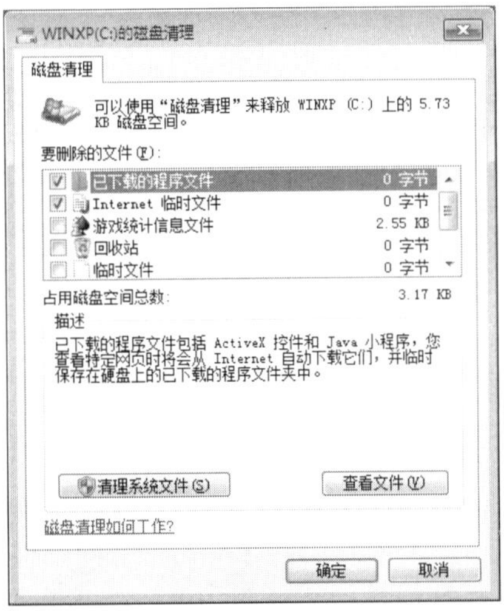

图 8.2.17　磁盘清理设置界面

图 8.2.18　删除文件提示框

图 8.2.19　进行磁盘清理

6．合理设置磁盘单元大小

（1）打开“计算机”窗口，在要设置单元大小的磁盘上右击弹出快捷菜单，如图 8.2.20 所示。

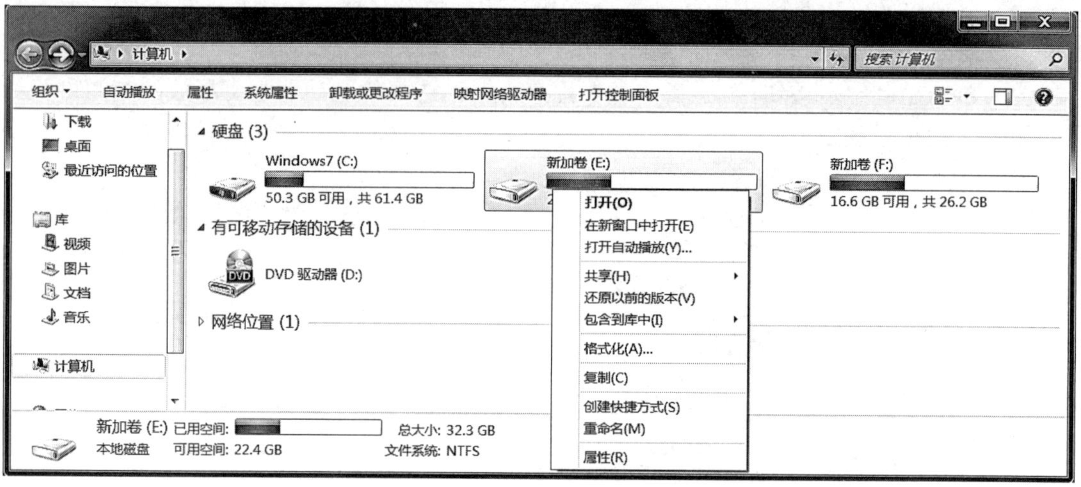

图 8.2.20 “计算机”窗口

（2）选择“格式化”命令，进入如图 8.2.21 所示的“格式化应用程序”对话框，设置好磁盘单元大小。

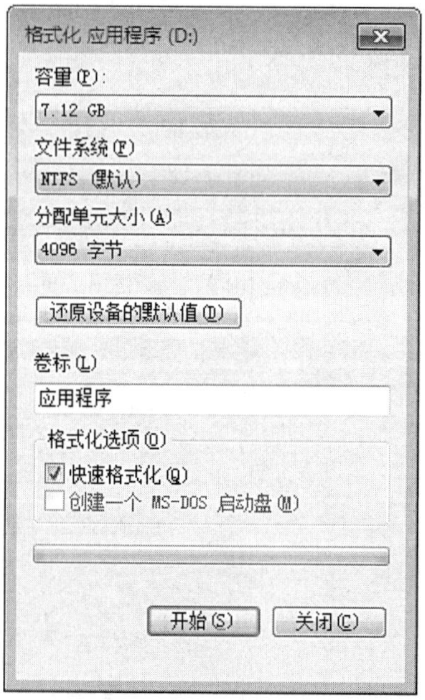

图 8.2.21 “格式化应用程序”对话框

注意 系统会提示用户，进行格式化将丢失该盘的数据。在进行格式化前，用户需将该盘内的重要文件都移到其他磁盘进行备份。

（3）单击“开始”按钮，系统将按分配的单元大小对磁盘进行格式化。

7. 将“我的文档”移动至非系统分区

（1）找到“我的文档”所处的位置，右击“我的文档”弹出快捷菜单，如图 8.2.22 所示。

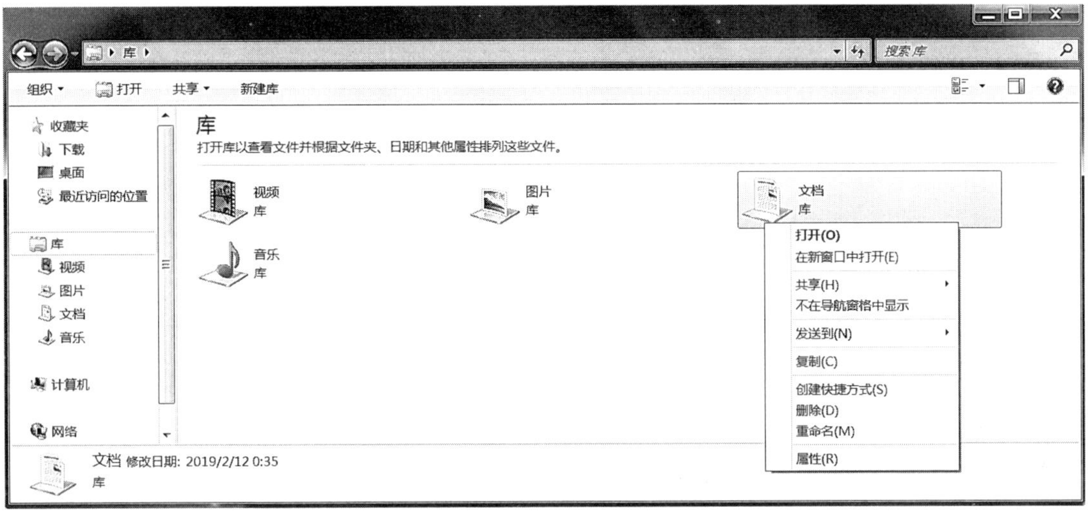

图 8.2.22　“我的文档”快捷菜单

（2）选择“属性”命令，进入如图 8.2.23 所示的“我的文档属性”对话框，选择“位置”选项卡。

（3）单击“移动”按钮，进入如图 8.2.24 所示的“选择一个目标”对话框，选择移动目标。

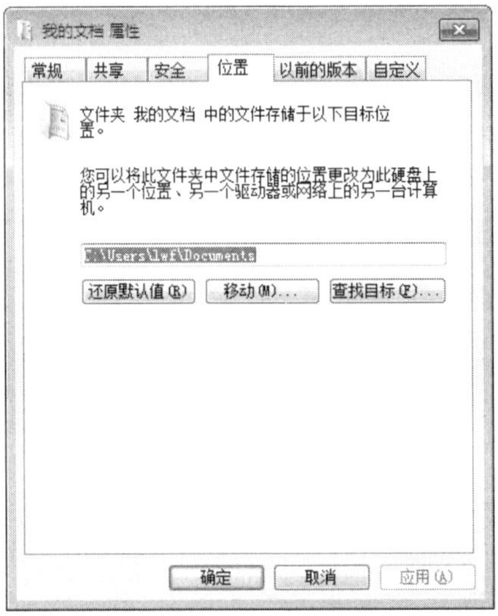

图 8.2.23　“我的文档属性”对话框

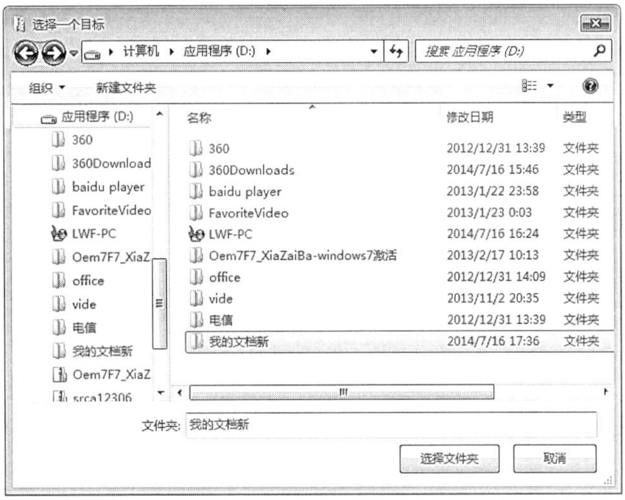

图 8.2.24　“选择一个目标”对话框

（4）单击“选择文件夹”按钮，回到如图 8.2.25 所示的“我的文档属性”对话框。

（5）单击“确定”按钮，系统将弹出如图 8.2.26 所示的“移动文件夹”提示对话框。

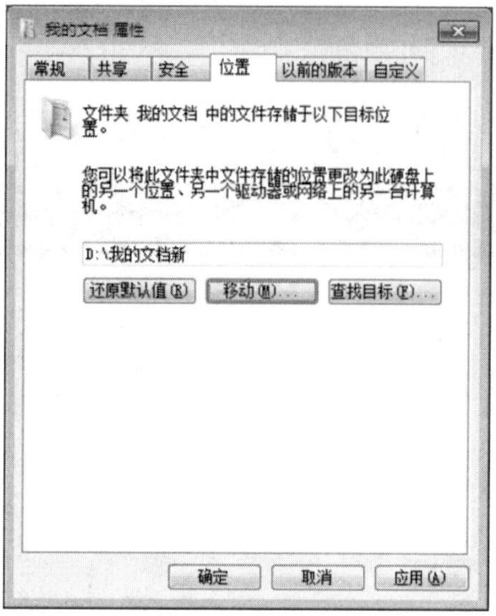

图 8.2.25 “位置”选项卡

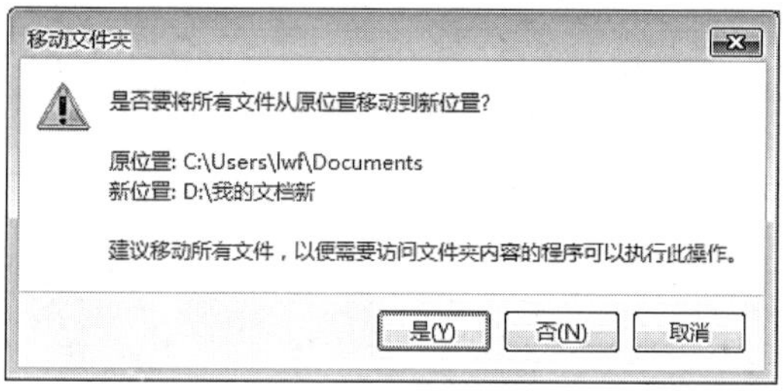

图 8.2.26 “移动文件夹”对话框

（6）单击“是”按钮，“我的文档”路径将被修改到新设的位置。

8. 将“虚拟内存”路径设置至非系统分区

（1）选择“开始”菜单的“计算机”命令后右击，弹出快捷菜单如图 8.2.27 所示。

图 8.2.27 “计算机”的快捷菜单

（2）选择“属性”命令，进入如图 8.2.28 所示的系统设置界面。

图 8.2.28　系统设置界面

（3）单击“高级系统设置”命令，进入如图 8.2.29 所示的“系统属性”对话框。

（4）在“高级”选项卡的“性能”栏中单击“设置”按钮，进入如图 8.2.30 所示的“性能选项”对话框。

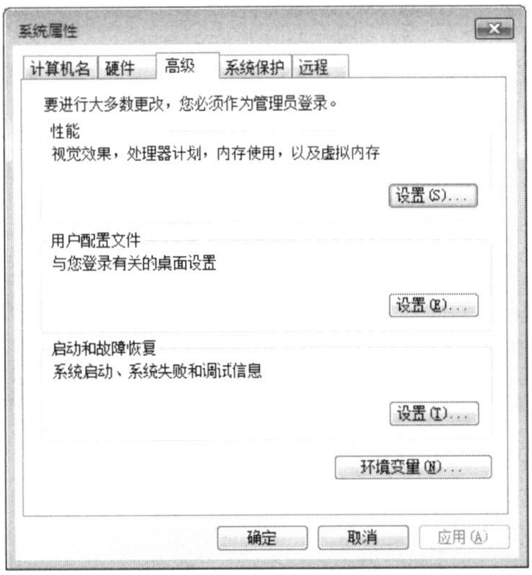

图 8.2.29　“系统属性”对话框

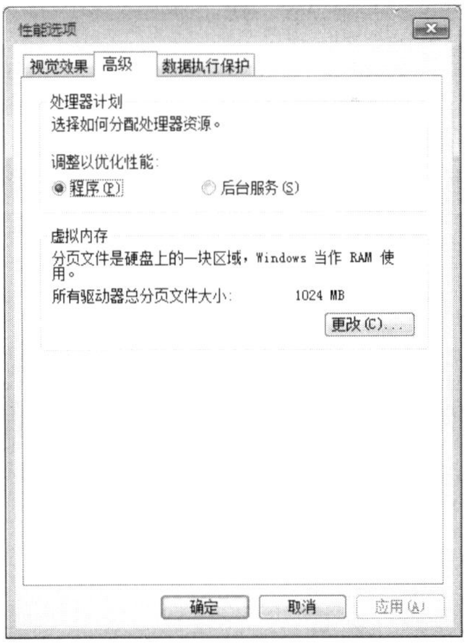

图 8.2.30　“性能选项”对话框

（5）在“虚拟内存”栏中单击“更改”按钮，进入如图 8.2.31 所示的“虚拟内存”对话框，取消“自动管理所有驱动器的分页文件大小”复选项，选择驱动器。

（6）单击“确定”按钮，系统将弹出如图 8.2.32 所示的重启计算机提示框。

（7）单击“确定”按钮，系统就会重启计算机而使刚才的设置生效。

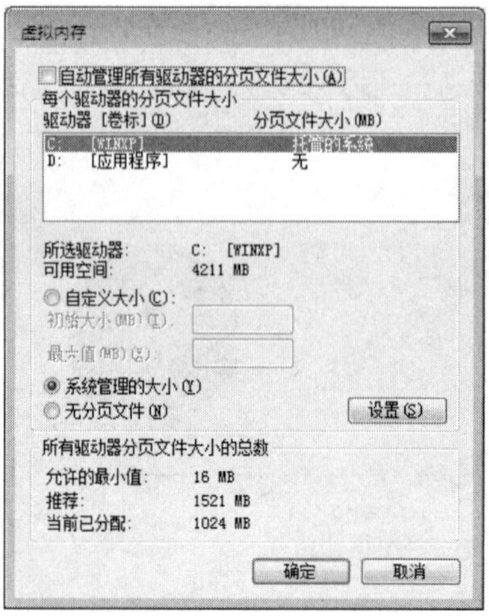

图 8.2.31 “虚拟内存”对话框

图 8.2.32 重启计算机提示框

拓展训练

序号	难度	项　目	要　求
1	*	加速系统的启动过程	减少系统启动项，减小系统启动时间及利用 ReadyBoost 加速系统启动过程
2	**	提高磁盘运行速度	磁盘碎片整理、磁盘清理、合理设置磁盘单元大小及优化系统的文件夹路径设置
3	***	使用第三方软件对系统进行优化	通过网络对比，下载一个安全有效的优化软件（如 Windows 优化大师、鲁大师等），安装后对系统进行优化设置

评价反馈

1．选择题

（1）加速系统启动过程的方法有（　　）。

A．减少系统启动项　　　　B．减少系统启动时间

C．ReadyBoost 加速系统启动　　　　D．合理设置磁盘单元大小

（2）常见提高磁盘运行速度的方法有（　　）。

A．磁盘碎片整理　　　　B．磁盘清理

C．合理设置磁盘单元大小　　　　D．优化系统的文件夹路径设置

2．判断题

（1）操作系统是计算机软件系统的基础，而要保证操作系统稳定、高效地运行，只能通过系统的一系列配置才能完成。（　　）

（2）Windows 7 已允许使用至多 8 个闪存盘作为缓存。（　　）

3．思考题

（1）使用“系统配置”命令如何减少启动项？

（2）优化系统的意义？

项目9

数据恢复

思维导图

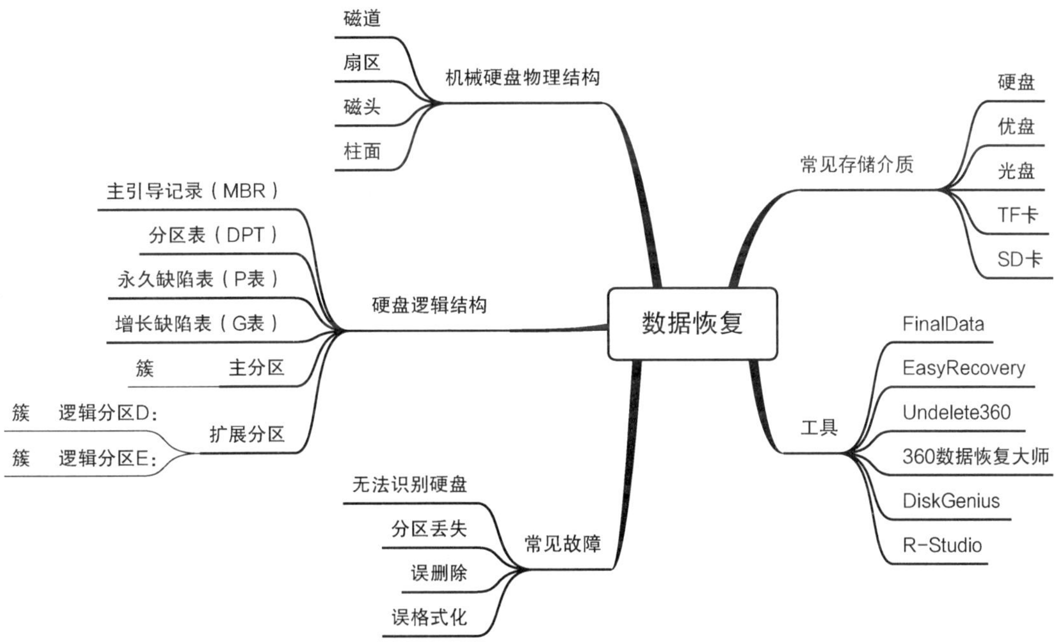

在计算机得到广泛应用的今天，各种数据无疑是计算机里最重要的资料，这些数据被广泛存储在硬盘、优盘等介质中。但是由于各种主客观的原因，时常面临多年积累的数据瞬间消失的危险，无数丢失数据的客户不惜重金寻求专业机构恢复数据，从而使得数据恢复工程师的薪资在行业处于高位。本项目将学习数据恢复的基本原理和方法，为进一步深入学习数据恢复奠定基础。

任务 9.1　误删除数据恢复

学习目标

您在完成本学习任务后，应当能够：

（1）理解磁盘数据的存储原理和方式；

（2）掌握误删除数据的简单恢复方法；

（3）在教师的指导下，实施其他类型的数据恢复。

任务描述

小海刚担任组长工作，总经理安排他组织团队起草一份重要的文案。经过团队成员用一周的时间进行紧张的调研和查阅文献，最终在小海的计算机上形成了终稿。小海计划第二天上早班时提交给总经理审阅，突然发现该文档找不到了，可能被自己当做临时文件删除（即按“Shift+Del”组合键删除）了，此时的小海追悔莫及。

任务分析

当文件从操作系统中被删除后，其实文件内容并没有从硬盘中真正地被删除，只是文件的起始地址被释放了，对于硬盘来说，就是修改了目录区（DIR）中该文件的删除标记，即将该文件头的标记修改为E5，表示该文件已被删除。这时源文件所占有的存储位置因为被释放，随时可能被新的文件所覆盖。一般在文件丢失时，按照以下程序进行处理。

（1）确认文件已丢失：对于操作计算机不熟练的人，时常会忘记文件的存储位置，而误以为文件已丢失，所以建议通过以下几种方法确认文件已丢失，然后再分析文件丢失的原因，进而确定文件的恢复方法。

① 打开编辑软件，从最近编辑文件列表中查看文件位置及状态；

② 通过对存储介质进行搜索；

③ 从回收站中查看是否有该文件。

（2）分析原因：如果文件确实已丢失，则需要分析丢失文件的来龙去脉，只有找到客观的丢失原因，才能制定科学的恢复方法，以便更高效地恢复数据。根据本案中小海的回忆，终稿文件和临时文件存放在一起，终稿形成后，他利用“Shift+Del”组合键将临时文件直接删除，从而将终稿也一起删除了。

（3）恢复方法：当发现文件丢失后，切勿对原存储文件的分区进行写操作。因为该文件被标志为删除状态后，在数据区中存储该文件的空间将被释放为自由空间，随时可能被其他文件覆盖，从而导致不可恢复。对于此类文件的恢复，可以利用 FinalData、R-Studio、

EasyRecovery、Smart Undelete 等数据恢复工具软件进行恢复。

任务导学

常见的数据存储介质有硬盘、优盘、光盘、TF 卡、SD 卡等，如表 9.1.1 所示。每台计算机最主要的存储介质就是硬盘，日常广泛使用的移动存储介质为优盘，各种电子设备使用 TF 卡或 SD 卡，光盘在主要用于数据归档。

表 9.1.1　常见存储介质

				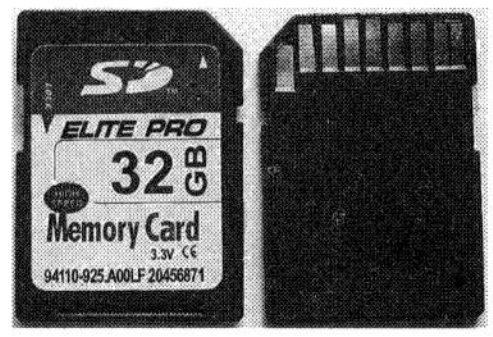
硬盘	优盘	光盘	TF 卡	SD 卡

9.1.1　硬盘的结构

1．硬盘的物理结构

在拆开硬盘后可以看到，硬盘内部由磁盘盘片、读写磁头、电动机、传动手臂等组成，如图 9.1.1 所示。每个硬盘可以有多个盘片，每个盘片正反面都可以使用，数据就存储在盘片上。当硬盘通电后，电动机带动盘片高速旋转，传动手臂带着读写磁头在盘片上移动，就可以读取或写入数据。

2．硬盘的逻辑结构

每个盘片就像一张白纸，要能存储数据，必须先进行低级格式化。低级格式化就是在“白纸”上画一个个的格子，每个格子都有唯一的编号，数据就存储在格子里，这样也是为了更好地管理数据。硬盘的低级格式化一般都在硬盘工厂里进行，用户无需操作。硬盘被低级格式化后，硬盘盘片的逻辑结构如图 9.1.2 所示。

图 9.1.1　硬盘的内部物理结构

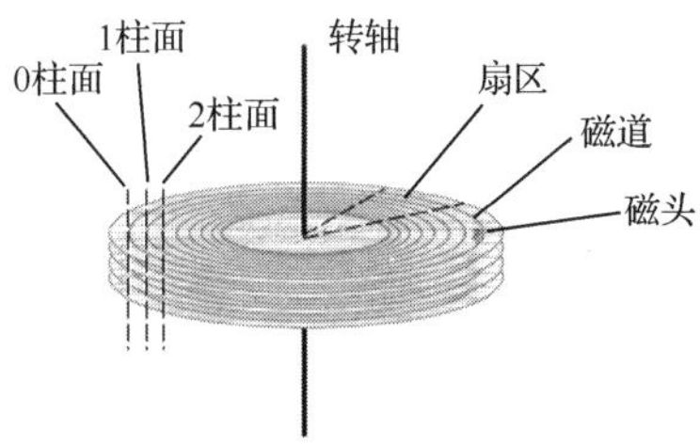

图 9.1.2　硬盘盘片的逻辑结构

1）磁道

在格式化硬盘时，将磁盘划分为多个同心圆，同心圆轨迹被称之为磁道（track），这些磁道由外向内从 0 开始编号，数据就被存储在磁道上。不同盘片的同一磁道组成一个柱面。

2）扇区

为了便于管理，按照一定的弧度角将磁道划分为多个圆弧段，每段圆弧为一个扇区（sector），扇区从 1 开始编号，每个扇区固定包括 512 B 的数据和其他一些信息，扇区是磁盘逻辑结构中最小的单位，不可再分，每个扇区中的数据只能作为一个单元同时读取或写入。

3）盘面/磁头

每个硬盘由一个或多个盘片组成，每个盘片有两个盘面，每个盘面都可以存储数据，要读取它，必须要有磁头，因此，每个磁头对应于每个盘面，每个盘片对应两个磁头，磁头从 0 开始编号。

4）硬盘容量

扇区是磁盘中最小的存储单位，那么硬盘的数据存储容量=磁头数×磁道数×每磁道扇区数×每扇区字节数。

5）硬盘存储地址的定位

通过利用磁道（柱面）、磁头（盘面）和扇区就可以定位任意的最小存储单位，如硬盘的第一个扇区为 0 磁道 0 磁头 1 扇区。

9.1.2 硬盘的数据组织

硬盘在存储数据前，必须进行分区，然后对各分区进行高级格式化，该部分操作已经在任务 2.4 中学习。通过分区和高级格式化后，硬盘被规划为适合存储数据的多个仓库，并建立了更为严密的逻辑关系。

1. 分区

硬盘可以由磁道、磁头和扇区来定位任意的存储空间，通过分区将磁盘分为不同的存储区域，如 C:盘、D:盘、E:盘等，以更好地管理磁盘和数据。可以借助 PQMagic、DM、FDisk 等工具软件进行分区。在硬盘分区后，其逻辑结构包括主引导记录（MBR）、分区表（DPT）和数据区。

在 0 磁道 0 磁头 1 扇区的 512 字节中包含主引导记录（MBR）、分区表（DPT）和结束标记。MBR 是位于硬盘最前边的一段引导（loader）代码，它不属于任何一个分区。它由 BIOS 调用，并检查分区的完整性，然后将控制权交给活动分区中的操作系统，MBR 占 446 字节。在分区表（DPT）中记录着每个分区的起始和结束位置，从而确定每个分区的大小和位置。

2. 高级格式化

当硬盘分区后，每个分区必须经过高级格式化方可使用。在进行高级格式化时，可以选择不同的文件系统和分配单元大小（即簇），如图 9.1.3 所示。当高级格式化完成后，分区内存储数据的最小单位是簇，每个簇可以是多个连续扇区的组合，这样将可以提高磁盘的使用效率。当高级格式化完成后，每个分区将被划分为操作系统引导扇区、文件分配表、目录区和数据区。其中操作系统引导扇区是操作系统可以直接访问的该分区的第一个扇区。文件分配表中记录着该分区内每个簇的使用情况，如空闲、损坏、占用、保留、结束等状态。目录区记录每个文件和文件夹的起始簇和相关属性。数据区则记录文件本身，也是分区的绝大部分空间。

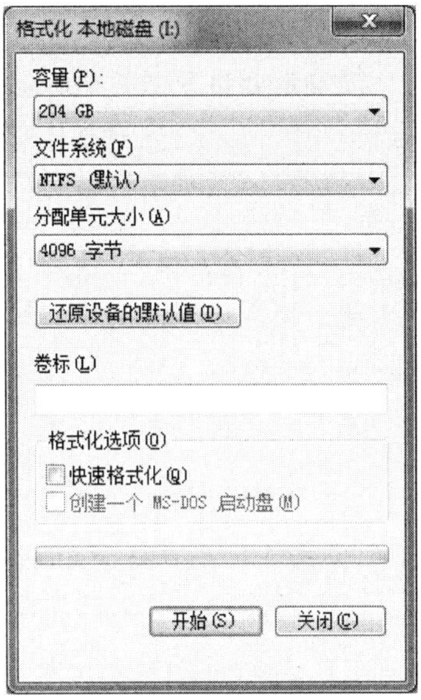

图 9.1.3　高级格式化设置

3. 数据存储原理

1）文件的写入

要在某分区中写入文件，操作系统首先在目录区的空白区域写入文件的相关信息（文件名、大小、创建时间、文件属性等），然后在文件分配表中查找空闲的簇，将文件内容依次写入空闲簇，并将第一个簇号记录在目录区文件信息中，将文件分配表中每个簇指向下一个簇号，最后一个簇标志为结束簇，从而形成一个簇链接。

2）文件的读取

当要读取某个文件时，操作系统根据选中的文件名，在目录区中搜索到该文件的起始簇号，然后再到文件分配表中找到它指向的下一个簇和其他后续簇，直到结束簇，并依此根据簇号在数据区读取数据到内容，最后显示出来。

3）文件的删除

当对某个文件执行删除命令后，删除速度非常快，起始操作系统并没有从数据区真正删除数据，而是只将目录区中该文件的第一个字符改成 E5，于是操作系统中就显示该文件被删除了。

9.1.3　数据恢复的原则与方法

1. 数据恢复的原则

数据丢失后，为了确保数据尽可能地被恢复，建议遵循以下原则。

1）务必保护现场

丢失数据后，建议不要对硬盘进行任何操作，切勿对丢失数据的分区进行任何写操作，并建议立即关机。因为在数据丢失后，存储数据的数据区随时可能被其他文件覆盖，从而造成永久丢失数据的可能。

2）全面分析状况

在确认数据丢失后，要全面分析数据丢失的原因，评估数据的重要性，以确定是否要进行数据恢复。从理论上讲，所有丢失的数据几乎都可以恢复，只是要对付出的代价与数据的价值进行权衡。

3）制定严密方案

当确定要恢复数据时，必须深入分析数据丢失的原因、数量等，制定恢复方案。在恢复的过程中，每一个恢复动作都可能对数据恢复造成“雪上加霜”的困境。所以建议实施恢复前，尽量对原数据盘进行克隆备份，并制定万无一失的恢复方案。

4）细致耐心执行

随着硬盘技术的进步，目前每块硬盘的容量动辄有数 TB，恢复数据是一个漫长的过程，在恢复的过程中，有可能会出现各种各样的状况，所以在恢复的过程中不仅需要有足够的耐心，更需要非常细致的态度，方能最大程度地恢复数据。

2．常见数据丢失现象及其恢复方法

1）计算机启动后，BIOS 中看不到硬盘

确保电源线和数据线正常，如在 BIOS 中无法看到硬盘信息，一般是因为计算机 BIOS 自检时无法读取到硬盘的硬件信息。

恢复方法：找规格完全相同的硬盘，拆换电路板。

2）BIOS 中可见硬盘，但是无法看到分区或丢失部分分区

在计算机启动后，读取硬盘时，首先读取 0 磁道 0 磁头 1 扇区读取主引导记录，其中记录了硬盘的分区情况，如果此部分数据丢失，则无法正常显示各分区。

恢复方法：利用 DiskGenius 等工具软件手动或自动重建分区表。

3）误删除

在使用计算机的过程中，不经意之间会删除一些文件。

恢复方法：如简单删除，则可以到回收站还原即可；如永久删除，则可以利用 FinalData、EasyRecovery、Undelete360、360 数据恢复大师等工具软件实现恢复。

4）误格式化

在使用计算机的过程中，不小心地格式化了存有数据的磁盘或优盘。

恢复方法：利用 FinalData、EasyRecovery、Undelete360、360 数据恢复大师等工具软件实现恢复。

3．常见数据恢复工具

表 9.1.2　常见数据恢复工具

序号	名　称	主要功能	备　注
1	EasyRecovery	删除恢复、格式化恢复、文件修复等	收费
2	FinalData	删除恢复、格式化恢复等	收费
3	Undelete360	删除恢复、格式化恢复等	免费
4	360 数据恢复大师	删除恢复、格式化恢复等	免费
5	DiskGenius	分区管理、分区恢复、删除恢复、格式化恢复等	收费
6	R-Studio	坏道检测、删除恢复、格式化恢复	收费

实施步骤

（1）下载安装 FinalData（以 FinalData 企业版 v2.0 为例），并进行注册。

（2）运行 FinalData，主界面如图 9.1.4 所示。

图 9.1.4　FinalData 企业版 v2.0 主界面

（3）选择菜单“文件”→“打开”命令，弹出“选择驱动器”对话框，如图 9.1.5 所示，选择丢失文件所在的分区（F:盘），然后单击“确定”按钮。

（4）在弹出的“选择要搜索的簇范围”对话框，如图 9.1.6 所示，单击“确定”按钮。

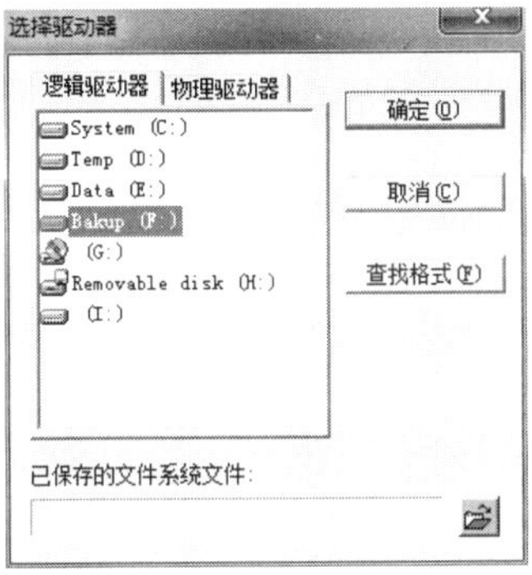

图 9.1.5　“选择驱动器”对话框

图 9.1.6　“选择要搜索的簇范围”对话框

（5）弹出“簇扫描”对话框，如图 9.1.7 所示，开始扫描磁盘。

（6）在扫描结束后，主界面显示簇扫描的结果，如图 9.1.8 所示。

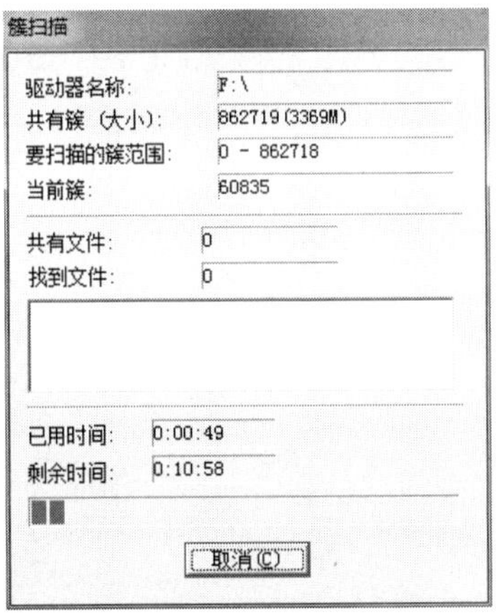

图 9.1.7　“簇扫描”对话框

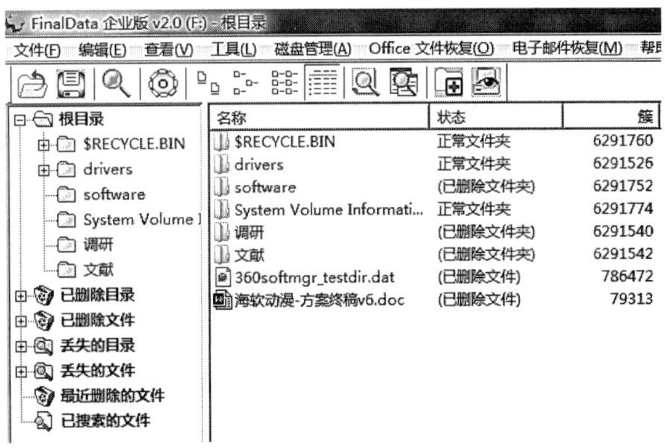

图 9.1.8　簇扫描结果

（7）选择需要恢复的文件和文件夹，并用鼠标右键单击，从弹出的快捷菜单中选择“恢复”命令，如图 9.1.9 所示。

（8）在弹出的“选择要保存的文件夹”对话框，如图 9.1.10 所示，选择要保存恢复文件的分区（I:盘），单击“保存”按钮。

注意 此时不可以选择恢复文件所在的分区，以防覆盖原文件。

图 9.1.9 选择要恢复的文件和文件夹

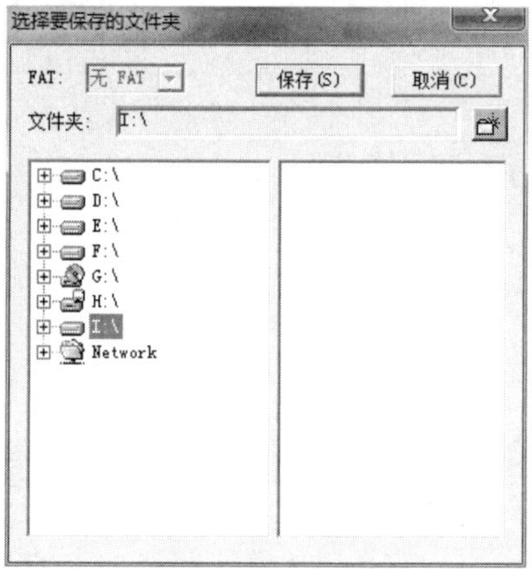

图 9.1.10 “选择要保存的文件夹”对话框

（9）当文件恢复完成后，打开 I :分区查看恢复文件的效果，如图 9.1.11 所示。

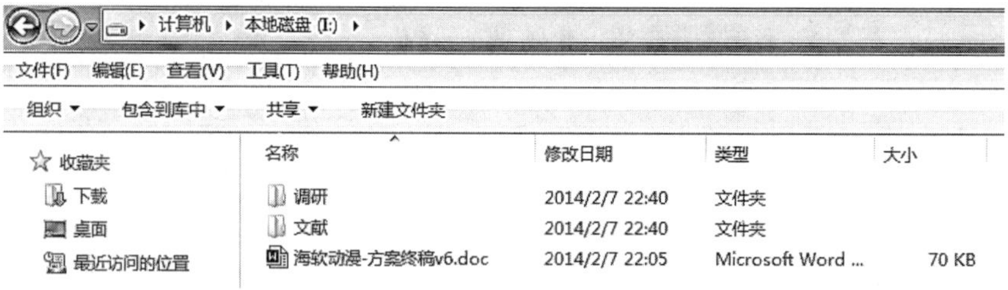

图 9.1.11 数据恢复的效果

拓展训练

序号	难度	项　目	要　求
1	*	文件删除恢复	从 D:盘删除（Del）某文件和文件夹，从回收站恢复文件与文件夹
2	**	永久删除文件恢复	从 D:盘永久删除（Shift+Del）某文件，利用数据恢复工具恢复该文件
3	***	格式化恢复	格式化优盘或硬盘的某分区，利用工具软件恢复该分区的数据

评价反馈

1．选择题

（1）常见的数据存储介质有（　　）

A．磁盘　　B．优盘　　C．光盘　　D．TF 卡

（2）常见的数据恢复工具有（　　）

A．R-Studio　　B．FinalData　　C．Visio　　D．Photoshop

2. 判断题

（1）硬盘的分区表损坏时，只影响分区显示，不影响数据读写。（　　）

（2）磁盘的存储原理和光盘的存储原理一样。（　　）

3. 思考题

（1）为什么恢复的数据不能直接存储在当前分区？

（2）不同的簇大小，对计算机系统有哪些影响？

任务 9.2　误格式化磁盘的数据恢复

学习目标

您完成本学习任务后，应当能够：

（1）掌握误格式化磁盘的数据恢复方法；

（2）掌握 DiskGenius 软件的使用方法；

（3）在教师的指导下，实施其他类型的数据恢复方法。

任务描述

单位有一台单反数码相机 D90，用 2 GB 的 SD 卡存储照片。领导安排小海为单位的周年庆典活动拍照，拍完后尚未从 SD 卡导出相片，结果另外一位同事也用这台相机照相时把 SD 卡格式化了。宣传部急着要照片来发新闻报道，而小海当时一筹莫展。

任务分析

新磁盘分区必须格式化后才可以使用，格式化时选择“快速格式化”复选项，可以快速完成磁盘格式化，如图 9.1.3 所示。电子设备的使用者经常利用“快速格式化”命令对磁盘全部文件进行删除。对磁盘快速格式化，其实并未真正地删除磁盘的数据，只要磁盘原有分区没有被新的文件覆盖，就可以恢复。为此可以利用 DiskGenius 等类似软件对数据进行恢复。

实施步骤

（1）下载 DiskGenius 正版软件，注册或使用试用版。

（2）将相机的 SD 卡插入电脑的 SD 卡插槽中。

（3）打开 DiskGenius 软件主界面，如图 9.2.1 所示。

（4）选择“可移动磁盘 I:”，选择菜单“工具”→“已删除或格式化后的文件恢复”命令，弹出“恢复文件-可移动磁盘 I:”对话框，如图 9.2.2 所示。

（5）单击“开始”按钮后，DiskGenius 开始搜索文件，如图 9.2.3 所示。

（6）搜索完成后，DiskGenius 将显示找到的文件，选择需要恢复的文件，选择菜单“文件”→“复制到指定文件夹”命令，即可将已选择的文件复制到指定文件夹，完成数据恢复后的效果如图 9.2.4 所示。

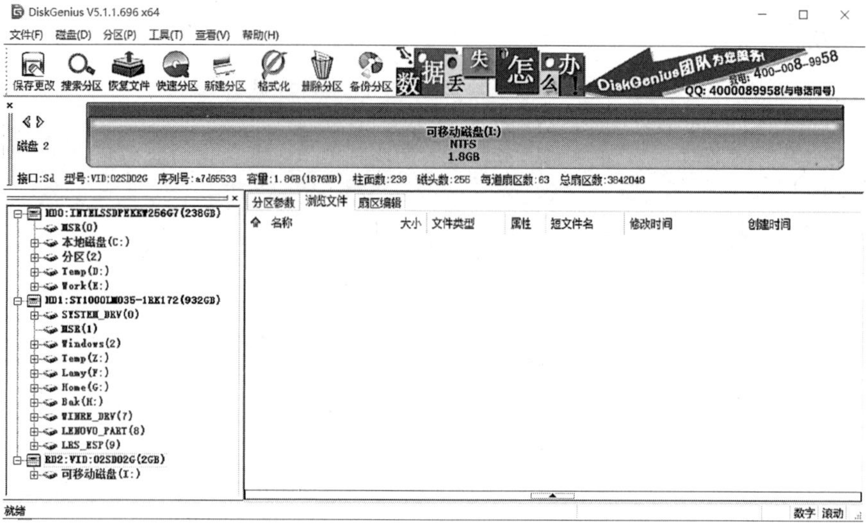

图 9.2.1　DiskGenius 软件主界面

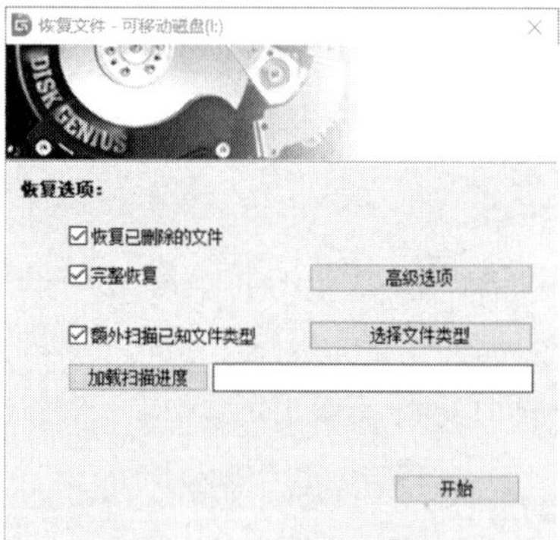

图 9.2.2　“恢复文件-可移动磁盘 I:”对话框

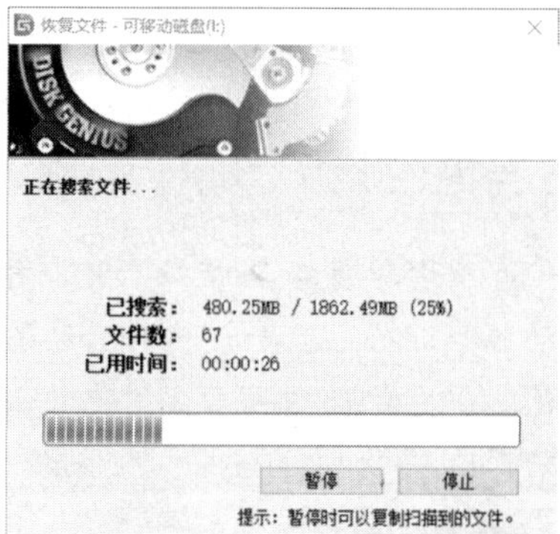

图 9.2.3　DiskGenius 搜索文件

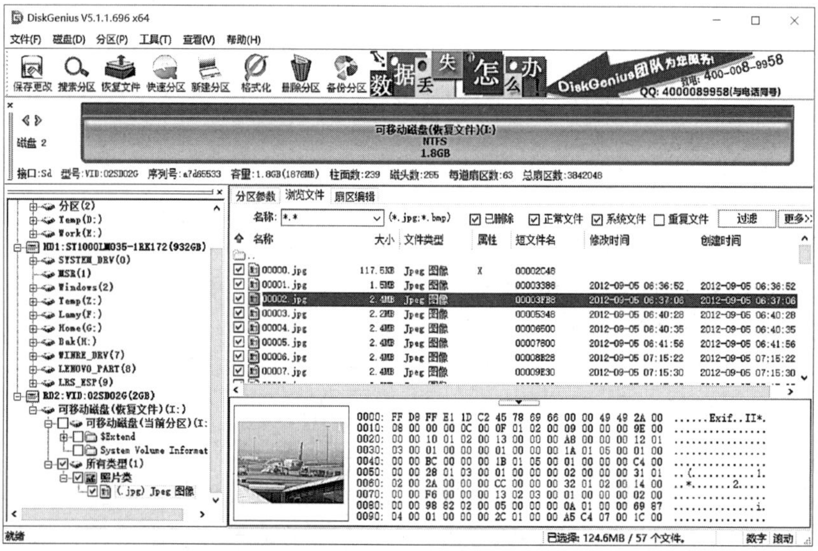

图 9.2.4　数据恢复效果

拓展训练

序号	难度	项目	要求
1	**	误格式化恢复	对磁盘分区进行完全格式化（非快速格式化），尝试利用工具软件恢复数据
2	***	误分区恢复	对磁盘分区删除后，尝试利用 DiskGenius 软件进行恢复

评价反馈

1．选择题

（1）Windows 系统中常见的文件系统有（　　）。

A．FAT　　B．EXFAT　　C．FAT32　　D．NTFS

（2）2 GB 的 SD 卡实际存储容量约为（　　）。

A．2 GB　　B．2000 MB　　C．1.83 GB　　D．2.048 GB

2．思考题

（1）为什么磁盘分区被破坏后，数据还可以恢复？

（2）如果涉及保密数据需要从磁盘中彻底删除，要怎么做？

项目 10

网络安全防范

思维导图

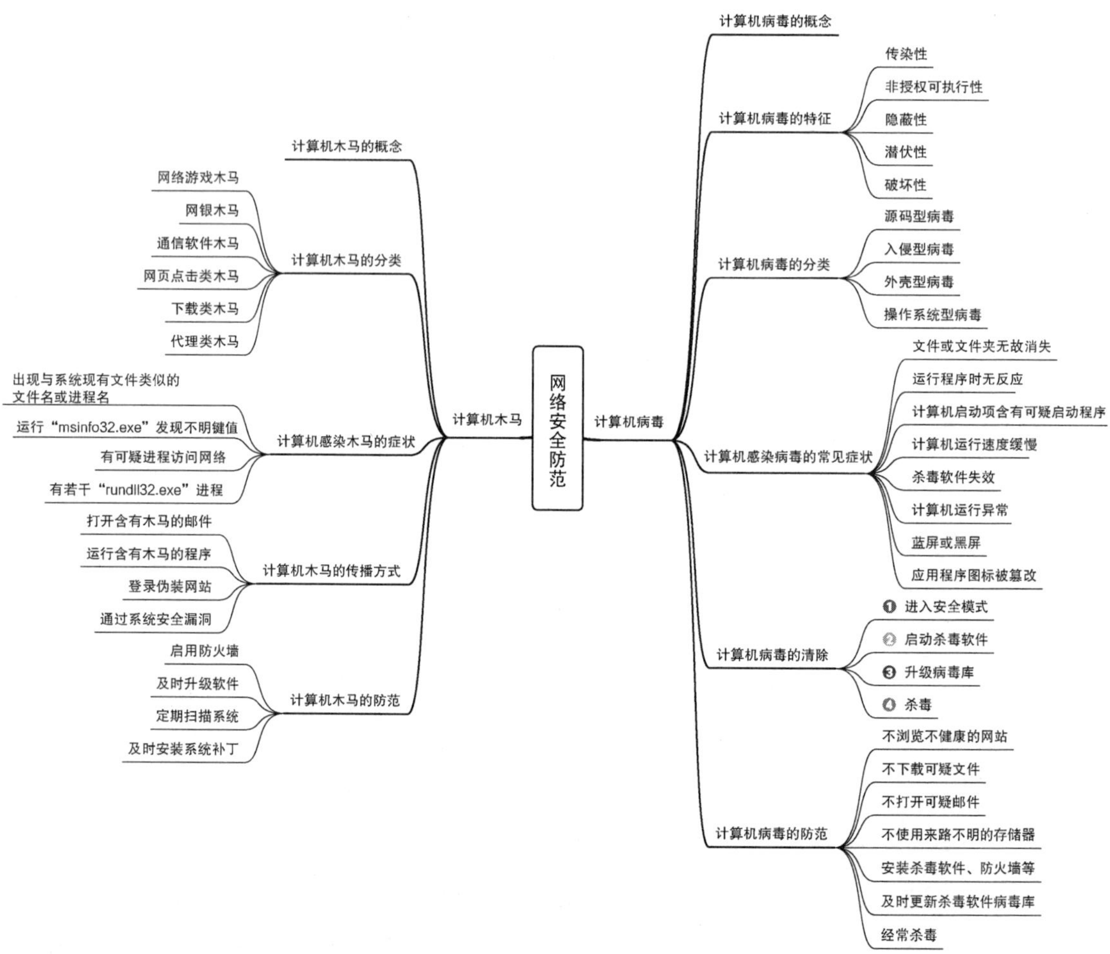

在信息时代的今天，人们必须认识到网络安全的重要性，没有网络安全就没有国家安全，网络安全防范对个人和单位都非常重要。网络安全是指网络系统的硬件、软件及其系统中的数据受到保护，不因偶然或者恶意的原因而遭到破坏、更改、泄露，系统能够连续、可靠、正常地运行，网络服务不中断。信息安全的目标是保证信息的机密性、完整性和可用性。

任务 10.1　清除病毒

扫一扫看计算机病毒基础微视频

学习目标

您完成本学习任务后，应当能够：

（1）理解计算机病毒的定义；

（2）理解计算机病毒的特征与类型；

（3）分析病毒入侵的途径，并制定防范措施。

任务描述

小海到了公司技术部工作，单位同事的计算机运行速度突然变慢，因此向小海寻求帮助。

任务分析

小海通过查看计算机，发现计算机并未安装杀毒软件，且系统文件的时间、日期都发生了变化，计算机中的文档也变成了可执行的 exe 格式文件。通过对同事计算机出现症状的分析，小海初步判定，同事的计算机已感染计算机病毒。清除病毒的思路如图 10.1.1 所示。

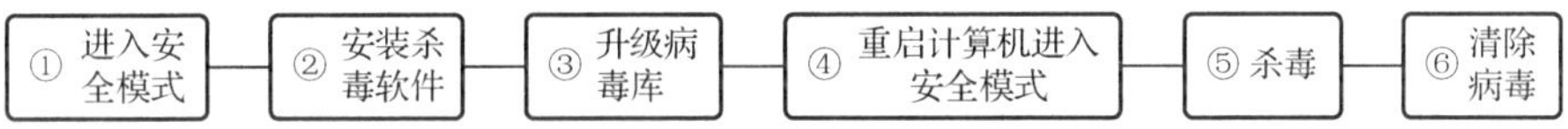

图 10.1.1　清除病毒的思路

任务导学

根据《中华人民共和国计算机信息系统安全保护条例》，计算机病毒（Computer Virus）的定义为“编制者在计算机程序中插入的破坏计算机功能或者破坏数据、影响计算机使用并且能够自我复制的一组计算机指令或者程序代码”。

10.1.1　计算机病毒的特征与分类

1. 计算机病毒的特征

1）传染性

计算机病毒的传染性是计算机病毒最重要的一个特征。病毒程序一旦侵入计算机系统并得以执行，它就会搜寻其他符合传染条件的程序或者存储介质，确定目标后再将自身代码插入其中，达到自我繁殖的目的。

2）非授权可执行性

计算机病毒隐藏在正常的程序或数据中，当用户运行正常程序时，病毒伺机窃取到系统的控制权，先于正常程序执行。

3）隐蔽性

计算机病毒是一种具有很高编程技巧、短小精悍的程序，它通常附在正常程序中或磁盘较隐蔽的地方，也有个别的以隐含文件形式出现。由于隐蔽性，计算机病毒得以在用户没有察觉的情况下，扩散到其他的计算机中。

4）潜伏性

大部分的计算机系统感染病毒后不会马上发作，病毒可长期隐藏在系统中，只有在满足其特定条件时才发作，显示出危害性。比如著名的黑色星期五病毒，在每逢 13 号是星期五的时候才会发作。

5）破坏性

任何病毒只要侵入计算机系统，都会对操作系统及应用程序产生程度不同的影响，轻者降低计算机系统的工作效率，占用系统资源，重者可导致系统崩溃，甚至造成硬件损坏。

2．计算机病毒的分类

1）按照计算机病毒的破坏情况

按照计算机病毒的破坏情况，计算机病毒可分为良性计算机病毒和恶性计算机病毒。

（1）良性计算机病毒的危害性小，不破坏操作系统和数据。良性计算机病毒一旦发作，一般只是大量占用计算机系统开销，使计算机无法正常工作。有些人对这类计算机病毒的传染不以为然，认为这只是恶作剧，没什么关系。其实病毒的良性、恶性都是相对而言的。良性病毒取得系统控制权后，会导致整个操作系统和应用程序争抢 CPU 的控制权，常导致整个系统死锁，给正常操作带来麻烦。有时系统内还会出现几种病毒交叉感染的现象，一个文件不停地反复被几种病毒所感染。

（2）恶性计算机病毒不但可能毁坏数据文件，而且也可能使计算机停止工作，甚至可能毁坏计算机配件。这类病毒是很多的，如米开朗基罗病毒。当米开朗基罗病毒发作时，硬盘的前 17 个扇区将被彻底破坏，使整个硬盘上的数据无法被恢复，造成的损失是无法挽回的。有的病毒还会对硬盘做格式化等破坏，这些操作代码都是刻意编写进病毒的，这是病毒的本性之一。因此这类恶性病毒是很危险的，应当注意防范。所幸防病毒系统可以通过监控系统内的这类异常动作识别出计算机病毒的存在与否，或至少发出警报提醒用户注意。

2）按照计算机病毒的入侵方式

按照计算机病毒的入侵方式，计算机病毒可分为源码型计算机病毒、入侵型病毒、外壳型病毒和操作系统病毒。

（1）源码型病毒攻击用高级语言编写的源程序，该病毒在源程序编译前会插入其中，并随源程序一起编译、链接成可执行文件。

（2）入侵型病毒可用自身代替正常程序的部分模块或堆栈区，因此这类病毒只攻击某些特定程序，针对性强，在一般情况下也难以被发现，清除起来也比较困难。此类病毒常嵌入到现有程序中，把计算机病毒的主体程序与其攻击的对象以插入的方式链接。这种计算机病毒是难以编写的，一旦侵入程序体后也较难消除。如果同时采用多态性病毒技术、超级病毒技术和隐蔽性病毒技术，将给当前的反病毒技术带来严峻的挑战。

（3）外壳型病毒将其自身附在正常程序的开头或者结尾，相当于给正常程序加了个外壳。大部分的文件型病毒都属于外壳型病毒。这种病毒最为常见，易于编写，也易于发现，一般测试文件的大小即可知是否感染病毒。

（4）操作系统型病毒用其自身部分加入或取代操作系统的部分功能。因其直接感染操作系统，这类病毒具有很强的破坏力，可以导致整个系统的瘫痪。圆点病毒和大麻病毒就是典型的操作系统型病毒。

10.1.2　计算机感染病毒的常见症状

1. 文件或文件夹无故消失

当发现计算机中的部分文件或文件夹无缘无故地消失，就可以确定该计算机已经感染病毒。部分计算机病毒通过将文件或文件夹隐藏，然后伪造已隐藏的文件或文件夹并生成可执行文件，当用户单击这类带有病毒程序的伪装文件时，将直接造成病毒的运行，从而造成用户信息的泄露。

2. 运行应用程序时无反应

部分计算机病毒采用映像劫持技术，将常用的应用程序运行路径更改为病毒运行目录，从而当我们试图运行正常程序时，其实是运行了病毒程序，导致计算机病毒的运行。

3. 计算机启动项含有可疑的启动项

检查“系统配置”窗口，如果发现有不明的可执行目录，则可以确定自己的计算机已经感染病毒。当然更多时候病毒程序是利用修改注册表项来添加自启动项的。

4. 计算机运行速度非常缓慢

当计算机运行速度明显变得缓慢时，就有可能是计算机感染病毒所致。在感染病毒的计算机中，病毒程序会在后台持续运行，并且绝大多数病毒会占有过多的 CPU 及内存，而且木马病毒大都会借助网络来盗窃和传播用户隐私信息。

5. 杀毒软件失效

通常用杀毒软件对计算机系统进行防护，因此当杀毒软件无法正常运行并进行杀毒操作时，就可以确信计算机已感染病毒，此时需要借助网络来实行在线杀毒操作。大部分安全防护软件如 360、金山卫士、QQ 管家这三款比较主流的国产安全防护软件都有自主防御的防病毒模块，而病毒或木马最先攻击的就是安全防护软件的自主防御模块。如果发现自主防御模块被关闭或安全防护软件无法直接启动或出现内存错误，很有可能是安全防护软件也招架不住这种强悍的病毒而瘫痪了。

6. 计算机运行异常

病毒会占用过多的系统性能，造成文件的破坏，甚至严重影响系统的稳定性。当计算机出现无故蓝屏、运行程序异常、运行速度很慢以及出现大量可疑后台运行程序时，就要引起注意，可能计算机已经感染病毒。

7. 系统语言更改为其他语言

计算机系统语言默认是简体中文，如果开机后发现系统语言被修改为其他语言，很有可能是感染恶意病毒了，可以试用安全防护软件扫描清除病毒。

8. 蓝屏、黑屏

黑屏比较少见，蓝屏却比较多见。感染莫名的恶意病毒后可能在运行某个游戏或某个软件时突然计算机出现蓝屏，蓝屏代码可能是某条常见代码，显示提示计算机为了保护系统自动强行重启。

9. 篡改主页，强行刷新或跳转网页，频繁弹出广告

主页被篡改是早期病毒的主要攻击对象，计算机操作系统中毒后一般都会发生浏览器主页被篡改的现象。如果同时伴有浏览器页面不停地反复载入、刷新或无缘无故地弹出广告，则计算机很有可能已感染病毒。

10. 应用程序图标被篡改或空白

计算机桌面的程序快捷方式图标或程序菜单中的主要 exe 文件的图标被篡改或为空白，那么很有可能这个软件的 exe 程序被病毒或木马感染。蠕虫病毒常会进行此类感染修改。

实施步骤

1. 进入安全模式

安全模式是 Windows 操作系统中的一种特殊模式，安全模式的工作原理是在不加载第三方设备驱动程序的情况下启动计算机，只加载最基本的、经过系统确认的、完全没问题的驱动程序和模块，使计算机运行在系统最小模式。这时用户就可以方便地检测与修复计算机系统的错误。网络安全模式是可以联网使用计算机的安全模式。进入安全模式有以下三种方式。

方法一：按下“开关机”或“复位”键后连续按下“F8”键，出现“高级启动选项”页面，用键盘上的方向键可以移动光标到“网络安全模式”命令，按回车键确定就可以进入网络安全模式，如图 10.1.2 所示。

方法二：重启计算机时，按住 Ctrl 键不放，会出现系统多操作启动菜单，只需要选择“安全模式”，就可以直接进入安全模式了。

方法三：（1）按“Windows+R”组合键，打开“运行”对话框，输入“msconfig”，如图 10.1.3 所示，单击“确定”按钮。

（2）进入“系统配置”对话框后，选择“引导”选项卡，选择“引导选项”栏的“安全引导”复选项，然后发现下方灰色的选项变成可选状态了，如图 10.1.4 所示，单击“确定”按钮。

（3）完成以上设置后，重启系统就会自动进入安全模式。如果想要退出安全模式，只需在“系统配置”对话框中取消对“安全引导”复选项的选择，单击“确定”按钮后再重启计算机即可。

2. 安装杀毒软件

（1）在计算机的通常运行模式下打开浏览器，输入网址“http://sd.360.cn/”，单击图标按

钮下载“360 杀毒”软件，如图 10.1.5 所示。

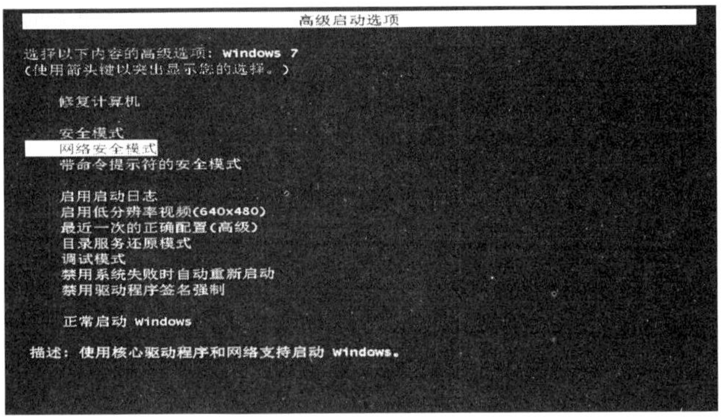

图 10.1.2　进入网络安全模式

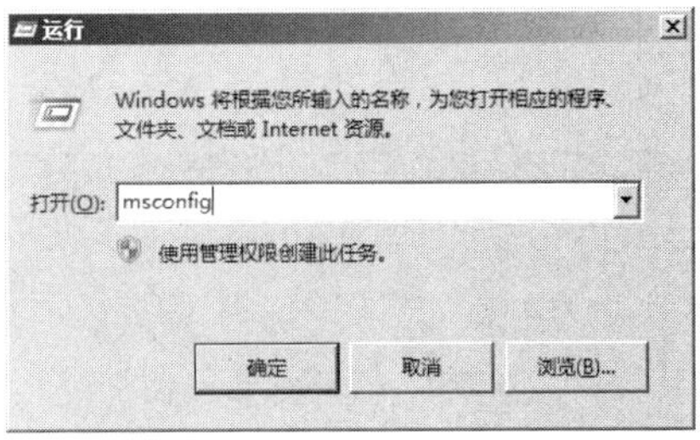

图 10.1.3　运行 msconfig 命令

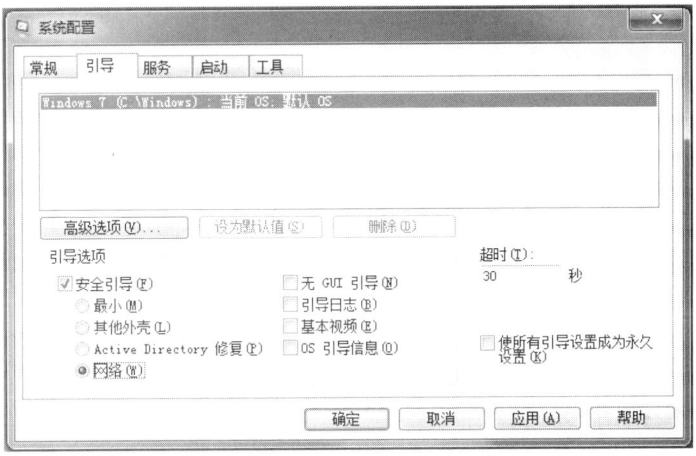

图 10.1.4　“系统配置”对话框

图 10.1.5　下载“360 杀毒”软件

（2）下载完成后双击运行杀毒软件的安装包，设置杀毒软件的安装目录，选择许可使用协议的复选项，单击“立即安装”按钮，“360 杀毒”软件就自动开始安装，如图 10.1.6 所示。

3. 升级病毒库

启动“360 杀毒”软件后，在操作界面上，开启小红伞反病毒引擎，并单击“检查更新”按钮，更新“360 杀毒”软件的病毒库，如图 10.1.7 所示。

图 10.1.6　安装“360 杀毒”软件

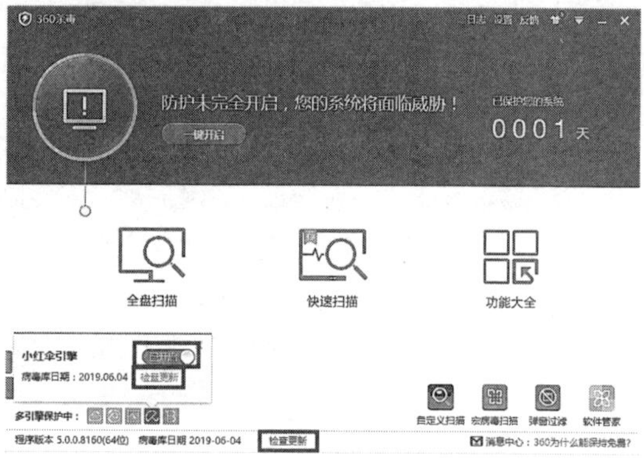

图 10.1.7　更新杀毒软件的病毒库

4. 重启计算机进入安全模式

相对于普通模式，在安全模式下启动计算机时不容易启动病毒。把系统启动至安全模式下，使 Windows 只加载最基本的驱动程序，这样杀起病毒来就会更彻底、更干净了。

5. 杀毒

“360 杀毒”软件的病毒扫描分为全盘扫描和快速扫描。其中，全盘扫描将对系统中的每一个文件进行一遍彻底检查，花费的时间由硬盘的大小以及文件的数量来决定，硬盘越大扫描的时间越多。而快速扫描是只扫描病毒容易入侵的地方，扫描进程以及系统关键目录（如系统盘中的 Windows 目录），扫描速度快，用时较短。当用户已确定计算机感染病毒的情况下，建议选择全盘扫描，如图 10.1.8 所示。

6. 清除病毒

在扫描结束后，如果扫描出病毒，则单击“立即处理”按钮，如图 10.1.9 所示。

图 10.1.8　使用“360 杀毒”软件对计算机进行全盘扫描

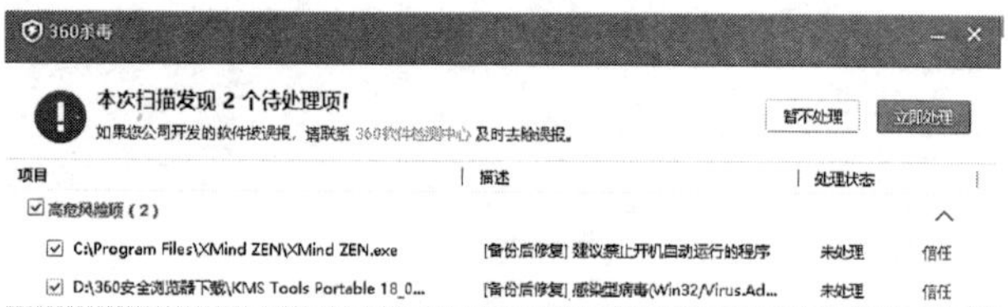

图 10.1.9　处理扫描出的病毒

评价反馈

1. 判断题

（1）编写病毒程序并向他人计算机传播不违法。　（　　）

（2）计算机病毒是一种细菌性病毒，可以用酒精消毒。　（　　）

（3）计算机病毒可以寄生在正常程序中，跟随正常程序一起运行。　（　　）

2. 思考题

（1）为什么病毒会层出不穷？

（2）为什么苹果系统和 Linux 系统中的病毒要比 Windows 系统中的病毒数量少很多？

任务 10.2　防范病毒

学习目标

您完成本学习任务后，应当能够：

（1）了解导致计算机病毒感染的人为因素；

（2）掌握如何预防计算机病毒感染。

任务描述

小海刚买了一台新计算机，为防止计算机病毒入侵，他需要采取一些防范措施。

任务分析

实践证明，提前做好防范措施，可以有效地减少计算机病毒入侵的机会。病毒入侵计算机也符合“费斯汀格法则”，即 10%的中毒是我们无法掌控的，90%的中毒是由我们对病毒的认识和反应所决定的。如果不懂病毒或者缺乏防范病毒的措施，则计算机中毒的几率较高。

经过查阅计算机病毒防范相关资料，制定防范病毒的思路，如图 10.2.1 所示。

图 10.2.1　防范病毒的思路

任务导学

美国社会心理学家费斯汀格（Festinger）有一个很出名的判断，被人们称为“费斯汀格法则”：生活中的 10%是由发生在你身上的事情组成的，而另外的 90%则是由你对所发生的事情如何反应所决定的。换言之，生活中有 10%的事情是我们无法掌控的，而另外的 90%却是我们能掌控的。

费斯汀格法则事例　王先生早上起床后洗漱时，随手将自己的高档手表放在洗漱台边，妻子怕被水淋湿了，就随手拿过去放在餐桌上。儿子起床后到餐桌上拿面包时，不小心将手表碰到地上摔坏了。王先生很疼爱手表，因此就把儿子揍了一顿，然后黑着脸骂了妻子一通。

妻子不服气，说是怕水把手表打湿才拿过来的，王先生说他的手表是防水的，于是二人猛烈地斗嘴起来。一气之下王先生早餐也没有吃，直接开车去了公司，快到公司时突然想起忘了拿公文包，又立刻返回家。可是家中没有人，妻子上班去了，儿子上学去了，王先生的钥匙留在公文包里，他进不了门，只好打电话向妻子要钥匙。妻子慌慌张张地往家赶时，撞翻了路边的水果摊，摊主拉住她不让她走，要她赔偿，她不得不赔了一笔钱才摆脱。等王先生拿到公文包到单位后，他已迟到了 15 分钟，挨了领导一顿严厉批评，王先生的心情坏到了极点。下班前又因一件小事，跟同事吵了一架。妻子也因早退被扣除当月全勤奖，儿子这天参加棒球赛，原本夺冠有望，却因心情不好发挥不佳，第一局就被淘汰了。

在这个事例中，王先生的手表被摔坏是其中的10%，后面的一系列事情就是另外的90%。

10.2.1　计算机感染病毒的因素

1．不规范的网络操作

不规范的网络操作可能导致计算机感染病毒，其主要途径包括浏览不安全网页、下载被病毒感染的文件或软件、接收被病毒感染的电子邮件、打开即时通信工具中已被病毒感染的文件和链接地址等。

2．使用不熟悉的存储介质

使用来历不明的硬盘或者优盘，容易使自己的计算机感染病毒。

10.2.2　防止计算机感染病毒的有效措施

1．从管理方法上进行预防

（1）尽量不使用来历不明的存储介质。

（2）规范使用优盘操作。在使用外来优盘时，应该首先使用杀毒软件检查是否有病毒，确认无病毒后再使用。

（3）谨慎下载与接收电子邮件和文件。

（4）不要轻易让他人使用自己的计算机系统。

（5）对于重要的系统盘、数据盘以及硬盘上的重要文件，内容要经常备份。

（6）经常利用病毒检测软件，对硬盘做相关检测。

（7）遵守网络软件的使用规定，不要下载或使用未经检查的外来软件。

2．采用技术手段预防计算机病毒的感染

（1）采用一定的技术措施，如安装防病毒软件、防火墙、杀毒软件等，预防计算机病毒的入侵。

（2）经常升级杀毒软件以及防病毒软件。

实施步骤

1．安装杀毒软件

参照任务 10.1 中安装杀毒软件的步骤来操作。

2．安装防护软件

（1）可以选择下载“360 安全卫士”。打开网址“http://weishi.360.cn”，下载“360 安全卫士”软件，如果网络连接情况较好，可选择直接下载安装；如果网络连接情况不好，或需要安装到其他没有联网的电脑上，可选择下载离线安装包，如图 10.2.2 所示。

（2）安装“360 安全卫士”。双击运行安装包，单击“立即升级”按钮，如图 10.2.3 所示；安装结束后，会自动启动“360 安全卫士”，如图 10.2.4 所示。

图 10.2.2　下载“360 安全卫士”

图 10.2.3　开始安装“360 安全卫士”

3．定期升级软件

单击“360 安全卫士”界面的“软件升级”按钮，在弹出的“发现新版本”对话框中，选择要升级的版本，如图 10.2.5 所示，单击“确定”按钮，“360 安全卫士”升级开始。

图 10.2.4　启动“360 安全卫士”

图 10.2.5　升级“360 安全卫士”

4．定期扫描系统

用“360 安全卫士”对计算机系统定期进行扫描，单击“立即体检”按钮，如图 10.2.6 所示。

在“360 安全卫士”扫描结束后，会显示扫描结果，单击“一键修复”按钮，如图 10.2.7 所示，对计算机系统进行修复。

5．及时安装系统补丁

可以使用“360 安全卫士”的系统修复功能，修复计算机的系统漏洞与简单的系统故障，如图 10.2.8 所示。

6．设置复杂的系统密码

（1）打开自己的计算机后，选择“开始”→“控制面板”菜单命令，如图 10.2.9 所示。

图 10.2.6　使用“360 安全卫士”进行扫描

图 10.2.7　使用“360 安全卫士”的“一键修复”功能

图 10.2.8　使用“360 安全卫士”修复系统漏洞

图 10.2.9　“控制面板”命令

（2）在打开的“控制面板”中选择“用户账户”命令，如图 10.2.10 所示。

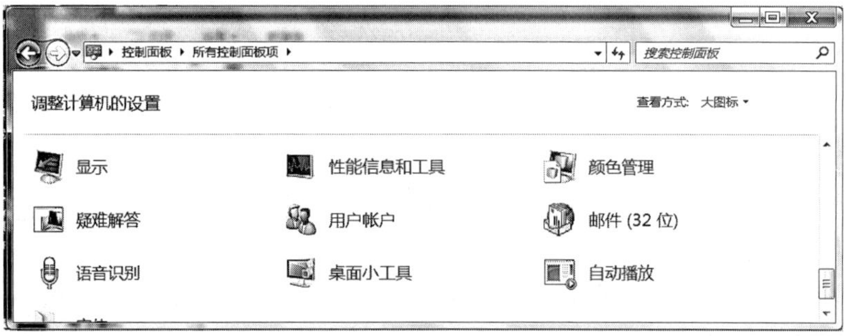

图 10.2.10　选择“用户账户”

（3）在弹出的窗口中选择“更改密码”命令，如图 10.2.11 所示。

（4）输入原密码和新设置的密码，单击“更改密码”按钮，如图 10.2.12 所示。

7．及时备份文件

对操作系统以及重要文件进行备份，存储在优盘、光盘等介质中。

图 10.2.11　“更改密码”命令

图 10.2.12　修改密码界面

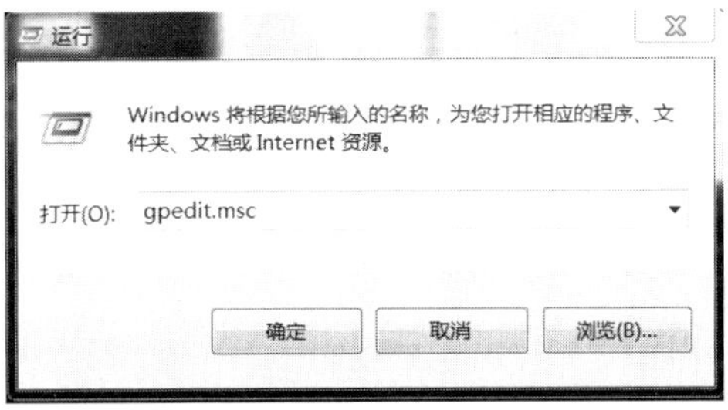

图 10.2.13　运行“gpedit.msc”命令

8．对外存中的文件要先查后用

使用优盘等移动介质中存储的文件，要先查毒和杀毒后使用。为保证优盘的规范使用，可以先禁止优盘的自动播放功能，当优盘插入计算机时，再手动对优盘进行查毒。操作如下：

（1）在“开始”菜单的搜索框中输入“运行”并按回车键，或者按“Windows+R”组合键，打开“运行”对话框，如图 10.2.13 所示，输入“gpedit.msc“，单击“确定”按钮。

（2）在打开的“本地组策略编辑器”对话框中，选择“计算机配置”→“管理模板”→“Windows 组件”命令，在右侧窗格中找到“自动播放策略”，如图 10.2.14 所示。

（3）双击“自动播放策略”命令项，在其右侧窗格中双击“关闭自动播放”命令项，如图 10.2.15 所示。

（4）在弹出的“关闭自动播放”对话框中，选择“已启用”单选项，在“关闭自动播放”选项中选择“所有驱动器”，单击“确定”按钮，如图 10.2.16 所示。优盘以后插入计算机后就无法自动播放了。

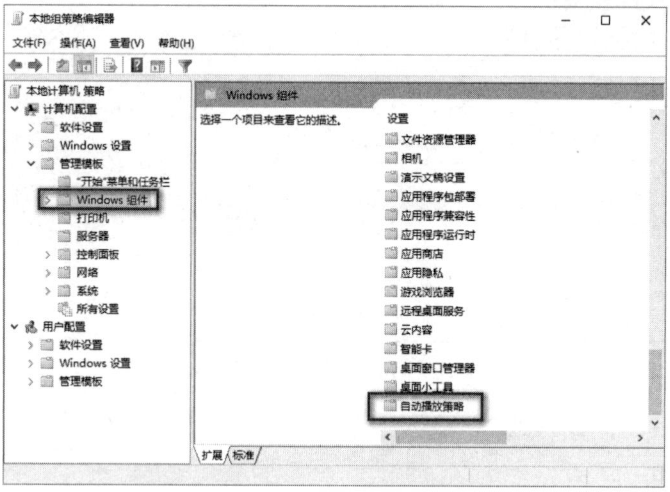

图 10.2.14　双击“自动播放策略”命令项

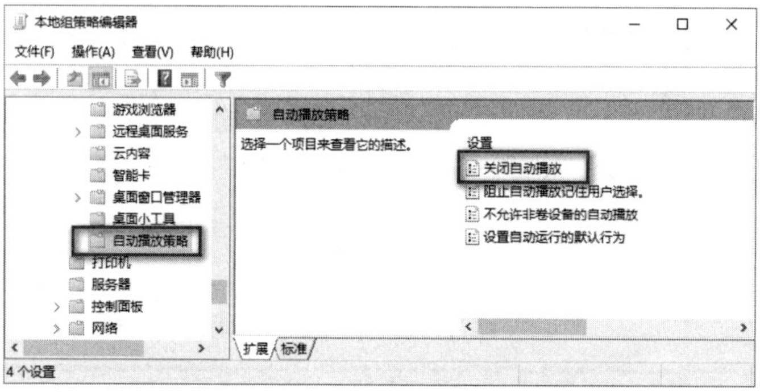

图 10.2.15　双击“关闭自动播放”命令项

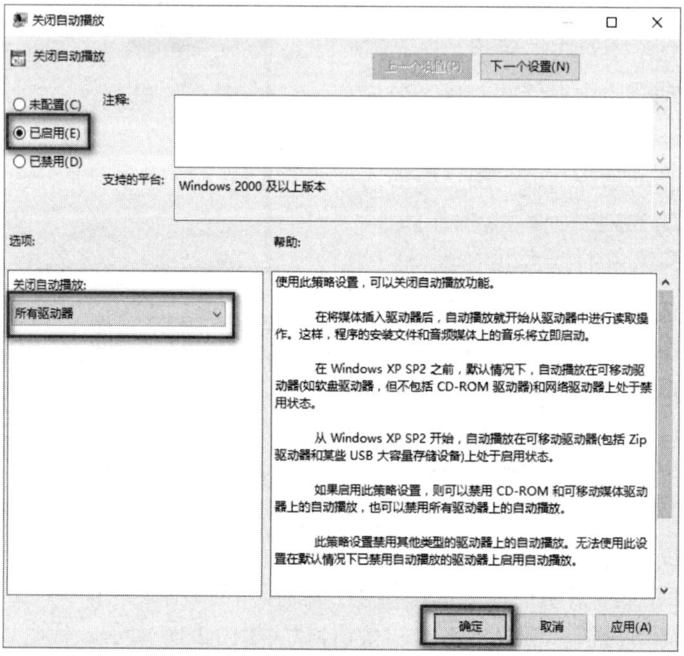

图 10.2.16　“关闭自动播放”对话框

（5）当优盘插入计算机的 USB 口后，在“计算机”窗口中选择优盘后右击，在弹出的快捷菜单中选择“使用 360 杀毒扫描”命令，进行优盘查毒，确定无病毒后再打开优盘使用，如图 10.2.17 所示。

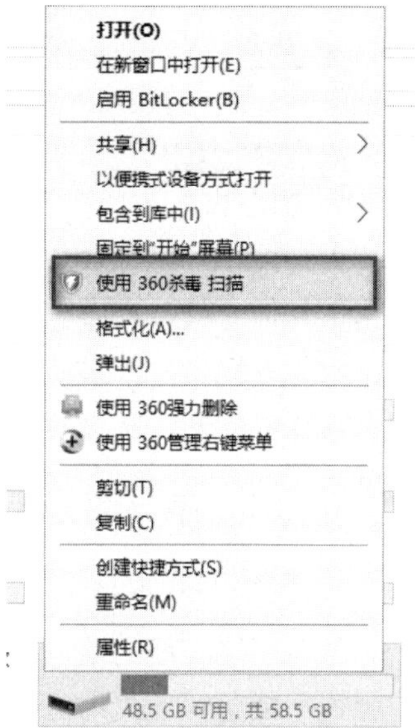

图 10.2.17　对优盘手动查毒

评价反馈

1．选择题

（1）下列操作中可能使计算机感染病毒的操作是（　　）。

A．强行拔掉优盘

B．删除文件

C．强行关闭计算机

D．拷贝他人优盘上的游戏

（2）若发现优盘已经感染病毒，则正确的做法是（　　）。

A．将该优盘报废

B．换一台计算机继续使用该优盘

C．将该优盘文件复制到另一个优盘上使用

D．用杀毒软件清除该优盘病毒或在确认无病毒的计算机上格式化该优盘

2．思考题

对于计算机病毒而言，总是先有病毒、后有对应的杀毒方法，如何从根本上杜绝病毒的产生？

任务 10.3　防范木马

学习目标

您完成本学习任务后，应当能够：

（1）理解计算机木马的定义；

（2）了解计算机木马病毒的特征与类型；

（3）分析病毒入侵的途径，并制定防范措施。

任务描述

小海刚买了一台新计算机，听说木马病毒也很厉害，为防止木马病毒入侵计算机，要做一些防范措施。

任务分析

实践证明，提前做好防范和处理，可以有效地阻止木马病毒入侵。经过查阅计算机木马防范的相关资料，制定防范木马的思路，如图 10.3.1 所示。

图 10.3.1　防范木马思路

任务导学

木马也是一种计算机病毒，但与前面介绍的计算机病毒有些不同，它不会自我繁殖，也不感染其他文件，而是通过将自身隐藏在正常程序中运行，通过具有特殊功能的恶意代码向施种木马者提供打开被种者计算机的后门，使施种者（俗称为黑客）可以任意毁坏、窃取被种者计算机的密码和文件等，甚至远程操控被种者的计算机。

10.3.1　木马的分类

1. 网络游戏木马

随着网络在线游戏（简称网游）的普及和升温，我国拥有规模庞大的网游玩家。网游中的金钱、装备等虚拟财富与现实财富之间的界限越来越模糊。与此同时，以盗取网游账号、密码为目的的木马病毒也随之发展泛滥起来。网游木马通常采用记录用户键盘输入等多种形式获取用户的密码和账号。窃取到的信息一般通过发送电子邮件或向远程脚本程序提交的方式发送给施种木马者。网游木马的种类和数量，在国产木马病毒中是首屈一指的。流行的网络游戏无一不受网游木马的威胁。一款新游戏正式发布后，往往在一到两个星期内，就会有相应的木马程序被制作出来。大量的木马生成器和黑客网站对木马及相关程序的公开销售也是网游木马泛滥的原因之一。

2. 网银木马

网银木马是针对网上交易系统编写的木马病毒，其目的是盗取用户的银行卡号、密码，甚至安全证书。此类木马的种类数量虽然比不上网游木马，但它的危害更加直接，受害用户的损失更加惨重。网银木马通常针对性较强，施种木马者可能首先对某银行的网上交易系统进行仔细分析，然后针对安全薄弱环节编写病毒程序。如 2004 年的“网银大盗”病毒，在用户进入工商银行网银登录页面时，会自动把页面换成安全性能较差、但依然能够运转的老版页面，然后记录用户在此页面上填写的银行卡号和密码；“网银大盗 3”利用招商银行网银专业版的备份安全证书功能，可以盗取安全证书；2005 年的“新网银大盗”，采用 API Hook 等技术干扰网银登录安全控件的运行。随着我国网上交易的普及，受到外来网银木马威胁的用户在不断增加，需要引起大家的警惕与预防。

3. 通信软件木马

国内的即时通信软件百花齐放，有微信、QQ、钉钉等，网上聊天的用户群十分庞大。常见的即时通信类木马一般有以下三种。

（1）发送消息型木马。通过即时通信软件自动发送含有恶意网址的消息，目的在于让收到消息的用户单击网址中毒，用户中毒后又会向更多好友发送病毒消息。此类病毒的常用技术是搜索聊天窗口，进而控制该窗口自动发送文本内容。发送消息型木马常常充当网游木马的广告，如“武汉男生 2005”木马，可以通过 QQ、新浪 UC 等多种聊天软件发送带毒网址，其主要功能是盗取传奇游戏的账号和密码。

（2）盗号型木马，其主要目标在于窃取即时通信软件的登录账号和密码。工作原理和网游木马类似。木马施种者盗得到他人账号后，可能偷窥聊天记录等隐私内容，或将账号卖掉。

（3）传播自身型木马。2005 年初，“MSN 性感鸡”木马通过 MSN 进行传播，用户运行好友发来的带毒文件后会释放一个后门程序，从而感染和控制计算机。随后推出的 MSN 新版本就禁止用户传送可执行文件。2005 年上半年，“QQ 龟”和“QQ 爱虫”这两个国产木马病毒通过 QQ 聊天软件发送自身进行传播，感染的用户数量极大。从技术角度分析，发送文件类的 QQ 蠕虫是以前发送消息类 QQ 木马的进化，采用的基本技术都是搜寻到聊天窗口后，对聊天窗口进行控制，来达到发送文件或消息的目的。只不过发送文件的操作比发送消息复杂很多。

4. 网页点击类木马

网页点击类木马会恶意模拟用户点击广告等动作，在短时间内可以产生数以万计的点击量。木马施种者的木马编写目的一般是为了赚取高额的广告推广费用。此类木马病毒的技术简单，一般只是向服务器发送 HTTP GET 请求。

5. 下载类木马

这种木马程序的体积一般很小，其功能是从网络上下载其他病毒程序或安装广告软件。由于体积很小，下载类木马更容易传播，传播速度也更快。通常功能强大、体积也很大的后门类病毒，如“灰鸽子”“黑洞”等，传播时都单独编写一个小巧的下载类木马，用户中毒后会把后门主程序下载到本机运行。

6. 代理类木马

用户感染代理类木马后，会在本机开启 HTTP、SOCKS 等代理服务功能。黑客把受感染计算机作为跳板，以被感染用户的身份进行黑客活动，达到隐藏自己的目的。

10.3.2 计算机感染木马后的常见症状

（1）出现与系统现有文件类似的文件名或进程名。

（2）运用“msinfo32.exe”，发现有不明键值。

（3）有可疑进程访问网络。

（4）有若干“rundll32.exe”进程。

10.3.3 木马的传播方式

（1）通过邮件附件、程序下载等形式传播。不要随意使用来历不明的程序，因为可能被修改过含有木马。

（2）通过伪装网页登录过程，骗取用户信息进而传播木马。

（3）通过攻击系统安全漏洞传播木马。现在有大量的黑客使用专门的黑客工具来传播木马。

实施步骤

1. 启用系统防火墙

（1）选择“开始”→“控制面板”命令，在打开的对话框中找到“Windows 防火墙”命令项。如果打开“控制面板”后找不到，可以单击右上角的“查看方式”，选择“大图标”，就会显示“Windows 防火墙”，如图 10.3.2 所示。

图 10.3.2 “Windows 防火墙”命令

（2）单击“Windows 防火墙”命令项，打开防火墙界面如图 10.3.3 所示。

图 10.3.3 防火墙界面

（3）在左边列表中单击“打开或关闭 Windows 防火墙”命令项，在打开的防火墙设置界面中分别在两个选项下面选择“启用 Windows 防火墙”单选项，单击“确定”按钮，完成防火墙的开启操作，如图 10.3.4 所示。

2. 启动防护软件

启动“360 安全卫士”的木马查杀功能。

图 10.3.4　开启系统自带防火墙

3. 及时升级软件

及时升级防护软件，确保防护软件为最新版本。

4. 定期扫描系统

定期用防护软件扫描计算机系统。

5. 及时安装系统补丁

及时安装 Windows 操作系统的补丁，防止漏洞被木马利用。

6. 拒绝陌生文件

不打开陌生邮件附件、程序下载地址等。不随意使用来历不明的程序，尽量从官网进行应用程序下载。

7. 辨别伪装网站

访问网站时，要仔细辨认是否有伪装网页。

评价反馈

1. 判断题

木马是一种计算机病毒。（　　）

2. 思考题

病毒和木马有什么区别？

项目 11 多媒体应用

思维导图

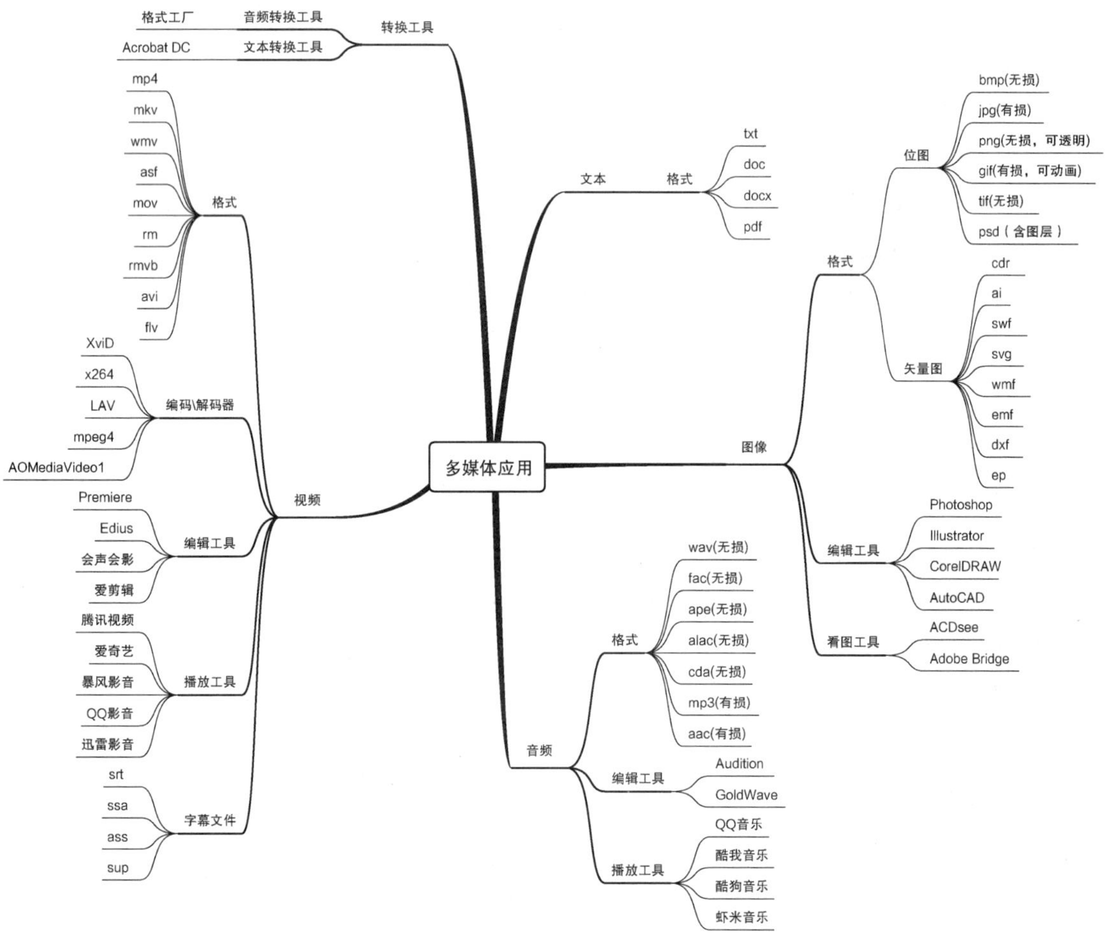

多媒体（Multimedia）是多种媒体的综合，一般包括文本、图像、声音、动画、视频等多种媒体形式。当前是一个读图的时代，也是一个富媒体的时代，多媒体可以让信息传递得更加有效。

任务 11.1　修改 PDF 文件

扫一扫看常用文档阅读工具微视频

学习目标

您完成本学习任务后，应当能够：

（1）熟悉 PDF 格式文件；

（2）掌握 PDF 格式与其他格式文件的转换方法；

（3）掌握修改 PDF 文件的方法。

任务描述

公司市场部总监拿着一个宣传产品的 PDF 文件向小海求助，此文件准备在一个小时后正式向媒体发布，刚发现文件中有一处明显的价格错误急需修正，但原文件已删除了，需要修改的数字为图 11.1.1 所示表中第 4 列第 3 行的“2460”，准确单价为“3150”。

海南悠悠科技有限公司产品报价表

单位：元

序号	产品名称	型　　号	单价	备注
1	办公软件	MS Office 2010 中文 64 位	2 000.00	
2	操作系统	Windows 7 旗舰版 64 位	2 460.00	
3	云盘	360 云盘，1 年，100 GB	99.00	

图 11.1.1　需要修改的 PDF 文件

任务分析

很多人认为 PDF 文件只能阅读不能修改，小海经过对 PDF 格式文件进行研究学习后，认真分析图 11.1.1 所示的 PDF 文件，发现文件中的文字清晰端正，放大后也不失真，应该是由文本编辑工具直接生成的 PDF 文件，于是计划选用 Adobe Acrobat Pro DC 软件进行修改，并制定如图 11.1.2 所示的工作思路。

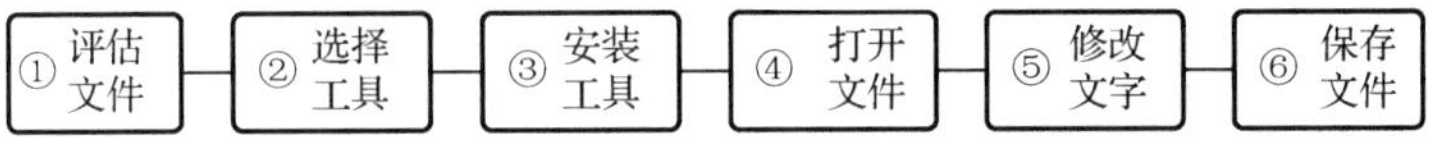

图 11.1.2　修改 PDF 文件的工作思路

任务导学

11.1.1　制作 PDF 文件的常用方法

PDF 是当前比较流行的一种文件格式，此文件格式是 Adobe 公司开发的电子文件格式，可以将文字的字号、字形、格式、颜色及图形图像等封装在一个文件中。PDF 文件格式与操作系统平台无关，可以不依赖操作系统的语言和字体以及显示设备，因此越来越多的电子文档、产品说明、公司文告、网络资料、电子邮件等开始使用 PDF 格式文件，它的常用制作方法如下。

1. 用 Microsoft Word 制作 PDF 文件

在 Microsoft Word 中将文件编辑完成后，选择“文件”→“另存为”命令，在弹出的“另存为”对话框中选择“保存类型”为“PDF（*.pdf）”，即可将文件保存为 PDF 格式，如图 11.1.3 所示。

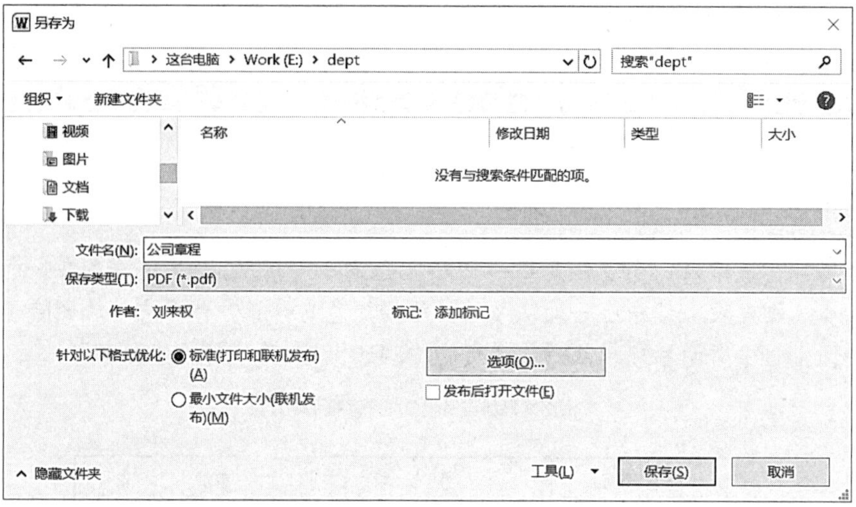

图 11.1.3 用 Microsoft Word 制作 PDF 格式文件

2. 用 WPS 制作 PDF 文件

在 WPS 中将文件编辑完成后，选择“文件”→“另存为”命令，在弹出的“另存为”对话框中选择“保存类型”为“PDF（*.pdf）”，即可将文件保存为 PDF 格式，如图 11.1.4 所示。

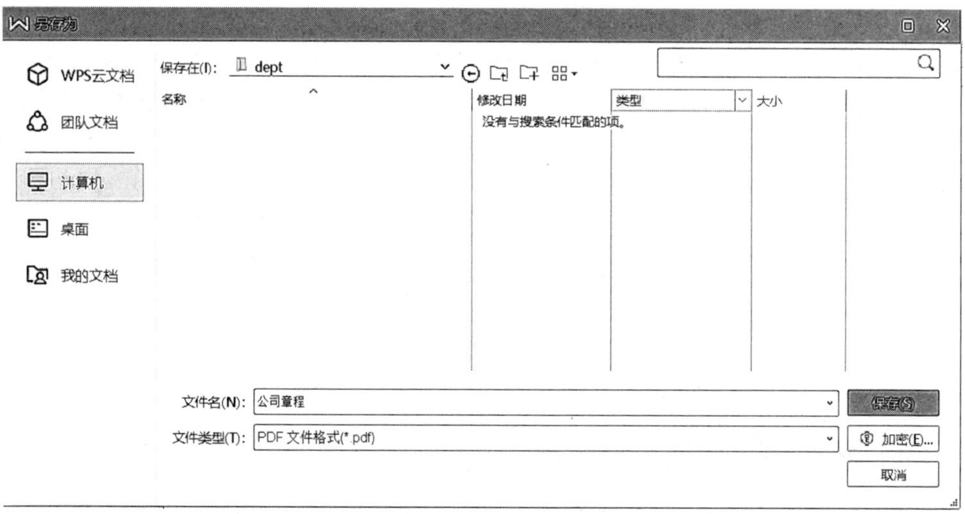

图 11.1.4 用 WPS 制作 PDF 格式文件

3. 用 PDF 虚拟打印机制作 PDF 文件

为计算机安装 PDF 打印机软件，在计算机中即出现与普通打印机类似的虚拟打印机，如图 11.1.5 所示。这时任何可以被打印的文件或页面均可通过“PDF 打印机”打印文件，出现“另存 PDF 文件为”对话框，如 Word 文件、PPT 文件、网页文件等均可打印为 PDF 文件，如图 11.1.6 所示。

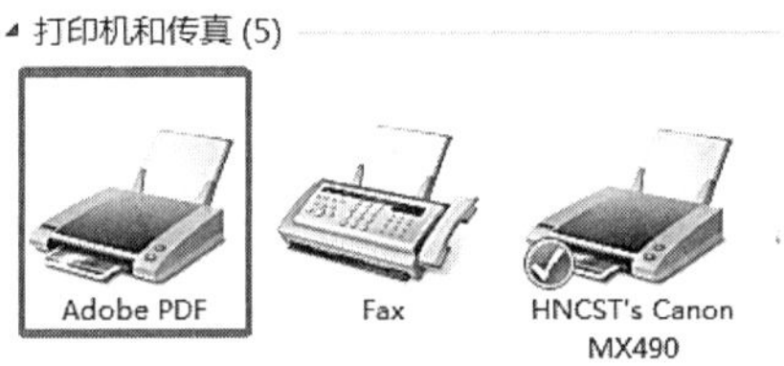

图 11.1.5　PDF 虚拟打印机

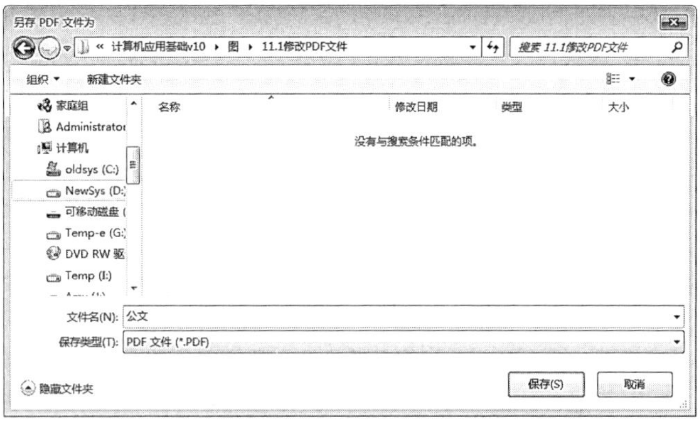

图 11.1.6　用 PDF 打印机制作 PDF 文件

4. 用 Adobe Photoshop 制作 PDF 文件

在 Adobe Photoshop 软件中编辑图片完成后，选择“文件”→“另存为”命令，在弹出的“另存为”对话框中选择“格式”为“Photoshop PDF（*.PDF;*.PDP）”，即可将文件保存为 PDF 格式，如图 11.1.7 所示。

图 11.1.7　用 Photoshop 制作 PDF 格式文件

5. 用 Adobe Acrobat Pro DC 制作 PDF 文件

在 Adobe Acrobat Pro DC 软件中，可以通过“文件”→“创建”命令将多种文件混合制作为 PDF 格式文件，如图 11.1.8 所示。

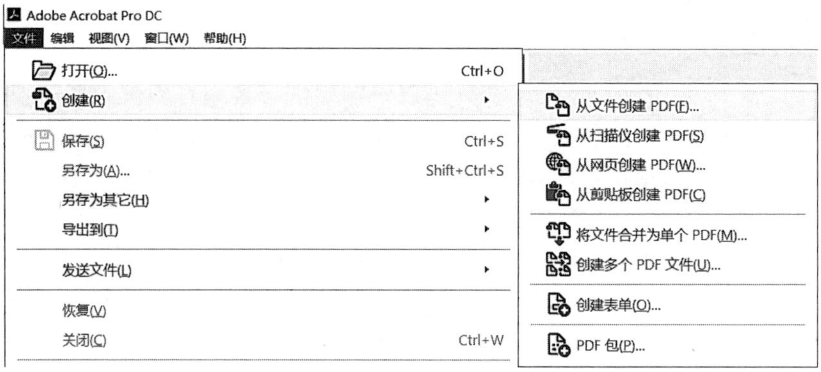

图 11.1.8 用 Adobe Acrobat Pro DC 创建 PDF 格式文件

11.1.2 阅读和修改 PDF 文件

PDF 文件作为当前比较流行的文件格式，可以用 Adobe Reader、浏览器、Foxit Reader、Adobe Acrobat Pro DC 等很多工具来阅读。

目前 Acrobat Pro DC 提供了对 PDF 文件的全面支持，包括创建 PDF、合并文件、编辑 PDF、组织页面、保护、导出文件等功能。打开文件后，单击“工具”选项卡工具栏的“编辑 PDF”按钮，如图 11.1.9 所示，可使 PDF 文件的当前页面进入编辑状态，如图 11.1.10。

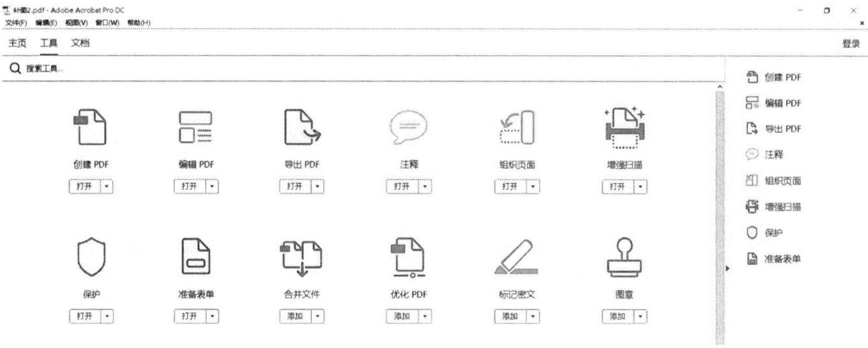

图 11.1.9 单击“编辑 PDF”按钮

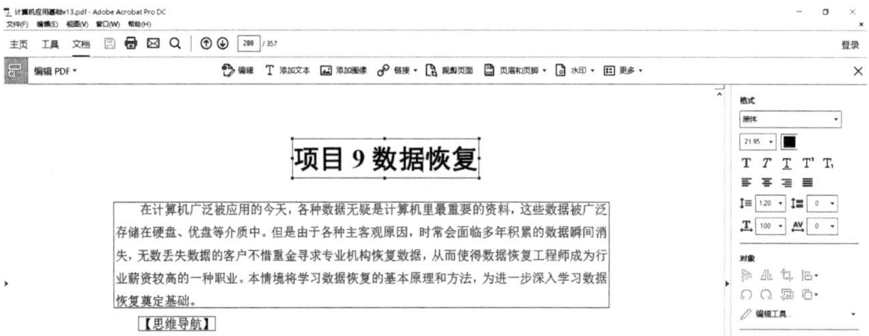

图 11.1.10 进入编辑状态的 PDF 文件

11.1.3 PDF 文件转为其他格式

PDF 文件相对于原文件不是完全可逆的，但是可以在一定程度上进行还原。还原程度取决于 PDF 文件对于各种元素特征保留的程度，如文本通过文本编辑软件直接生成 PDF 文件的还原程度就比较高，如文本打印后又扫描为 PDF 文件的还原程度就比较低。常见的 PDF 与其他格式互转工具很多，如“金山 PDF 转 Word”“Adobe Acrobat Pro DC”等，如图 11.1.11 是“金山 PDF 转 Word”工作界面。

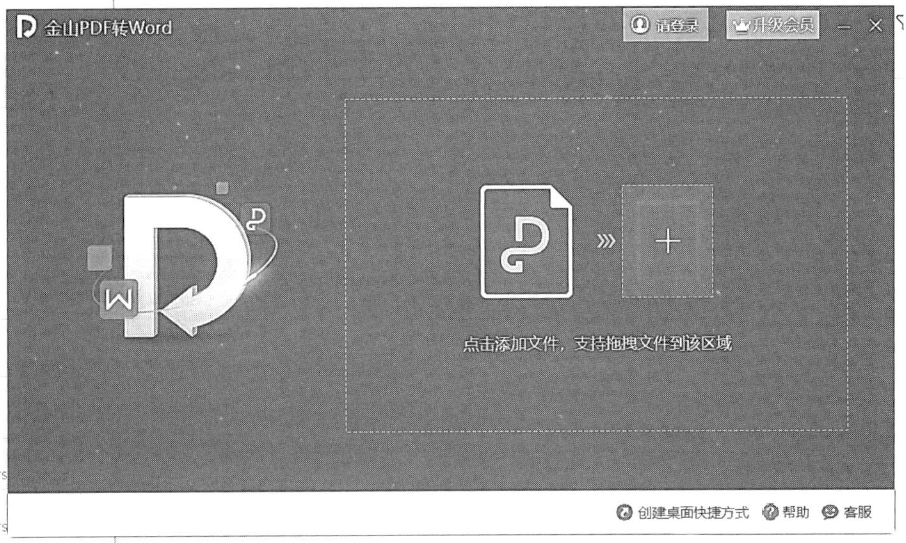

图 11.1.11　“金山 PDF 转 Word”工作界面

在 Adobe Acrobat Pro DC 中将需要转换格式的 PDF 文件打开，然后选择“文件”→“导出到”菜单命令，即可将 PDF 文件转换为所需的文件格式，如图 11.1.12 所示。

图 11.1.12　Adobe Acrobat Pro DC 转换 PDF 文件的格式

实施步骤

（1）评估文件。经过对图 11.1.1 所示 PDF 文件进行认真检查，认为该文件是由 Word 文件直接保存为 PDF 文件产生的，各种文字工整清晰。

（2）选择工具。首选 Adobe Acrobat Pro DC，该工具可以对图 11.1.1 所示 PDF 文件进行编辑。

（3）安装工具。从网络获取正版 Adobe Acrobat Pro DC，并安装。

（4）打开文件。启动 Adobe Acrobat Pro DC，选择“文件”→“打开”命令，打开“素材:\项目 11\任务 11.1\海南悠悠科技有限公司产品报价表.pdf”文件，如图 11.1.13 所示。

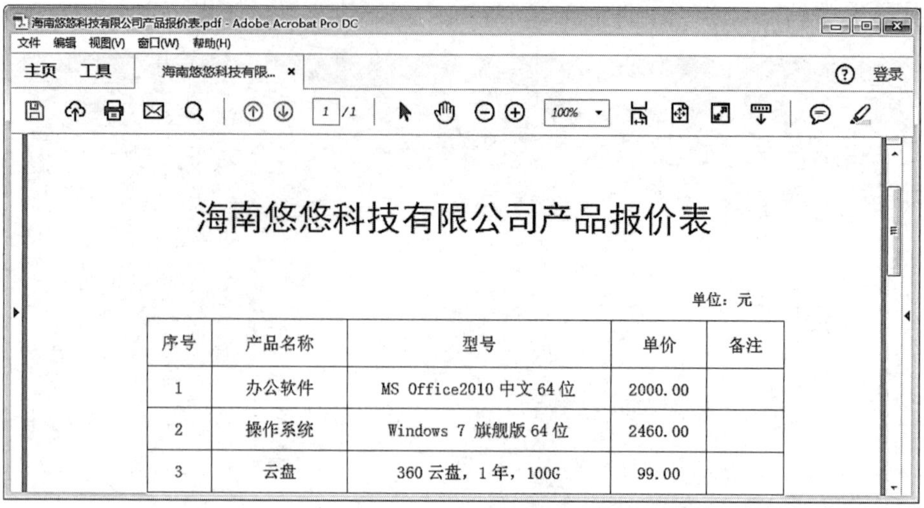

图 11.1.13　打开“海南悠悠科技有限公司产品报价表”文件

（5）修改文字。选择“编辑”→“编辑文本和图像”命令，PDF 文件中的文本进入可编辑状态，将第 4 列第 3 行的“2460”修改为“3150”，如图 11.1.14 所示。

图 11.1.14　PDF 文件中的文本进入可编辑状态

（6）保存文件。选择“文件”→“保存”命令，即完成对文件修改的保存。

拓展训练

序号	难度	项　目	要　求
1	*	将网页保存为 PDF 文件	打开“http://www.moe.gov.cn/”，将此页面保存为 PDF 文件
2	**	将 PDF 文件恢复为 Word 文件	将“素材:\项目 11\任务 11.1\公文.pdf”转为 Word 文件

评价反馈

1. 判断题

（1）PDF 文件不可编辑。　（　）

（2）PDF 文件可以用 Microsoft Word 打开编辑。　（　）

（3）图片、文字、网页、PPT 文件、Excel 文件都可以转换为 PDF 文件。　（　）

2. 思考题

为什么 PDF 文件比较流行？

任务 11.2　调整相片尺寸

扫一扫看常用图形图像工具微视频

学习目标

您完成本学习任务后，应当能够：

（1）理解像素的概念；

（2）掌握利用 Photoshop 调整相片尺寸的方法；

（3）掌握利用 Photoshop 压缩相片的方法。

任务描述

小海的同事要参加国家级考试，根据报名规则，要求通过网络上传头像相片，图像的高为 192 像素、宽为 144 像素，采用 jpg 格式，文件不超过 20 KB。

任务分析

利用照相机拍摄的相片是位图，即由一个一个的像素组成。编辑位图常用的工具有 Adobe Photoshop、画图等工具。Adobe Photoshop 提供了许多位图处理工具，其中就包括相片尺寸裁剪、格式转换、压缩等。

根据本任务的具体要求，选用 Adobe Photoshop 作为工具，具体思路如图 11.2.1 所示。

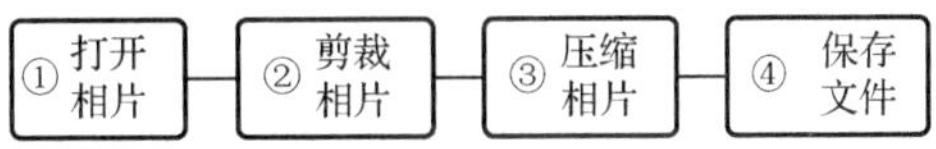

图 11.2.1　调整相片尺寸的思路

任务导学

11.2.1　像素

像素（pixel）是构成位图的最小单位，是由单一颜色的小方格图像组成的，无数个小方格颜色和位置就决定该图像所呈现出来的样子，如图 11.2.2 所示。不管多么绚丽多彩的相片，都是由一个一个的像素组成的。每一个位图包含一定量的像素，这些像素决定图像在屏幕上所呈现的清晰度，也决定存放该图像文件的大小。

图 11.2.2　像素

11.2.2　分辨率

图像的分辨率指图像中存储的信息量，是每英寸图像内有多少个像素点，分辨率的单位为 PPI（Pixels Per Inch），通常叫做像素每英寸。在平面设计中，图像的宽、高尺寸和分辨率一起决定了图像文件的大小及图像质量。比如，一幅图像宽 8 英寸、高 6 英寸，分辨率为 100 PPI，如果保持图像文件的大小不变，也就是总的像素数不变，将分辨率降为 50 PPI，在宽高比例不变的情况下，图像的宽将变为 16 英寸、高将变为 12 英寸。打印输出变化前后的这两幅图，就会发现后者的幅面是前者的 4 倍，但图像质量下降了许多。

实施步骤

（1）打开相片。用 PhotoShop 打开原图。

（2）剪裁相片。选择裁剪工具，设置裁剪属性的宽度和高度比例为 144px:192px，如图 12.2.3 所示，用剪裁工具对原相片进行剪裁，如图 11.2.4 所示，双击即可完成相片剪裁。

图 11.2.3　剪裁属性设置

（3）压缩相片。选择“文件”→“存储为 Web 和设备所用格式”，在打开的窗口中选择 jpg 格式，通过调整“品质”参数，观察相片右下角的尺寸，当相片图像大小略低于 20 KB，即可保存文件，如图 11.2.5 所示。

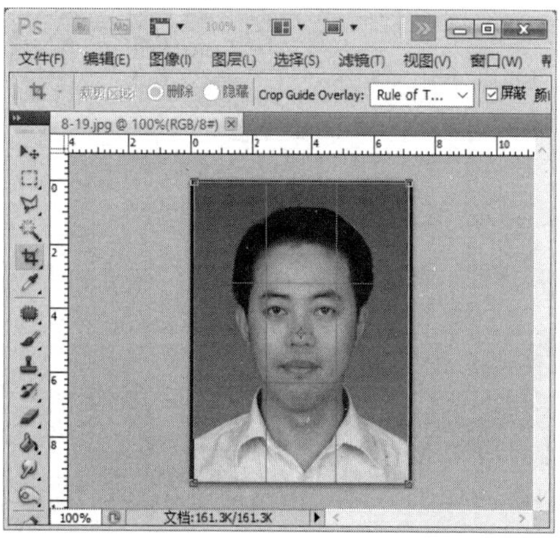

图 11.2.4　剪裁相片

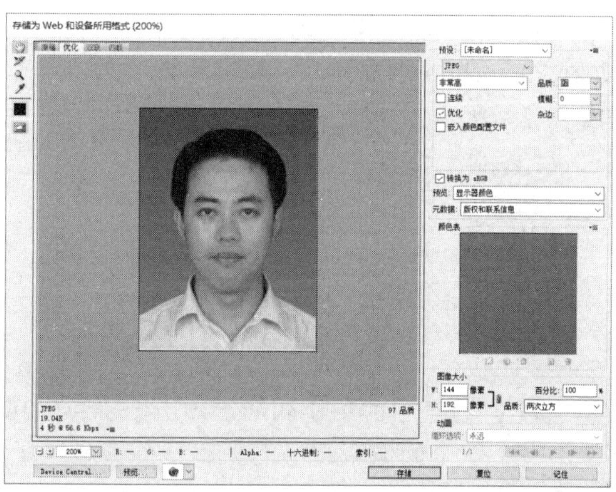

图 11.2.5　压缩相片

拓展训练

序号	难度	项　目	要　求
1	**	更换相片背景	将自己现有证件照背景更换为蓝色或红色

评价反馈

1. 判断题

（1）毕业证、身份证、护照的相片要求都一样。（　）

（2）60 KB 的相片一定比 20 KB 的相片要清晰。（　）

2. 思考题

（1）为什么各种证件照的尺寸规格各不相同？

（2）为什么在网络上提交的证件照要限制大小？

（2）为什么证件照不是矢量图？

任务 11.3　切换视频中的英文字幕

扫一扫看常用影音播放工具微视频

学习目标

您完成本学习任务后，应当能够：

（1）熟悉常见的视频格式；

（2）熟悉常见的视频播放软件；

（3）理解视频与字幕的关系；

（4）掌握切换字幕的方法。

任务描述

小海虽然是专科毕业，但是根据《教育部关于印发<2019 年全国硕士研究生招生工作管理规定>的通知》（教学〔2018〕5 号）中“获得国家承认的高职高专毕业学历后满 2 年（从毕业后到录取当年 9 月 1 日）或 2 年以上的人员，以及国家承认学历的本科结业生，符合招生单位根据本单位的培养目标对考生提出的具体学业要求的，按本科毕业同等学力身份报考。”小海准备好好学习英语，备考全国硕士研究生。刘老师推荐他看电影学英语，即通过看英文字幕的电影等视频，学习地道英语，但小海发现网上的视频大多是双语字幕。

任务分析

当前有很多影视文件的视频和字幕是分开的，即单独视频文件和字幕文件，利用可以加载字幕文件的播放器在播放视频的同时加载字幕，可实现中英文字幕的灵活选择。也有一些影视文件本身内嵌了无法更改的字幕，就无法利用字幕文件替换了，只能简单叠加。

常见的视频文件格式有 mkv、mp4、wmv、asf、asx、rm、rmvb、mov、avi、flv 等，常见的视频播放器有腾讯视频、爱奇艺、暴风影音、QQ 影音、迅雷影音等，常见的字幕文件格式有 srt、ssa、ass、sup 等。以 “Beautiful Hainan Island” 视频为例，切换视频中英文字幕的具体工作思路如图 11.3.1 所示。

①获取无字幕版视频 — ②获取英文字幕文件 — ③用播放器打开视频 — ④打开字幕文件 — ⑤检查同步

图 11.3.1　切换视频中英文字幕的思路

实施步骤

（1）获取无字幕版视频，通过网络获取无字幕的视频“Beautiful Hainan Island”，如图 11.3.2 所示。

（2）获取英文字幕文件。通过网络下载视频 “Beautiful Hainan Island” 的英文字幕，字幕文件如图 11.3.3 所示。

图 11.3.2　无字幕的视频 “Beautiful Hainan Island”

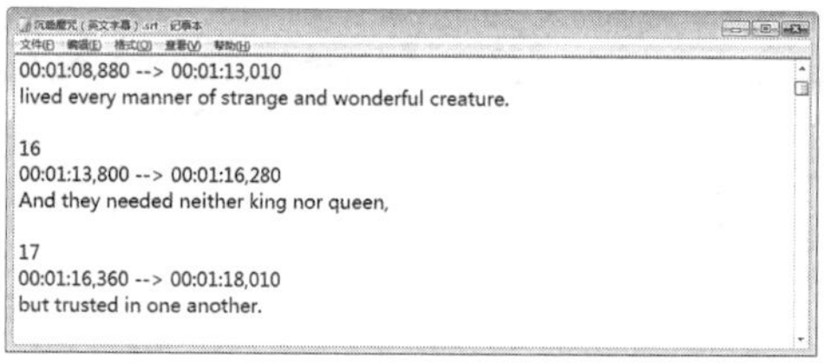

00:01:08,880 --> 00:01:13,010
lived every manner of strange and wonderful creature.

16
00:01:13,800 --> 00:01:16,280
And they needed neither king nor queen,

17
00:01:16,360 --> 00:01:18,010
but trusted in one another.

图 11.3.3　字幕文件内容

（3）用播放器打开视频。用“迅雷影音”打开“Beautiful Hainan Island”视频，如图 11.3.4 所示。

（4）打开字幕文件。单击播放器右下方的 “字” 图标，打开字幕设置窗口，如图 11.3.5 所示，单击 “手动载入” 按钮，在弹出的 “打开” 对话框中选择 “Beautiful Hainan Island（英文字幕）.srt”，如图 11.3.6 所示。

图 11.3.4　打开的视频

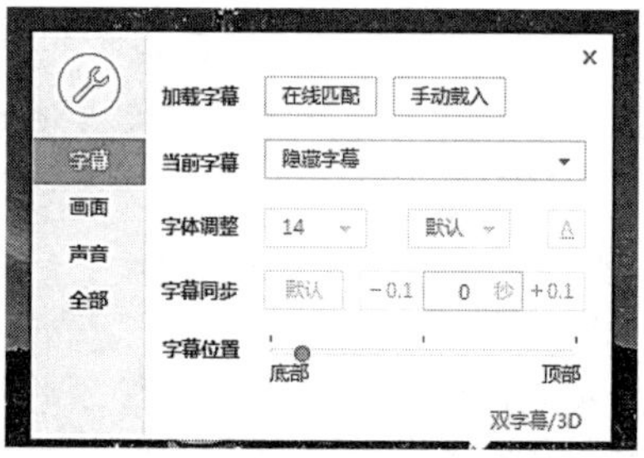

图 11.3.5　字幕设置窗口

（5）检查同步。英文字幕被载入后，视频中会正常呈现英文字幕。应根据口形等进行同步检查，如果视频与文字不同步，可以在图 11.3.5 所示的字幕设置窗口的“字幕同步”处进行调整。显示英文字幕的视频如图 11.3.7 所示。

图 11.3.6　选择英文字幕

图 11.3.7　显示英文字幕的视频

拓展训练

序号	难度	项　　目	要　　求
1	**	消除字幕	利用格式工厂软件对已经嵌入字幕的视频做字幕抹除
2	**	消除 LOGO	利用格式工厂软件抹除视频中的 LOGO
3	***	为电影配音	利用录音软件录制电影配音文件，然后用格式工厂软件将录制音频覆盖原音频

评价反馈

1．判断题

（1）外挂字幕的字体、字号、颜色、位置可以调整。　（　　）

（2）srt 格式的外挂字幕文件可以用记事本打开修改。　（　　）

2．思考题

（1）什么是流媒体，有什么特点？

（2）通过网络查阅学习，什么是视频编码与解码？

（3）外挂字幕与视频不同步怎么办？

附录A 全国计算机等级考试一级 MS Office 考试大纲（2018 年版）

基本要求：

1．具有微型计算机的基础知识（包括计算机病毒的防治常识）。

2．了解微型计算机系统的组成和各部分的功能。

3．了解操作系统的基本功能和作用，掌握 Windows 的基本操作和应用。

4．了解文字处理的基本知识，熟练掌握文字处理软件 MS Word 的基本操作和应用，熟练掌握一种汉字（键盘）输入方法。

5．了解电子表格软件的基本知识，掌握电子表格软件 Excel 的基本操作和应用。

6．了解多媒体演示软件的基本知识，掌握演示文稿制作软件 PowerPoint 的基本操作和应用。

7．了解计算机网络的基本概念和因特网（Internet）的初步知识，掌握 IE 浏览器软件和 Outlook Express 软件的基本操作和使用。

考试内容：

一、计算机基础知识

1．计算机的发展、类型及其应用领域。

2．计算机中数据的表示、存储与处理。

3．多媒体技术的概念与应用。

4．计算机病毒的概念、特征、分类与防治。

5．计算机网络的概念、组成和分类；计算机与网络信息安全的概念和防控。

6．因特网网络服务的概念、原理和应用。

二、操作系统的功能和使用

1．计算机软件、硬件系统的组成及主要技术指标。

2．操作系统的基本概念、功能、组成及分类。

3．Windows 操作系统的基本概念和常用术语，如文件、文件夹、窗口等。

4．Windows 操作系统的基本操作和应用：

（1）桌面的外观设置，基本的网络配置；

（2）熟练掌握资源管理器的操作与应用；

（3）掌握文件、磁盘、显示属性的查看、设置等操作；

（4）中文输入法的安装、删除和选用；

（5）掌握检索文件、查询程序的方法；

（6）了解软件、硬件的基本系统工具。

三、文字处理软件的功能和使用

1．Word 的基本概念，Word 的基本功能和运行环境，Word 的启动和退出。

2. 文档的创建、打开、输入、保存等基本操作。

3. 文本的选定、插入与删除、复制与移动、查找与替换等基本编辑技术；多窗口和多文档的编辑。

4. 字体格式设置、段落格式设置、文档页面设置、文档背景设置和文档分栏等基本排版技术。

5. 表格的创建、修改，表格的修饰，表格中数据的输入与编辑，数据的排序和计算。

6. 图形和图片的插入，图形的建立和编辑，文本框、艺术字的使用和编辑。

7. 文档的保护和打印。

四、电子表格软件的功能和使用

1. 电子表格的基本概念和基本功能，Excel 的基本功能、运行环境、启动和退出。

2. 工作簿和工作表的基本概念和基本操作，工作簿和工作表的建立、保存和退出；数据输入和编辑；工作表和单元格的选定、插入、删除、复制、移动；工作表的重命名和工作表窗口的拆分和冻结。

3. 工作表的格式化，包括设置单元格格式、设置列宽和行高、设置条件格式、使用样式、自动套用模式和使用模板等。

4. 单元格绝对地址和相对地址的概念，工作表中公式的输入和复制，常用函数的使用。

5. 图表的建立、编辑和修改以及修饰。

6. 数据清单的概念，数据清单的建立，数据清单内容的排序、筛选、分类汇总，数据合并，数据透视表的建立。

7. 工作表的页面设置、打印预览和打印，工作表中链接的建立。

8. 保护和隐藏工作簿和工作表。

五、PowerPoint 的功能和使用

1. PowerPoint 的功能、运行环境、启动和退出。

2. 演示文稿的创建、打开、关闭和保存。

3. 演示文稿视图的使用，幻灯片的基本操作（版式、插入、移动、复制和删除）。

4. 幻灯片的基本制作方法（文本、图片、艺术字、形状、表格等插入及其格式化）。

5. 演示文稿主题选用与幻灯片背景设置。

6. 演示文稿放映设计（动画设计、放映方式、切换效果）。

7. 演示文稿的打包和打印。

六、因特网（Internet）的初步知识和应用

1. 了解计算机网络的基本概念和因特网的基础知识，主要包括网络硬件和软件，TCP/IP 协议的工作原理，以及网络应用中常见的概念，如域名、IP 地址、DNS 服务等。

2. 能够熟练掌握浏览器、电子邮件的使用和操作。

考试方式

上机考试，考试时长 90 分钟，满分 100 分。

1．题型及分值

（1）单项选择题（计算机基础知识和网络的基本知识）。（20 分）

（2）Windows 操作系统的使用。（10 分）

（3）Word 操作。（25 分）

（4）Excel 操作。（20 分）

（5）PowerPoint 操作。（15 分）

（6）浏览器（IE）的简单使用和电子邮件收发。（10 分）

2．软件环境

（1）操作系统：Microsoft Windows 7。

（2）考试环境：Microsoft Office 2010。

参考文献

[1] 宋强，倪宝童等. 计算机组装与维护标准教程（2013—2015 版）[M]. 北京：清华大学出版社. 2013.

[2] 文杰书院. 计算机组装维护与故障排除基础教程（2012 版）[M]. 北京：清华大学出版社. 2012.

[3] 江兆银，王刚. 计算机组装与维护[M]. 北京：人民邮电出版社. 2013.

[4] 许晞. 计算机应用基础[M]. 北京：高等教育出版社. 2007.

[5] 温涛. 计算机基础应用能力实训教程[M]. 大连：东软电子出版社，2012.

[6] 肖友荣. 计算机文化基础[M]. 北京：中国财政经济出版社，2007.

[7] 陈国良. 计算机思维导论[M]. 北京：高等教育出版社. 2012.

[8] 肖友荣. 计算机应用基础实践教程[M]. 北京：高等教育出版社，2012.

[9] 战德臣. 大学计算机-理解和运用计算机思维[M]. 北京：人民邮电出版社，2018.

[10] 刘志成，刘涛. 大学计算机基础[M]. 北京：人民邮电出版社，2016.

[11] 黄丽娥. 计算机应用实训指导[M]. 北京：世界图书出版社，2016.

[12] 教育部考试中心. （2018 年版）全国计算机等级考试一级教程：计算机基础及 MS Office 应用上机指导[M]. 北京：高等教育出版社，2017.

[13] 百度百科，http://baike.baidu.com/

[14] 全国计算机等级考试网，http://www.ncre.cn/

[15] 微软中国，https://www.microsoft.com/zh-cn/

[16] 格式工厂，http://www.pcgeshi.com/

[17] 金山软件，http://www.wps.cn/